KB100636

smart is sexy

Orbi.kr

이제 **오르비**가
학원을 재발명합니다

전화 : 02-522-0207   문자 전용 : 010-9124-0207   주소: 강남구 삼성로 61길 15 (은마사거리 도보 3분)

smart is sexy

Orbi.kr

오르비학원은

모든 시스템이 수험생 중심으로 더 강화됩니다.

모든 시설이 최고의 결과가 나올 수 있도록 설계됩니다.

집중을 위해 오르비학원이 수험생 옆으로 다가갑니다.

오르비학원과 시작하면

원하는 대학문이 가장 빠르게 열립니다.

전화 : 02-522-0207 문자 전용 : 010-9124-0207 주소 : 강남구 삼성로 61길 15 (은마사거리 도보 3분)

출발의 습관은 수능날까지 계속됩니다.

형식적인 상담이나

관리하고 있다는 모습만 보이거나

학습에 전혀 도움이 되지 않는

보여주기식의 모든 것을 배척합니다.

쓸모없는 강좌와 할 수 없는 계획을 강요하거나

무모한 혹은 무리한 스케줄로

1년의 출발을 무의미하게 하지 않습니다.

형식은 모방해도 내용은 모방할 수 없습니다.

smart is sexy

Orbi.kr

출발의 습관은 수능날까지 계속됩니다.

개인의 능력을 극대화 시킬 모든 계획이 오르비학원에 있습니다.

Show and Prove

2

수리논술을 위한 수학 2 & 미적분

저자 소개

SaP 시리즈 저자

김기대 T
- 고려대학교 수학과 (수리논술 합격 + 당해 수능 가형 100점)
- 2015~ 기대모의고사 저자, 2023~ 기대 N제 수학1 / 수학2 / 미적분 저자
- 2023~ Show and Prove 1편 ~ 3편 저자
- 現) 대치동 수리논술 현장강의 & 비대면 강의

자문

강민재
부산과학고등학교 졸업
연세대학교 수학과 (수리논술 합격)

검토진

김기준	서울대학교 수학교육과	박도형	경희대학교 치의예과 (수리논술 합격)
양수진	서울대학교 수리과학부 박사수료 (前 용인외대부고 교사)	전지원	이화여대 뇌인지과학전공 (수리논술 합격)
김재서	성균관대학교 자연과학계열 (수리논술 합격)		

기대T 교재 커리큘럼

출판 교재명	1월~4월	5월	6월	7월	8월	9월	10월	11월
Show and Prove 수리논술 실전개념서	1편 : 수리논술을 위한 Basic Logic 및 수학1						연세/시립/홍익 학교별 Final 수업	수능후 학교별 Final 수업
	2편 : 수리논술을 위한 수학2 & 미적분							
	3편 : 수리논술을 위한 Advanced 미적분 & Theme							
	4편 : 수리논술을 위한 선택확통과 선택기하 (수강생 전용)							
	대학별 기출 분석집 (자체 해설수록, 25년 출판 예정)							
기대 N제 수능수학 문제집	수학1, 수학2, 미적분 (확률과 통계, 기하는 미정)							
기대모의고사 수능수학 모의고사				시즌1				
					시즌2 (미정)			
대학별 Final 분석 교재	Final 전용 교재 (Final 수강생만 구매 가능, 미출판)							

- 학습 기간은 한 권 기준 4주를 넘기지 않는 것이 좋습니다.
- 음영 구간은 '학습 권장 시즌'을 의미합니다.
- 자세한 교재설명이나 출간 소식은 오른쪽 QR코드를 참고 해주세요.

1. 학습 전 사전공부 권장량

1편 수리논술을 위한 Basic logic & 수학 1
　　고1 수학 학습 + 수학1 학습 + 수학2 & 미적분 기본개념 1회독

2편 수리논술을 위한 수학 2 & 미적분
　　본 시리즈 1편 학습 + 1편 누적 + 수학2 학습 + 미적분 학습

3편 수리논술을 위한 Advanced 미적분 & Advanced Theme
　　본 시리즈 2편 학습 + 2편 누적

4편 수리논술을 위한 선택기하와 선택확통 (수강생 전용)
　　고1 수학, 수학1, 미적분 학습 + 선택확통, 선택기하 기본개념 1회독

5편 수리논술 대학별 주요 기출문제집 (2025년 예정)
　　본 시리즈 1편 ~ 4편 학습 권장

2. 해설집 활용법

예제와 실전 논제에 대한 해설 전부는 해설집에 수록 되어있으나, 일부는 문제집에도 동시 수록 되어있습니다.
해설이 없는 문제는 없으니, 항상 해설집을 옆에 두고 공부하세요.
(Chapter별로 나뉘어져 있는 예제 해설 모음 뒤에 논제 해설 모음이 있습니다.)

또한 예제와 실전 논제에 있는 별표는 다음과 같이 활용하면 됩니다.

별표	설명	고민 정도	고민 시간
★☆☆☆☆	직전에 배운 개념을 가볍게 확인하기 위한 쉬운 문제	매우 빠르게	3분 이내
★★☆☆☆	빈출하는 주제, 평이한 난이도의 문제	적당히	5~10분 이내
★★★☆☆	실전 문제로 나오는 수준의 난이도이며, 고민 시간을 투자할 가치가 충분히 있는 고난도 문제	넉넉히	15~20분 이내
★★★★☆	합격자조차도 승률이 반반 정도인 매우 어려운 문제		20~25분 이내
★★★★★	못 풀어도 합격이 가능할 만큼, 도전과 배움에 의의를 둔 초고난도 문제. 적당한 고민 후 해설로 빠른 학습 권장	빠르게	10~15분 이내
꼭 고민 시간을 지키지 않아도 됩니다.			

기대T 수리논술 수업 연간 커리큘럼

수리논술 수업일		수업 Theme (대면 강의 & 비대면 온라인 강의 동시 진행)	〈수업명〉 교재 및 첨삭여부
2월	1주차	– 수리논술 논리의 기본과 답안 설계법 – 증명법 1:수학적 귀납법 + 심화 (부분 수귀/강한 수귀) – 증명법 2:귀류법과 대우법 및 특수 증명법	〈정규반 프리시즌〉 자체 교재 + 모의고사 응시 (2월 수강생은 1:1 첨삭 무한제공)
2월	2주차		
2월	3주차		
2월	4주차		
3월	1주차	– 삼각함수 활용 및 심화	〈정규반 시즌 1〉 시리즈 1편 + 수업용 자체 교재 + 모의고사 응시 + 첨삭 (1차첨삭 후 2차첨삭 추가제공)
3월	2주차	– 고난도 수열 및 시그마 성질 심화	
3월	3주차	– 수리논술용 수학1 심화 특강	
3월	4주차	– 시즌1 마무리	
4월	5주차	– 미적분을 위한 기본기 : 극한	〈정규반 시즌 2〉 시리즈 2편 + 수업용 자체 교재 + 모의고사 응시 + 첨삭 (1차첨삭 및 2차첨삭 추가제공) (5월 수강생에게는 확통기본강의 무료 제공 + 확통 특강 할인)
4월	1주차	– 함수의 연속 : 사잇값 정리 및 최대최소 정리의 활용	
4월	2주차	– 미분가능성 오개념 때려잡기 & 평균값의 정리	
4월	3주차	중간고사 내신휴강 (3주 예정) 추천학습:선택확통 기본강의 학습 / 선택확통 특강 수강	
4월	4주차		
5월	1주차		
5월	2주차	– 평균값의 정리 고급 활용 & 미분의 활용	
5월	3주차	– 수리논술용 적분 Basic1	
5월	4주차	– 수리논술용 적분 Basic2 & 시즌2 마무리	

* 수업 Theme은 예시입니다. 출제 트렌드에 따라 커리큘럼이 매년 변화합니다.
* 수업시간마다 보는 Test 문항에 대한 첨삭이 매수업 제공됩니다.
* 지난 수업 첨삭도 상황에 따라 가능합니다. 오른쪽 QR코드 참고하세요.
* 확통/기하 기본강의는 유베이스가 되기 위한 강의이며, 5, 6월 정규반 수강생들에게 제공됩니다. 확통/기하 특강은 고난도 수리논술 전용 문제풀이 skill을 가르치는 특강입니다.

수업소개 및 첨삭안내 등 정확한 안내는 아래 QR코드를 참고하세요.

수리논술 수업일		수업 Theme	〈수업명〉 교재 및 첨삭여부
6월	1주차	– Advanced 미적분 1 : 이변수함수, 젠센부등식 등	〈정규반 시즌 3〉 시리즈 3편 + 수업용 자체 교재 + 모의고사 응시 + 첨삭 (1차첨삭 후 2차첨삭 추가제공) (6월 수강생에게는 기하기본강의 무료 제공 + 기하 특강 할인)
6월	2주차	– Advanced 미적분 2 : 적분고급활용, 함수방정식 등	
6월	3주차	– Advanced 미적분 3 : 미분방정식, 지엽 미적분 등	
6월	4주차	기말고사 내신휴강 (3주 예정) 추천학습:선택기하 기본강의 학습 / 선택기하 특강 수강	
6월	5주차		
7월	1주차		
7월	2주차	– 수리논술 실전개념 1 : 정수론 / 고등수학 심화	추가 선택 〈선택과목 실전+심화 특강〉 수리논술을 위한 액기스 특강 (선택확통 3강 및 선택기하 3강) (온라인 영상수강이며, 상위권 대학 지원생은 수강 권고)
7월	3주차	– 수리논술 실전개념 2 : 부등식의 여러 가지 증명	
7월	4주차	– 수리논술 실전개념 3 : 더블카운팅 등 전용테마	

* 재수생이거나 논술에 진심이라면, 여유시간 (중간/기말 내신휴강기간 등등)을 활용하여 확통 및 기하 선택과목 심화특강을 수강해두시기 바랍니다.
8월 수업부터는 선택확통 및 선택기하 융합문제들도 전부 다루게 됩니다.

수리논술 수업일		수업 Theme	〈수업명〉 교재 및 첨삭여부
8월	1주차	– Semi Final 1 (대학별 출제성향파악 : A, B그룹)	〈Semi Final〉 대학별 출제성향파악 + 수시원서 지원상담 진행 + 모의고사 응시 + 1차첨삭 제공
8월	2주차	– Semi Final 2 (대학별 출제성향파악 : C, D그룹)	
8월	3주차	– Semi Final 3	
8월	4주차	– Semi Final 4 (+ 수리논술 1:1 원서상담 진행)	
9월	1주차	– 상위권 수리논술 고난도 문제 해제 + 예상 모의 1	〈고난도 문제풀이반 For 메디컬/고/연/서성한시〉 상위권 수리논술을 위한 문풀진행 자체 교재+고난도 모의고사 응시
9월	2주차	– 상위권 수리논술 고난도 문제 해제 + 예상 모의 2	
9월	3주차	– 상위권 수리논술 고난도 문제 해제 + 예상 모의 3	
9월	4주차	– 고난도 문제 해제 + 예상 모의 4 (정규반 종강)	
수능전 Final (연세/시립/홍익)		학교별 Final 특강 (학교별 전용 파이널 교재 사용) 추석연휴 3일 and 직전 2일 (총 5회)	〈학교별 Final〉 학교별 자료집+예상문제 모의고사 응시 후 첨삭/채점 제공
11월	수능후	메디컬/고려/한양/성균/중앙/경희/인하 등 학교별 Final	

기대T 수리논술 수업 상세안내

수업명	수업 상세 안내 (지난 수업 영상수강 가능)
정규반 프리시즌 (2월)	– 수리논술만의 특징인 '답안작성 능력'과 '증명 능력'을 향상 시키는 수업 – 수험생은 물론 강사도 가질 수 있는 '증명 오개념'을 타파시키는 수학 전공자의 수업
정규반 시즌1 (3월)	– 수능/내신 공부와 다른 수리논술 공부의 결 & 방향성을 잡아주는 수업 – 삼각함수 & 수열의 콜라보 등 논술형 발전성을 체감해볼 수 있는 실전 내용 수업
정규반 시즌2 (4~5월)	– 수리논술에서 50% 이상의 비중을 차지하는 수리논술용 미적분을 집중 해석하는 수업 – 수리논술에도 존재하는 행동 영역을 통해 고난도 문제의 체감 난이도를 낮춰주는 수업 – 대학의 모범답안을 보고도 '이런 아이디어를 내가 어떻게 생각해내지?'라는 생각이 드는 학생들도 납득 가능하고 감탄할 만한 문제접근법을 제시해주는 수업
정규반 시즌3 (6~7월)	– 상위권 대학의 합격 당락을 가르는 고난도 주제들을 총정리하는 수업 – 아래 학교의 수리논술 합격을 바라는 학생들이라면 강추 (메디컬, 고려, 연세, 한양, 서강, 서울시립, 경희, 이화, 숙명, 세종, 서울과기대, 인하)
선택과목 특강 (선택확통 / 선택기하)	– 수능/내신의 빈출 Point와의 괴리감이 제일 큰 두 과목인 확통/기하의 내용을 철저히 수리논술 빈출 Point에 맞게 피팅하여 다루는 Compact 강의 (영상 수강 전용 강의) – 확통/기하 각각 2~3강씩으로 구성된 실전+심화 수업 (교과서 개념 선제 학습 필요) – 상위권 학교 지원자들은 꼭 알아야 하는 필수내용 / 6월 또는 7월 내로 완강 추천
Semi Final (8월)	– 본인에게 유리한 출제 스타일인 학교를 탐색하여 원서지원부터 이기고 들어갈 수 있도록 태어난 새로운 수업 (모든 대학을 출제유형별로 A그룹~D그룹으로 분류 후 분석) – 최신기출 (작년 기출+올해 모의) 중 주요 문항 선별 통해 주요대학 최근 출제 경향 파악
고난도 문제풀이반 For 메디컬/고/연/서성한시	– 2월~8월 사이 배운 모든 수리논술 실전 개념들을 고난도 문제에 적용 해보는 수업 – 전형적인 고난도 문제부터 출제될 시 경쟁자와 차별될 수 있는 창의적 신유형 문제까지 다양하게 만나볼 수 있는 수업
학교별 Final (수능전 / 수능후)	– 학교별 고유 출제 스타일에 맞는 문제들만 정조준하여 분석하는 Final 수업 – 빈출 주제 특강 + 예상 문제 모의고사 응시 후 해설 & 첨삭 – 고승률 문제접근 Tip을 파악하기 쉽도록 기출 선별 자료집 제공 (학교별 상이)
첨삭	수업 형태 (현장 강의 수강, 온라인 수강) 상관없이 모든 학생들에게 첨삭이 제공됩니다. 1차 서면 첨삭 후 학생이 첨삭 내용을 제대로 이해했는지 확인하기 위해, 답안을 재작성하여 2차 대면 첨삭영상을 추가로 제공받을 수 있습니다. 이를 통해 학생은 6~10번 이내에 합격급으로 논리적인 답안을 쓸 수 있게 되며, 이후에는 문제풀이 Idea 흡수에 매진하면 됩니다.

정규반 안내사항 (아래 QR코드 참고)　　　대학별 Final 안내사항 (아래 QR코드 참고)

목차

CHAPTER.1

수많은 다항함수 성질 중 수리논술에 주로 쓰이는 성질들을 위주로 정리합니다.
수능에선 결과만 알고 사용해도 별 이상 없더라도, 논술에선 결과를 이끌어내는 과정 자체가 하나의 문제로 출제되기 때문에
책에 있는 모든 내용을 이해하며 넘어가봅시다.

CHAPTER.2

극한~미분 단원에 이어지는 수능형 오개념을 고친 후, 수능에서 많이 구경 못해본 낯선 정리인 최대최소 정리와 사잇값 정리의 다양한 활용법에 대해 익히도록 합시다.

CHAPTER.3

미분가능성과 관련된 오개념을 고치고, 미분의 활용 뿐만 아니라 수리논술을 출제하는 대부분 학교들의 최애 소재인 '평균값의 정리'의 다양한 활용법에 대해 익히도록 합시다.

CHAPTER.4

수리논술에 필수적인 적분 테크닉에 대해 배웁니다. [3편]에서 학습할 고난도 적분문제풀이를 위해서 필요한 기본기에 해당하므로, 교재의 가이드에 잘 따라 학습하길 권장합니다.

CHAPTER.5

본 교재에서 배운 개념들을 활용해서 최근 대한민국 수리논술 주요 기출문항을 풀어보는 Chapter입니다.

Show
and
Prove

기대T 수리논술 수업 상세안내

수업명	수업 상세 안내 (지난 수업 영상수강 가능)
정규반 프리시즌 (2월)	– 수리논술만의 특징인 '답안작성 능력'과 '증명 능력'을 향상 시키는 수업 – 수험생은 물론 강사도 가질 수 있는 '증명 오개념'을 타파시키는 수학 전공자의 수업
정규반 시즌1 (3월)	– 수능/내신 공부와 다른 수리논술 공부의 결 & 방향성을 잡아주는 수업 – 삼각함수 & 수열의 콜라보 등 논술형 발전성을 체감해볼 수 있는 실전 내용 수업
정규반 시즌2 (4~5월)	– 수리논술에서 50% 이상의 비중을 차지하는 수리논술용 미적분을 집중 해석하는 수업 – 수리논술에도 존재하는 행동 영역을 통해 고난도 문제의 체감 난이도를 낮춰주는 수업 – 대학의 모범답안을 보고도 '이런 아이디어를 내가 어떻게 생각해내지?'라는 생각이 드는 학생들도 납득 가능하고 감탄할 만한 문제접근법을 제시해주는 수업
정규반 시즌3 (6~7월)	– 상위권 대학의 합격 당락을 가르는 고난도 주제들을 총정리하는 수업 – 아래 학교의 수리논술 합격을 바라는 학생들이라면 강추 (메디컬, 고려, 연세, 한양, 서강, 서울시립, 경희, 이화, 숙명, 세종, 서울과기대, 인하)
선택과목 특강 (선택확통 / 선택기하)	– 수능/내신의 빈출 Point와의 괴리감이 제일 큰 두 과목인 확통/기하의 내용을 철저히 수리논술 빈출 Point에 맞게 피팅하여 다루는 Compact 강의 (영상 수강 전용 강의) – 확통/기하 각각 2~3강씩으로 구성된 실전+심화 수업 (교과서 개념 선제 학습 필요) – 상위권 학교 지원자들은 꼭 알아야 하는 필수내용 / 6월 또는 7월 내로 완강 추천
Semi Final (8월)	– 본인에게 유리한 출제 스타일인 학교를 탐색하여 원서지원부터 이기고 들어갈 수 있도록 태어난 새로운 수업 (모든 대학을 출제유형별로 A그룹~D그룹으로 분류 후 분석) – 최신기출 (작년 기출+올해 모의) 중 주요 문항 선별 통해 주요대학 최근 출제 경향 파악
고난도 문제풀이반 For 메디컬/고/연/서성한시	– 2월~8월 사이 배운 모든 수리논술 실전 개념들을 고난도 문제에 적용 해보는 수업 – 전형적인 고난도 문제부터 출제될 시 경쟁자와 차별될 수 있는 창의적 신유형 문제까지 다양하게 만나볼 수 있는 수업
학교별 Final (수능전 / 수능후)	– 학교별 고유 출제 스타일에 맞는 문제들만 정조준하여 분석하는 Final 수업 – 빈출 주제 특강 + 예상 문제 모의고사 응시 후 해설 & 첨삭 – 고승률 문제접근 Tip을 파악하기 쉽도록 기출 선별 자료집 제공 (학교별 상이)
첨삭	수업 형태 (현장 강의 수강, 온라인 수강) 상관없이 모든 학생들에게 첨삭이 제공됩니다. 1차 서면 첨삭 후 학생이 첨삭 내용을 제대로 이해했는지 확인하기 위해, 답안을 재작성하여 2차 대면 첨삭영상을 추가로 제공받을 수 있습니다. 이를 통해 학생은 6~10번 이내에 합격급으로 논리적인 답안을 쓸 수 있게 되며, 이후에는 문제풀이 Idea 흡수에 매진하면 됩니다.

정규반 안내사항 (아래 QR코드 참고)   대학별 Final 안내사항 (아래 QR코드 참고)

CHAPTER

1

다항함수

1-1

다항함수 공통성질 정리

고1 나머지정리 문제[1] 를 풀 때, 고2 때 배우는 미분을 이용하면 어려운 문제들이 너무 쉽게 풀리는 것처럼,
상위개념을 활용하면 더 깔끔한 문제 풀이가 가능한 경우를 더러 경험했다.

수리논술 평가 영역은 교육과정 전체범위이기 때문에, 교과서적 순서로 공부하기보다는 최적의 문제 풀이가 가능하도록,
본 교재는 통상적인 학습 순서를 바꿔 다항함수 → 극한 → 미분 순으로 교재를 구성했다.
수능교재라면 말도 안되는 순서지만, 수리논술 전용 교재이므로 믿고 따라오면 된다 :)

1. 다항함수 새로 쓰기

최고차항의 계수가 1이고 $f'(0) = 2$, $f(0) = 3$인 이차함수 $f(x)$를 구하는 문제 정도는 바로 풀어낼 수 있다.
$f(0) = 3$이므로 상수항은 3, $f'(0) = 2$이므로 일차식의 계수가 2니까 $f(x) = x^2 + 2x + 3$.

이번엔 최고차항의 계수가 1이고 $g'(10) = 2$, $g(10) = 3$인 이차함수 $g(x)$를 어떻게 구하는지 생각해보자.
만약 $g(x) = x^2 + ax + b$로 두고 깡계산으로 푼다면 계산이 약간 길어진다. 이럴 때 함수를

$$g(x) = (x - 10)^2 + c(x - 10) + d$$

로 두는 것이 좋은 센스!! 이렇게 두고 계산하면 $g(10) = d$, $g'(10) = c$임을 알 수 있으므로
$g(x) = (x - 10)^2 + 2(x - 10) + 3$ 임을 1초 만에 알 수 있다.

이 Idea의 핵심은 '세상의 중심이 모두 0일 필요는 없다.' 이다.
$g(x) = x^2 + ax + b$로 두는 것은 0을 대입하거나 미분 후 대입했을 때 편한 모양이 나오도록 식을 세운 것인 반면,
$g(x)$는 $x = 10$에서의 정보가 많으니까 10을 대입했을 때 편하도록 세상의 중심이 10이라 생각하고 세운 식인 것이다.

물론 이건 단순한 문제기 때문에 기존 풀이와 큰 차이는 없었지만 어려운 문제일수록 이러한 접근법은 필수다.
이를 일반화된 생각으로 발전시키면 다음과 같다.

> **⌄ TIP**
>
> 다항함수 $y = h(x)$에 대한 문제에서 $x = k$에서의 정보 (함숫값 혹은 미분계수값 등등)가 많을 경우,
> $$h(x) = a_n(x - k)^n + a_{n-1}(x - k)^{n-1} + \cdots + a_1(x - k) + a_0$$
> 꼴로 잡으면 $a_0 = h(k)$, $a_1 = h'(k)$, $a_2 = \dfrac{h''(k)}{2!}$, $\cdots$ 로 계수를 알아내기 쉽다.

유연한 사고는 수능수학과 수리논술 모두에 도움되므로, 본인이 갇힌 사고의 틀에서 벗어나려는 노력을 부단히 하기 바란다 :)

---

[1] '$f(x)$를 $(x-2)^2$으로 나눴을 때의 나머지가 $x + 1$이고~~' 와 같은 문제

$h(a) = 0$ 이면 다항함수 $h(x) = (x-a) \times u_1(x)$ 꼴로 표현된다는 것이 기본적인 인수정리이며,

$h(a) = 0$이고 $h'(a) = 0$이면 $h(x) = (x-a)^2 \times u_2(x)$ 꼴로 표현된다는 것이 인수정리의 활용이다.

밑줄 친 부분은 앞서 정리한 1. 다항함수 새로 쓰기의 〈Tip〉에 의해 자명하다.

3. 근의 이동에 따른 방정식 변화 (초월함수에도 적용가능)

방정식 $f(x) = 0$의 실근을 $\alpha_1, \cdots, \alpha_n$ 이라 할 때, $y = f(x)$를 x축의 양의 방향으로 t만큼 평행이동시키면 방정식은 $f(x-t) = 0$이 되며, 이 방정식의 실근들은 t만큼 커진 $\alpha_1 + t, \cdots, \alpha_n + t$이 될 것이다.

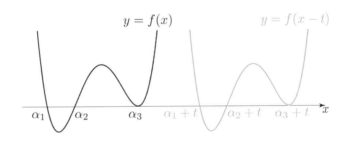

이를 거꾸로 정리 해보면 다음과 같다.

> **✓ TIP**
>
> 기존 각각의 실근보다 t만큼 큰 수들을 근으로 갖는 새로운 방정식은
> 기존의 방정식 x 자리에 $x-t$를 대입한 방정식이다.

좀 더 유연한 사고로 생각 해보자.

방정식 $f(x) = 0$의 실근이 $\alpha_1, \cdots, \alpha_n$ 라는 조건은 $f(\alpha_1) = 0, f(\alpha_2) = 0, \cdots, f(\alpha_n) = 0$라는 Fact를 의미한다.

우리의 희망사항은 $x = \alpha_1 + t, \cdots, \alpha_n + t$을 어떤 방정식에 대입했을 때 기존의 Fact에 부합하는 상황을 연출하고 싶은 것인데, 이때 떠오르는 방정식은 무엇일까 생각해보면 자연스럽게 $f(x-t) = 0$가 떠오를 것이다.
이 방정식에 $x = \alpha_1 + t, \cdots, \alpha_n + t$를 대입해보면 위의 Fact가 잘 나오니까!

이게 위의 〈Tip〉의 내용이다. 이를 바탕으로 다음 예제를 풀어보자.

제시문

(가) 함수의 극한값 계산 (제시문 생략)

(나) 인수정리

x에 대한 다항식 $P(x)$에 대하여 $x-a$가 $P(x)$의 인수일 필요충분조건은 $P(a)=0$이다.

(다) 삼차방정식의 근과 계수의 관계

삼차방정식 $ax^3+bx^2+cx+d=0$의 세 근을 α, β, γ라 하면

$$\alpha+\beta+\gamma = -\frac{b}{a}, \ \alpha\beta+\beta\gamma+\gamma\alpha = \frac{c}{a}, \ \alpha\beta\gamma = -\frac{d}{a}$$

[1] (문제 생략)

[2] n차 방정식 $P(x) = a_n x^n + \cdots + a_1 x + a_0 = 0$의 근이 $\alpha_1, \cdots, \alpha_n$ 일 때, $\alpha_1+1, \cdots, \alpha_n+1$을 근으로 갖는 n차 방정식을 구하시오.

[3] n차 방정식 $P(x) = a_n x^n + \cdots + a_1 x + a_0 = 0$ 의 근이 $\alpha_1, \cdots, \alpha_n$ 일 때, $\dfrac{1}{\alpha_1}, \cdots, \dfrac{1}{\alpha_n}$을 근으로 갖는 n차 방정식을 구하시오. (단, $a_0 \neq 0$)

[4] $f(x) = x(x-1)\{(x+1)^3 + 5(x+1)^2 - 7(x+1) + 2\}$에 대하여 방정식 $f(x)=0$의 근이 $\alpha_1, \cdots, \alpha_n$일 때, **[2]**와 **[3]**을 이용하여 다음 값을 구하시오.

$$\frac{1}{\alpha_1+1} + \cdots + \frac{1}{\alpha_n+1}$$

연습지

앞선 예제의 제시문에서 '왜 삼차방정식 근과 계수 관계를 알려주지? 다들 아는 거 아냐?' 라는 의문이 있을 수 있다. 하지만 엄밀히 말하면 근과 계수의 관계는 이차함수까지만 교과과정이고, 그 이상 차수는 교과외다.

그렇다고 수능이나 수리논술에서 근과 계수의 관계를 사용할 때 일일이 증명해줄 필요는 없다.
출제하시는 교수님들마저도 교과과정인 줄 알기 때문에 :)
따라서 다항함수 방정식에서 근과 계수의 관계는 별다른 증명 없이 항상 사용해도 좋다.[2]

◇ TIP

| 근과 계수의 관계

방정식 $a_n x^n + a_{n-1} x^{n-1} + \cdots + a_1 x^1 + a_0 = 0$의 근[3]을 $x = t_1, t_2, \cdots, t_n$ 라 할 때,

$$\sum_{k=1}^{n} t_k = -\frac{a_{n-1}}{a_n}$$

$$\sum_{1 \le i < j \le n} t_i \times t_j = \frac{a_{n-2}}{a_n}$$

$$\sum_{1 \le i < j < k \le n} t_i \times t_j \times t_k = -\frac{a_{n-3}}{a_n}$$

$$\cdots$$

$$t_1 \times t_2 \times \cdots \times t_n = (-1)^n \frac{a_0}{a_n}$$

〈Tip〉에 있는 시그마 notation (표기법)이 익숙하지 않을 수 있다. $n = 3$인 상황을 예로 들어보자.
$1 \le i < j \le 3$ 을 만족시키는 자연수 순서쌍 (i, j)는 $(1, 2)$, $(1, 3)$, $(2, 3)$이 전부이므로

$$\sum_{1 \le i < j \le n} t_i \times t_j = t_1 t_2 + t_1 t_3 + t_2 t_3$$

이다. 즉, $\displaystyle\sum_{1 \le i < j \le n} t_i \times t_j$은 '두 근의 곱들을 모두 더한 값'으로 해석하면 되는 것이다.

이러한 근과 계수의 관계를 이용하면 다음 사실도 증명할 수 있다.[4]

◇ TIP

삼차 이상의 다항함수 $f(x)$와 일차함수 $g(x) = mx + n$에 대하여

방정식 $f(x) = g(x)$의 모든 근의 합[5] $\displaystyle\sum_{k=1}^{n} t_k$의 값은 m, n과 관계없이 항상 일정하다.

또한 이차방정식 $ax^2 + bx + c = 0$의 두 근 α, β에 대하여

$$(\alpha - \beta)^2 = (\alpha + \beta)^2 - 4\alpha\beta = \left(-\frac{b}{a}\right)^2 - 4 \times \frac{c}{a} = \frac{b^2 - 4ac}{a^2} = \frac{D}{a^2} \ (D\text{는 판별식}) \text{ 이므로}$$

두 근의 차는 $|\alpha - \beta| = \dfrac{\sqrt{D}}{|a|}$ 이다. 이 식은 검산 용도로 사용해주면 된다.

---

2) 물론... 문제 자체가 증명하라는 문제면 당연히 증명해줘야겠지...? 융통성 On!

3) 허근이 섞여 있어도 OK

4) 본 시리즈 1편 Chp.1의 한 예제의 증명과 같은 방법이므로 참고

5) 중근은 여러번 카운팅하여 더한다)

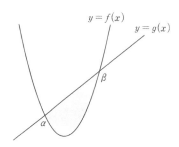

최고차항의 계수가 a인 이차함수의 그래프와 서로 다른 두 점 $\mathrm{A}\,(\alpha, f(\alpha)), \mathrm{B}\,(\beta, f(\beta))$에서 만나는 직선의 방정식을 $y = g(x)$라 하자. 이때, 이차함수 그래프와 두 점에서 만나는 직선으로 둘러싸인 영역의 넓이 S는

$$S = \frac{|a|}{6}(\beta - \alpha)^3$$

이다.

증명 ✏️

첫 번째 방법)

색칠한 넓이를 정적분으로 나타내면 $\displaystyle\int_{\alpha}^{\beta} |f(x) - g(x)|\,dx$이다. 이 때, $h(x) = f(x) - g(x)$로 두면,

$h(x) = a(x - \alpha)(x - \beta)$이다.

$$\begin{aligned}
\int_{\alpha}^{\beta} |f(x) - g(x)|\,dx &= |a| \int_{\alpha}^{\beta} |(x - \alpha)(x - \beta)|\,dx \\
&= -|a| \int_{\alpha}^{\beta} (x - \alpha)(x - \beta)\,dx \\
&= -|a| \int_{\alpha}^{\beta} (x - \alpha)^2 + (\alpha - \beta)(x - \alpha)\,dx \\
&= -|a| \left[\frac{1}{3}(x - \alpha)^3 + \frac{1}{2}(\alpha - \beta)(x - \alpha)^2 \right]_{\alpha}^{\beta} = \frac{|a|}{6}(\beta - \alpha)^3
\end{aligned}$$

두 번째 방법)

미적분의 부분적분을 이용하여 위 공식을 보일 수도 있다.

$$\begin{aligned}
\int_{\alpha}^{\beta} |f(x) - g(x)|\,dx &= |a| \int_{\alpha}^{\beta} |(x - \alpha)(x - \beta)|\,dx \\
&= |a| \int_{\alpha}^{\beta} (x - \alpha)(\beta - x)\,dx \\
&= |a| \left(\frac{1}{2}\left[-(x - \alpha)(\beta - x)^2 \right]_{\alpha}^{\beta} + \frac{1}{2} \int_{\alpha}^{\beta} (\beta - x)^2\,dx \right) = \frac{|a|}{6}(\beta - \alpha)^3
\end{aligned}$$

$$\mid \int_{\alpha}^{\beta} (x-\alpha)^m (\beta-x)^n \, dx = \frac{m!n!}{(m+n+1)!} (\beta-\alpha)^{m+n+1} \text{ 로의 확장}$$

이 적분은 앞 증명의 첫 번째 방법으로는 보이기 힘든 케이스가 존재하므로, 보통의 증명은 두 번째 방법인 부분적분을 여러 번 적용하여 구해낸다. 이것이 제일 편한 방법이다.

하지만 수학적 귀납법을 이용하면 공통수학 범위 (수학1, 수학2) 으로도 증명할 수 있음을 본 시리즈 1편에서 확인했었다. 잠시 리뷰 해보고, 같은 방법으로 위의 식도 직접 증명해보도록 하자.[6]

예제 2   ★★★☆☆   가톨릭대 2022

수학적 귀납법을 이용하여 $\int_{0}^{1} x^m (1-x)^n \, dx = \dfrac{m! \times n!}{(m+n+1)!}$ 임을 보이시오.

연습지

---

6) 어차피 부분적분으로 증명하는 게 훨씬 쉬우므로 나중에 미적분을 배우고 나서 일반화된 식을 증명해봐도 늦지 않다. 지금 상태로는, 다음 페이지에 있는 $m+n \leq 4$ 인 자연수 순서쌍 (m, n) 에 대해서, 직접적분으로 수작업계산을 할 수 있는 수준도 충분하다.

ⅰ) $n=1$ 일 때,

$$\int_0^1 x^m (1-x)\, dx = \int_0^1 x^m\, dx - \int_0^1 x^{m+1}\, dx$$

$$= \frac{1}{m+1} - \frac{1}{m+2} = \frac{1}{(m+1)(m+2)} = \frac{m! \cdot 1!}{(m+2)!}$$

이므로 성립한다.

ⅱ) $n=k$ 일 때 성립한다고 가정하면

$$\int_0^1 x^m (1-x)^{k+1}\, dx = \int_0^1 x^m (1-x)^k (1-x)\, dx$$

$$= \int_0^1 x^m (1-x)^k\, dx - \int_0^1 x^{m+1}(1-x)^k\, dx$$

$$= \frac{m! \cdot k!}{(m+k+1)!} - \frac{(m+1)! \cdot k!}{(m+k+2)!}$$

$$= \frac{m! \cdot k!}{(m+k+2)!}(m+k+2-m-1) = \frac{m! \cdot (k+1)!}{(m+k+2)!}$$

이므로 $n=k+1$ 일 때도 성립한다. 따라서 모든 자연수 n 에 대하여 성립한다.

실전에서 많이 쓰일만한 모양만 종합하면 다음과 같다.

$(m, n) = (2, 1)$ 일 때	$(m, n) = (3, 1)$ 일 때	$(m, n) = (2, 2)$ 일 때
$S = \displaystyle\int_\alpha^\beta (x-\alpha)^2 (\beta-x)\, dx$ $= \dfrac{1}{12}(\beta-\alpha)^4$	$S = \displaystyle\int_\alpha^\beta (x-\alpha)^3 (\beta-x)\, dx$ $= \dfrac{1}{20}(\beta-\alpha)^5$	$S = \displaystyle\int_\alpha^\beta (x-\alpha)^2 (\beta-x)^2\, dx$ $= \dfrac{1}{30}(\beta-\alpha)^5$

6. 곡선과 직선 사이의 최단거리

직선 l의 기울기와 같은 순간변화율을 갖는 점들
(아래 그림에서 P_1, P_2, P_3)을 조사한 후 이 점들과 직선 사이의 거리 중
제일 작은 값을 최단거리라고 하면 된다.

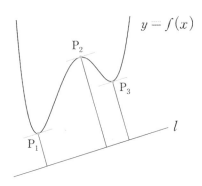

7. 곡선과 점 사이의 최단거리

곡선 밖의 점 $A(x, y)$에 대하여 곡선 $y = f(x)$ 위의 점
$P(t, f(t))$에서의 접선과 직선 AP가 서로 수직일 때를 조사한다. 즉,
$$\frac{f(t) - y}{t - x} \times f'(t) = -1 \cdots ① \text{ 인 } t\text{가 최단거리인 상황의 후보가 된다.}$$

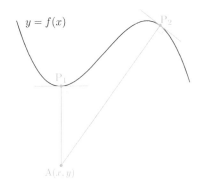

??? : 선생님 너무 시시한데요;; 다 아는 거 아닌가요??

응 아니구요~ 수능은 일부 케이스만 관찰하고서 정답이 어찌저찌 나오면 다른 케이스들은 신경쓰지 않아도 되지만, 수리논술은
'모든 케이스를 관찰해봤는데, 이게 답이야.' 가 답안의 기본인 점이 수능과의 매우 큰 차이점이다.

여러분들이 놓치는 포인트가 무엇일까??

결론부터 말하면, ①로만 풀어서는 $t = x$인 상황을 포함하지 못한다.[7]
즉, ①의 방법은 위 그림에서 점 P_1과 같은 상황을 포함하지 못한다는 뜻이다.
따라서 엄밀하게 풀기 위해선 $t = x$일 때와 $t \neq x$일 때로 나누어서 문제를 풀어줘야 한다.

여러분이 이러한 디테일을 챙기면서 논술 공부하는 것이 기대T의 바램이다. 이는 수리논술 뿐만 아니라 사실 수능에서도 중요한
마인드!! 정답만 나오면 생각을 멈춰버리는 습관은 수학 학습에서 독임을 잊지 말자.

곧 나올 예제에서 이 디테일을 잊지 말고 문제를 풀어보자.

---

7) 분모가 0이 되니까.

1-2

이차함수의 성질과 증명

이차함수는 수리논술에서 '포물선' 이라는 이름으로도 등장하는데, 다음처럼 생각하면 된다.

대칭축이 y축과 평행한 포물선=이차함수 문제일 가능성 높높

대칭축이 x축과 평행한 포물선=선택기하 문제일 가능성 높높

1. 선대칭성 : 대칭축

이차함수 $y = ax^2 + bx + c$의 대칭축은 $x = -\dfrac{b}{2a}$ 임이 알려져있다.

| 문제에서 이차함수의 꼴이 $y = a(x-m)^2 + n$로 제시된 경우

대칭축 $x = m$을 활용한 풀이일 가능성이 매우매우매우 높다. 대칭축부터 의심할 것

| 선대칭성과 근과 계수의 관계 콜라보

이 둘을 콜라보하면 더 이상 근의 공식을 외우지 않아도 된다.

예를 들어 $x^2 - 4x - 7 = 0$이라는 이차방정식의 두 근 t_1, t_2 (단, $t_1 < t_2$) 를 구하는 상황을 생각해보자.

이 이차함수의 대칭축은 $x = -\dfrac{-4}{2 \times 1} = 2$이고, 이는 t_1, t_2의 산술평균이 2임을 의미하므로 $t_1 = 2 - t, t_2 = 2 + t \ (t > 0)$

로 둘 수 있다. 근과 계수의 관계에 의하여 두 근의 곱은 -7 이므로 $(2-t)(2+t) = -7$, $t = \sqrt{11}$ 임을 알 수 있다. 따라서 두 근은 $2 \pm \sqrt{11}$ 이다.

 TIP

기대T가 항상 강조하는 '유연한 사고'는 대단한 것이 아니다. 하나의 시각이 아닌 여러 시각에서 수학 문제를 바라보려고 노력하면 된다. 이 노력을 본인의 힘으로 해내기 힘들다면, 이 교재에서 떠먹여주는 내용을 스펀지처럼 충분히 흡수하려고 노력하는 것으로도 충분하니 '이해'를 게을리하지 말자.[8]

---

8) 집필하다보면 가끔 이렇게 잔소리가 나온다. 이해 바람 :)

2. 점대칭성 : 최고차항 계수 절댓값이 서로 같은 두 이차함수는 똑같은 이차함수

이차식을 소거해보면 $ax^2 + bx + c = a\left(x + \dfrac{b}{2a}\right)^2 + c - \dfrac{b^2}{4a}$ 이고,

이 이차함수의 그래프를 $\left(\dfrac{b}{2a},\ -c + \dfrac{b^2}{4a}\right)$ 만큼 평행이동 시키면 그래프의 방정식은 $y = ax^2$ 이 된다.

즉, b나 c값에 관계없이 적절한 평행이동을 통해 최고차항의 계수가 a인 이차함수들은 $y = ax^2$ 그래프로 모두 겹치게 할 수 있다는 뜻이다.

위와 마찬가지 방법으로 최고차항의 계수가 $-a$인 이차함수도 $y = -ax^2$ 그래프로 겹칠 수 있을 것이고, 이를 x축 대칭시키면 $y = ax^2$ 그래프를 만들 수 있음을 관찰할 수 있다. 이를 통해 다음 Tip을 알 수 있다.

> **✅ TIP**
>
> 최고차항의 계수의 절댓값이 같고 부호만 다른 두 이차함수는
> 점대칭 관계에 있다.
> 이때 대칭점은 두 이차함수의 꼭짓점을 이은 선분의 중점이다.
>
>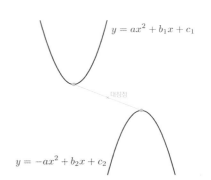

예제 3 ★★★☆☆ 2021 서울시립대학교

[1] 미분가능한 곡선 $y = f(x)$ 위의 점 P와 $f(x)$ 밖의 점 Q를 이은 선분 $\overline{PQ}$가 다음을 만족시킬 때, 곡선 $y = f(x)$ 위의 점 P에서의 접선과 직선 PQ가 수직임을 보이시오.

> 곡선 $y = f(x)$ 위의 모든 점 X에 대하여 $\overline{PQ} \leq \overline{XQ}$이다.

[2] 곡선 $y = x^2$ 위의 점을 점 P, 곡선 $y = -(x - 6)^2$ 위의 점을 점 Q라고 할 때 $\overline{PQ}$의 최솟값을 구하시오.

연습지

[1] 점 P, Q, X를 각각 $(t, f(t))$, (a, b) (단, $b \neq f(a)$), $(x, f(x))$라 하면
$\overline{PQ} \leq \overline{XQ} \Rightarrow (t-a)^2 + (f(t)-b))^2 \leq (x-a)^2 + (f(x)-b)^2$ 이므로
함수 $g(x) = (x-a)^2 + (f(x)-b)^2$ 는 $x = t$에서 극소가 된다. (극소의 정의)

또한 $f(x)$는 미분가능한 함수이므로, $g'(t) = 0$임을 알 수 있고
$g'(t) = 2(t-a) + 2f'(t)(f(t)-b) = 0 \cdots$ⓐ, $f'(t) \times \dfrac{f(t)-b}{t-a} = -1$ (단, $t \neq a$)임을 알 수 있다.

이때, $f'(t)$는 점 P에서의 접선의 기울기이며 $\dfrac{f(t)-b}{t-a}$는 직선 PQ의 기울기에 해당하므로 두 직선이 수직임을 알 수 있다.

한편, $t = a$일 때 ⓐ를 만족시키려면 $f'(t) = 0$ ($\because f(t) = f(a) \neq b$) 이어야 한다.
점 P에서의 접선이 x축과 평행하며, 직선 PQ의 방정식은 $x = a$로 y축과 평행하므로 이 경우에도 두 직선이 수직관계에 있음을 알 수 있다.

[2] 곡선 $y = x^2$를 x축 대칭시킨 후 x축의 양의 방향으로 6만큼 평행이동시키면 곡선 $y = -(x-6)^2$이 나오므로, 두 곡선은 점 $R(3, 0)$에 대한 점대칭관계이다.

점 $P(t_1, t_1{}^2)$와 점 $R(3, 0)$에 대하여 $2t_1 \times \dfrac{t_1{}^2 - 0}{t_1 - 3} = -1$일 때 선분 PR의 길이가 최소일 수 있고,
이때의 t_1의 값은 1, 점 P는 $(1, 1)$이다.

점 $Q(t_2, -(t_2-6)^2)$와 점 $R(3, 0)$에 대하여 $-2(t_2-6) \times \dfrac{-(t_2-6)^2 - 0}{t_2 - 3} = -1$일 때 선분 PQ의 길이가 최소일 수 있고, 이때의 t_2의 값은 5, 점 Q는 $(5, -1)$이다.

이때, 점 $P(1, 1)$, $R(3, 0)$, $Q(5, -1)$은 모두 어떤 한 직선 위에 동시에 있음을 확인할 수 있으므로 선분 PQ의 최솟값은 $\sqrt{(1-5)^2 + (1-(-1))^2} = 2\sqrt{5}$이다.

+ 기대T comment)
서술에서의 감점이 심할 것으로 예상되는 문제로, 논술을 준비한 학생들과 준비하지 않은 학생들의 격차가 제일 많이 벌어질 문제로 판단된다. 감점의 대표적 예시로는
① 1번을 극소 또는 최소 등의 워딩 없이 무지성 미분하거나 그래프로 설명한 경우[9]
② 2번 문제에서 점 (3, 0)을 이용한 논리를 이어나갈 경우, 세 점이 한 직선 위에 있음을 미언급[10] 등이 있다.

---

9) 원을 그리며 거리를 관찰하는 것 역시 수리논술에선 저격가능한 감점포인트.
10) 최소+최소=최소 의 논리를 쓸 때, 좌변의 두 최소가 동시에 벌어질 수 있음을 설명하는 장치에 해당하기 때문

3. 구간의 평균변화율과 중점에서의 순간변화율

임의의 이차함수 그래프 위의 서로 다른 두 점 $A(a, f(a))$, $B(b, f(b))$를 지나는 직선 AB의 기울기와 같은 기울기를 가지는 이차함수 그래프의 접선의 접점의 x좌표는 항상 $\dfrac{a+b}{2}$이다.

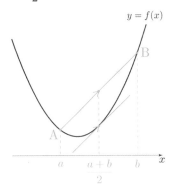

증명

이차함수 $f(x) = ax^2 + bx + c \ (a \neq 0)$의 그래프 위의 서로 다른 두 점 $P(p, f(p)), Q(q, f(q))$에 대해,

직선 PQ의 평균변화율은
$$\dfrac{f(p) - f(q)}{p - q} = \dfrac{ap^2 + bp + c - aq^2 - bq - c}{p - q}$$
$$= \dfrac{a(p^2 - q^2) + b(p - q)}{p - q} = a(p + q) + b$$

한편, $f'\left(\dfrac{p+q}{2}\right) = 2a\left(\dfrac{p+q}{2}\right) + b = a(p+q) + b$이므로

이차함수 그래프 위의 서로 다른 두 점 $A(a, f(a)) \, B(b, f(b))$를 지나는 직선 AB의 기울기와 같은 기울기를 가지는 접선의 접점의 x좌표는 $x = \dfrac{a+b}{2}$이다.

수능대비 사설모의고사에서 나오면 '오버한다'고 평가되는 개념이지만, 논술에선 아무 일 없이 출제되고 있다.
다음 예제를 보자.

제시문

(가) 두 함수 f와 g는 정의역과 공역이 모두 양의 실수 전체의 집합인 연속함수이다.

함수 f는 정의역의 모든 점에서 양의 미분계수를 갖는다. 그림 1과 같이 임의의 양수 t에 대하여 곡선 $y = f(x)$ 위의 점 $F(t, f(t))$에서의 접선과 x축이 이루는 예각의 크기는, 원점과 점 $G(t, g(t))$를 잇는 선분과 y축이 이루는 예각의 크기와 같다.

(나) $a < b < c$ 인 양수 a, b, c에 대하여 a와 b의 평균을 d, b와 c의 평균을 e라 하자.

그림 2와 같이 곡선 $y = \dfrac{1}{2}x^2$ 위의 세 점 $A\left(a, \dfrac{1}{2}a^2\right)$, $B\left(b, \dfrac{1}{2}b^2\right)$, $C\left(c, \dfrac{1}{2}c^2\right)$에 대하여 두 직선 AB와 BC가 이루는 예각의 크기를 α라 하고, 직선 $y = 1$ 위의 두 점 $D(d, 1)$, $E(e, 1)$에 대하여 두 직선 OD와 OE가 이루는 예각의 크기를 β라 하자.

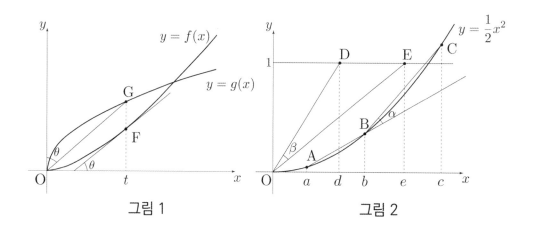

그림 1　　　그림 2

위의 제시문 (가)와 (나)를 읽고 다음 질문에 답하시오.

[1] 제시문 (가)에서의 두 함수 f와 g 사이의 관계식을 구하고, 함수 g가 상수함수 $g(x) = 1$일 때의 함수 f를 구하시오.

[2] 논제 [1]의 결과를 이용하여 제시문 (나)의 α와 β 사이의 관계를 도출하시오.

연습지

$g(x) = \sqrt{ax+b} + c$ 꼴의 무리함수의 그래프는 이차함수의 그래프와 $y = x$ 대칭관계에 있고, 앞서 설명한 평행의 성질 역시 유지된다.

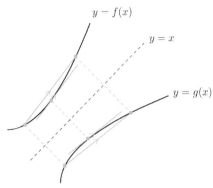

따라서 앞서 증명한 성질을 무리함수에 적용하면 다음과 같다.

TIP

임의의 무리함수 $y = g(x)$의 그래프 위의 서로 다른 두 점 $C(a, g(a))$, $D(b, g(b))$를 지나는 직선 CD의 기울기와 같은 접선의 기울기를 가지는 접점의 y좌표는 항상 $\dfrac{g(a)+g(b)}{2}$ 이다.

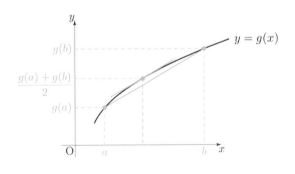

1-3 Chapter 1. 다항함수

삼차함수의 성질과 증명

1. 삼차함수 증명을 위한 사전작업

여러 성질들을 증명하기에 앞서 다음을 증명하자.

> **TIP**
>
> 모든 삼차함수들은 평행이동을 해서 원점대칭인 삼차함수 $y = ax^3 + ex$ 로 이동시킬 수 있다.

아래 증명[11]은 달달 외울 필요 없이 가볍게 읽어보는 것으로 충분하다.

> **증명**
>
> 임의의 삼차함수를 $f(x) = ax^3 + bx^2 + cx + d$라 하자. 식을 조작해보면
>
> $ax^3 + bx^2 + cx + d = a\left(x + \dfrac{b}{3a}\right)^3 + \left(c - \dfrac{b^2}{3a}\right)\left(x + \dfrac{b}{3a}\right) - \dfrac{b^3}{27a^2} + \dfrac{b^3}{9a^2} - \dfrac{bc}{3a} + d$ 이므로
>
> $y = f(x)$의 그래프를 $\left(\dfrac{b}{3a},\ \dfrac{b^3}{27a^2} - \dfrac{b^3}{9a^2} + \dfrac{bc}{3a} - d\right)$ 만큼 평행이동시켜서 나온 삼차함수 $g(x)$의 식은
>
> $g(x) = ax^3 + ex$[12] (단, $e = c - \dfrac{b^2}{3a}$), 즉 원점대칭함수가 된다.[13]

이를 통해 알 수 있는 교훈은 두 가지이다.

| 그래프를 평행이동시켜도 성질들은 그대로 유지된다.

따라서 삼차함수에서 비율과 관련된 모든 증명은 항상 $y = ax^3 + ex$으로 증명해도 충분하다.

| 임의의 삼차함수 $y = f(x)$의 그래프는 점 $\left(-\dfrac{b}{3a}, f\left(-\dfrac{b}{3a}\right)\right)$에 대한 점대칭을 이룬다.

평행이동 시킨 후의 곡선 $y = g(x)$을 반대로 $\left(-\dfrac{b}{3a},\ -\dfrac{b^3}{27a^2} + \dfrac{b^3}{9a^2} - \dfrac{bc}{3a} + d\right)$만큼 평행이동시키면 다시 $y = f(x)$가

나오는데, 곡선 $y = g(x)$의 대칭점이 $(0, 0)$이므로 곡선 $y = f(x)$의 대칭점은 $(0, 0)$가 이동한 점인

$\left(0 - \dfrac{b}{3a},\ 0 - \dfrac{b^3}{27a^2} + \dfrac{b^3}{9a^2} - \dfrac{bc}{3a} + d\right)$가 될 것이다.

이 점 $\left(-\dfrac{b}{3a}, f\left(-\dfrac{b}{3a}\right)\right)$을 우리는 변곡점이라 부르며, $-\dfrac{b}{3a}$ 라는 값은 방정식 $f''(x) = 0 \Leftrightarrow 6ax + 2b = 0$ 을 풀면 구할 수 있다.

---

11) 이것을 증명해놓는 이유는 미래의 우리가 편하기 위함이다. 다양한 삼차함수 관련 성질의 증명을 할 때, 앞으로 간편화된 $g(x)$를 활용하면 된다.

12) 기함수 형태임을 확인하자.

13) 여기서 e는 자연상수가 아닌 문자 e다... 당연하게도...

기울기가 같은 두 접선을 그리고, 이 접선들과 기울기와 같으며 삼차함수 $f(x) = ax^3 + ex$[14]의 변곡점(=원점)을 지나는 직선을 그리면, 그림과 같은 비례관계가 성립한다. (1:1:1:1)

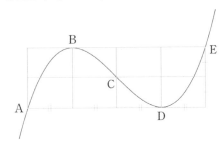

증명

접점을 $D(p, f(p))$로 하는 접선을 l_1이라 하면, 기울기가 같은 또 다른 접선 l_2의 접점을 $B(-p, f(-p))$라 할 수 있다.

($\because$ 삼차함수 $f(x) = ax^3 + ex$는 원점 C에 대한 점대칭함수)

앞서 다룬 근과 계수의 관계에 의하여

접선 l_1이 삼차함수 $y = f(x)$와 만나는 또다른 점 A 의 x좌표는 $-2p$,

접선 l_2가 삼차함수 $y = f(x)$와 만나는 또다른 점 E 의 x좌표는 $2p$ 이다.

종합하면 다섯 점 A, B, C, D, E x좌표가 $-2p$, $-p$, 0, p, $2p$ 이고, 이들은 등차수열을 이룬다.
따라서 1:1:1:1 비율이 성립한다.

〈그림1〉과 같이 접선이 기울어져도 비율관계는 성립한다.

〈그림2〉는 삼차함수와 점선들로 나뉜 영역의 넓이의 비율관계다.
증명이야 물론 가능하겠지만, 실제로 나올 가능성은 적으니 참고용 or 검산용으로만 알고 있자.

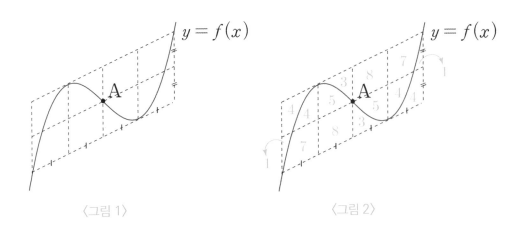

〈그림 1〉　　　　　〈그림 2〉

---

[14] 앞서 모든 삼차함수에 대한 일반적 증명은 $y = ax^3 + ex$로 대신해도 충분함을 증명했었다.

삼차함수에 그을 수 있는 접선의 개수

좌표평면 위의 점 (s, u)에서 삼차함수 $y = ax^3 + ex \ (a > 0)$ 에 그은 접선의 개수를 관찰해보자.

접점을 $(t, at^3 + et)$라 하면 접선의 방정식은 $y = (3at^2 + e)(x - t) + at^3 + et$이고, 여기에 점 (s, u)을 대입한 후 t에 대한 내림차순으로 정리하면 $u = -2at^3 + 3ast^2 + es, \ \ 2at^3 - 3ast^2 - es + u = 0$ 이다.

t에 대한 삼차방정식 $2at^3 - 3ast^2 - es + u = 0$의 근의 개수가 곧 점 (s, u)에서 그을 수 있는 접선의 개수이므로, 함수 $y = 2at^3 - 3ast^2 - es + u$를 case를 나눠서 그려보자.

i) $s = 0$일 때

$y = 2at^3 + u$의 실근은 오직 1개이다.

ii) $s > 0$일 때

$t = s$일 때 극솟값 $y = -as^3 - es + u$ 이고 $t = 0$일 때 극댓값 $u - es$ 인 삼차함수이므로 x축 위치에 따라 실근 t의 개수가 달라진다.

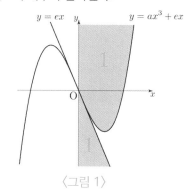
〈그림 1〉

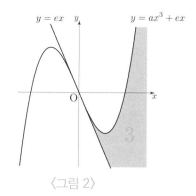
〈그림 2〉

$-as^3 - es + u > 0$, 즉 $u > as^3 + es$ 일 때거나 $u - es < 0$, 즉 $u < es$ 일 때 실근은 1개이다.
이를 그림으로 나타내면 〈그림 1〉과 같다. (참고로 $y = ex$는 변곡점 $(0, 0)$에서의 접선이다.)

$-as^3 - es + u < 0 < u - es$, 즉 $es < u < as^3 + es$ 일 때 실근은 3개이다.
이를 그림으로 나타내면 〈그림 2〉와 같다.

$-as^3 - es + u = 0$, 즉 $u = as^3 + es$ 일 때거나 $u - es = 0$, 즉 $u = es$ 일 때 실근은 2개이다.

i) ii) 의 결과들을 종합하여 그림으로 나타내면 〈그림 3〉과 같다. ($s < 0$일 땐 대칭 상황으로 구하면 된다.)

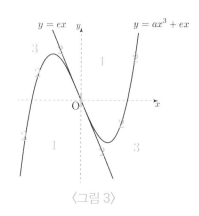
〈그림 3〉

이차함수 넓이 공식 $\dfrac{|a|}{6}(\beta-\alpha)^3$을 활용하자.

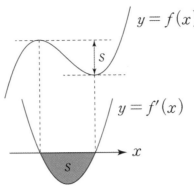

$f(x) = ax^3 + ex$의 도함수 $f'(x) = 3ax^2 + e$ 는 최고차항의 계수가 $3a$이므로,

$$S = \int_\alpha^\beta |f'(x)|\,dx = \frac{|3a|}{6}(\beta-\alpha)^3 = \frac{|a|}{2}(\beta-\alpha)^3$$ 임을 알 수 있다.

또한 미적분학의 기본정리 $f(\beta) - f(\alpha) = \displaystyle\int_\alpha^\beta f'(x)$를 활용하면,

$$|f(\beta) - f(\alpha)| = \int_\alpha^\beta |f'(x)|\,dx = \frac{|a|}{2}(\beta-\alpha)^3$$ 이다.

실전 논제 풀어보기

┃ QR코드를 통한 도움영상 활용

해설집에 있는 논제에 대한 해설 중 어려운 부분의 이해를 도와주는 영상을 QR 코드를 통해 볼 수 있습니다. 완벽한 해설 강의가 아니기 때문에, 시청 전에 해설을 먼저 읽어본 후 QR 코드의 강의를 활용하기 바랍니다.

┃ 답안지 Box의 점선 줄 활용

ⓐ 답안 첫 두 줄을 점선 줄 위에서부터 시작해서, 아래 답안들도 줄이 삐뚤어지지 않도록 맞춰 써보세요.
읽기 편한 글씨체와 줄 맞춰 쓰기는 채점관에게 좋은 인상의 답안이 되기 위한 기본기입니다 :)
ⓑ 줄 맞춰 쓸 연습이 필요 없다면, 이 문제에 쓰이는 필수 Idea를 필기하는 용도로 활용하세요.

논제 1   ★★★☆☆   2021 연세대

함수 $f(x) = ax^2 + bx + c$ (a, b, c 는 정수)에 대하여, 닫힌구간 $[2019, 2021]$ 에서 $|f(x)|$ 의 최댓값이 1 이 되도록 하는 함수 $f(x)$ 의 개수를 구하시오.

연습지

제시문

(이차방정식의 근의 판별) 계수가 실수인 이차방정식 $ax^2 + bx + c = 0$ 에서 $D = b^2 - 4ac$ 라고 할 때
(1) $D > 0$ 이면 서로 다른 두 실근을 갖는다.
(2) $D = 0$ 이면 중근(서로 같은 두 실근)을 갖는다.
(3) $D < 0$ 이면 서로 다른 두 허근을 갖는다.

[1] 함수 $y = (x - p)^2 + p^2 + 2$ 의 그래프가 점 $(1, 7)$ 을 지나도록 하는 실수 p 의 값을 모두 구하시오.

[2] 점 (a, b) 에 대하여, 곡선 $y = (x - p)^2 + p^2 + 2$ 가 점 (a, b) 를 지나도록 하는 실수 p 가 존재할 때, a, b 가 만족하는 조건을 구하시오.

[3] 점 $(-12, -1)$ 로부터 곡선 $y = (x - p)^2 + p^2 + 2$ 위의 점까지의 거리 중 최솟값을 $f(p)$ 라고 하자. 함수 $f(p)$ 의 최솟값을 구하시오.

연습지

답안지

제시문

〈제시문1〉

좌표평면 위의 두 점 $A(x_1,\ y_1)$, $B(x_2,\ y_2)$를 이은 선분 AB를 $m:n\ (m>0,\ n>0)$으로 내분하는 점 P의 좌표는 다음과 같다.

$$\left(\frac{mx_2+nx_1}{m+n},\ \frac{my_2+ny_1}{m+n}\right)\ (단\ m\neq n)$$

〈제시문2〉

함수 $f(x)$에서 $x=a$를 포함하는 어떤 열린구간에 속하는 모든 x에 대하여 $f(x)\leq f(a)$일 때, 함수 $f(x)$는 $x=a$에서 극대 하며, $f(a)$를 극댓값이라고 한다. 또, $x=a$를 포함하는 어떤 열린구간에 속하는 모든 x에 대하여 $f(x)\geq f(a)$일 때, 함수 $f(x)$는 $x=a$에서 극소 하며, $f(a)$를 극솟값이라고 한다. 극댓값과 극솟값을 통틀어 극값이라고 한다.

〈제시문3〉

삼차함수 $f(x)=x^3+ax^2+bx$가 서로 다른 두 개의 극값을 $x=\alpha$와 $x=\beta$에서 가진다고 한다. 이 때, 두 점 $A(\alpha,\ f(\alpha))$와 $B(\beta,\ f(\beta))$를 잇는 선분 AB를 고려한다.

(단, a와 b는 정수이고, $\alpha<\beta$ 이다.)

[1] 〈제시문3〉에서 직선 AB의 기울기 값이 $-\dfrac{2}{9}$보다 크기 위한 정수 a와 b가 존재하지 않음을 보이고, 그 이유를 논하시오.

[2] 〈제시문3〉에서 $-5\leq a\leq5$, $-5\leq b\leq5$일 때, 선분 AB가 x축과 만나지 않도록 하는 순서쌍 (a,b)를 모두 구하고, 그 이유를 논하시오.

[3] 〈제시문3〉에서 $-3\leq a\leq3$, $-3\leq b\leq3$일 때, 선분 AB를 삼등분하는 두 점을 C와 D라고 하자. 선분 CD가 y축과 만나지 않도록 하는 순서쌍 $(a,\ b)$ 의 개수를 구하고, 그 이유를 논하시오.

연습지

좌표평면에 포물선 $y = x^2 + 9$ 와 포물선 $y = x^2$ 이 주어져 있다. 포물선 $y = x^2$ 위의 점 $A(0, 0)$ 과 $B(3, 9)$ 에 대하여, 다음 물음에 답하시오.

[1] 포물선 $y = x^2 + 9$ 위의 점 C 에서의 접선이 선분 AC 와 수직일 때, 점 C 의 좌표를 구하시오.

[2] 포물선 $y = x^2 + 9$ 위의 점 D 에서의 접선이 선분 BD 와 수직일 때, 점 D 의 좌표를 구하시오.

[3] 포물선 $y = x^2 + 9$, 포물선 $y = x^2$ 과 선분 AC, BD 로 둘러싸인 도형의 넓이를 구하시오.

연습지

제시문

[그림 1]과 같이 곡선 $y = x^2 + 1$ 위에 두 점 $P_1\left(a_1, a_1^2 + 1\right)$과 $P_2\left(a_2, a_2^2 + 1\right)$가 있다.

(단 $a_1 < 0 < a_2$이고 $a_1 + a_2 \neq 0$이다.)

점 P_1에서의 접선과 점 P_2에서의 접선 그리고 곡선에 의해 둘러싸인 부분을 S라 하자.

또한 두 점 P_1과 P_2로부터 시작해서 곡선 위의 점 $P_{n+2}(n \geq 1)$를 그 점에서의 접선이 직선 $P_n P_{n+1}$과 평행이 되도록 계속 반복해서 택하여 나간다고 하자.

[그림 2]는 이렇게 얻어지는 세 점 P_n, P_{n+1}, P_{n+2}를 표시한 것이다. 이 세 점으로 만들어진 삼각형 $\triangle P_n P_{n+1} P_{n+2}$의 넓이를 A_n이라 하고 선분 $\overline{P_n P_{n+1}}$과 선분 $\overline{P_{n+1} P_{n+2}}$가 이루는 각을 θ_n이라 하자.

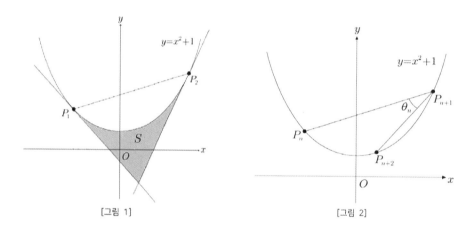

[그림 1]   [그림 2]

[1] [그림 1]의 S의 넓이를 $a_2 - a_1$의 식으로 나타내시오.

[2] 삼각형 $\triangle P_n P_{n+1} P_{n+2}$의 넓이 A_n을 $a_2 - a_1$의 식으로 나타내시오.

[3] 점 $P_1, P_2, \cdots, P_n, \cdots$들이 수렴하는 점을 $P(a, a^2 + 1)$라 하자. (즉 $\lim_{n \to \infty} a_n = a$이다.)

이 때 극한값 $\lim_{n \to \infty} \left| \dfrac{\tan \theta_n}{a_{n+1} - a_n} \right|$을 a의 식으로 나타내시오.

Show
and
Prove

기대T 수리논술 수업 상세안내

수업명	수업 상세 안내 (지난 수업 영상수강 가능)
정규반 프리시즌 (2월)	– 수리논술만의 특징인 '답안작성 능력'과 '증명 능력'을 향상 시키는 수업 – 수험생은 물론 강사도 가질 수 있는 '증명 오개념'을 타파시키는 수학 전공자의 수업
정규반 시즌1 (3월)	– 수능/내신 공부와 다른 수리논술 공부의 결 & 방향성을 잡아주는 수업 – 삼각함수 & 수열의 콜라보 등 논술형 발전성을 체감해볼 수 있는 실전 내용 수업
정규반 시즌2 (4~5월)	– 수리논술에서 50% 이상의 비중을 차지하는 수리논술용 미적분을 집중 해석하는 수업 – 수리논술에도 존재하는 행동 영역을 통해 고난도 문제의 체감 난이도를 낮춰주는 수업 – 대학의 모범답안을 보고도 '이런 아이디어를 내가 어떻게 생각해내지?'라는 생각이 드는 학생들도 납득 가능하고 감탄할 만한 문제접근법을 제시해주는 수업
정규반 시즌3 (6~7월)	– 상위권 대학의 합격 당락을 가르는 고난도 주제들을 총정리하는 수업 – 아래 학교의 수리논술 합격을 바라는 학생들이라면 강추 (메디컬, 고려, 연세, 한양, 서강, 서울시립, 경희, 이화, 숙명, 세종, 서울과기대, 인하)
선택과목 특강 (선택확통 / 선택기하)	– 수능/내신의 빈출 Point와의 괴리감이 제일 큰 두 과목인 확통/기하의 내용을 철저히 수리논술 빈출 Point에 맞게 피팅하여 다루는 Compact 강의 (영상 수강 전용 강의) – 확통/기하 각각 2~3강씩으로 구성된 실전+심화 수업 (교과서 개념 선제 학습 필요) – 상위권 학교 지원자들은 꼭 알아야 하는 필수내용 / 6월 또는 7월 내로 완강 추천
Semi Final (8월)	– 본인에게 유리한 출제 스타일인 학교를 탐색하여 원서지원부터 이기고 들어갈 수 있도록 태어난 새로운 수업 (모든 대학을 출제유형별로 A그룹~D그룹으로 분류 후 분석) – 최신기출 (작년 기출+올해 모의) 중 주요 문항 선별 통해 주요대학 최근 출제 경향 파악
고난도 문제풀이반 For 메디컬/고/연/서성한시	– 2월~8월 사이 배운 모든 수리논술 실전 개념들을 고난도 문제에 적용 해보는 수업 – 전형적인 고난도 문제부터 출제될 시 경쟁자와 차별될 수 있는 창의적 신유형 문제까지 다양하게 만나볼 수 있는 수업
학교별 Final (수능전 / 수능후)	– 학교별 고유 출제 스타일에 맞는 문제들만 정조준하여 분석하는 Final 수업 – 빈출 주제 특강 + 예상 문제 모의고사 응시 후 해설 & 첨삭 – 고승률 문제접근 Tip을 파악하기 쉽도록 기출 선별 자료집 제공 (학교별 상이)
첨삭	수업 형태 (현장 강의 수강, 온라인 수강) 상관없이 모든 학생들에게 첨삭이 제공됩니다. 1차 서면 첨삭 후 학생이 첨삭 내용을 제대로 이해했는지 확인하기 위해, 답안을 재작성하여 2차 대면 첨삭영상을 추가로 제공받을 수 있습니다. 이를 통해 학생은 6~10번 이내에 합격급으로 논리적인 답안을 쓸 수 있게 되며, 이후에는 문제풀이 Idea 흡수에 매진하면 됩니다.

정규반 안내사항 (아래 QR코드 참고)   대학별 Final 안내사항 (아래 QR코드 참고)

CHAPTER

2

극한과 연속

극한

함수의 극한과 수열의 극한이 각각 수학2와 미적분에 나뉘어져 있지만, 수열도 결국에는 함수[15]이므로 본 수리논술 책에서는 두 극한을 한 번에 다루도록 하겠다.

또한 정답만 내면 장땡인 수능수학에서 제일 많은 오개념을 갖고 오는 Part이기 때문에, 당분간은 극한과 미분에 대한 오개념과의 전쟁을 준비해야한다.

우선 함수의 극한 기초문제를 풀어보자.

예제 — 1 ★☆☆☆☆ 연습문제

함수 $f(x)$ 에 대하여 $\lim\limits_{x \to 2} \dfrac{f(x)}{x-2} = 2$ 일 때, $f(2)$ 의 값을 구하시오.

연습지

해설 1

"분모가 0 으로 가니까 분자도 0 으로 가고, 뭐야 그냥 $f(2) = 0$ 이네 ㅋㅋ"

라고 생각한다면, 완벽히 틀린 풀이이다.

'분모가 0 으로 가니까 분자도 0 으로 가서' 알 수 있는 사실은 $\lim\limits_{x \to 2} f(x) = 0$ 이라는 사실 뿐이다.

$f(x)$ 의 $x = 2$ 에서의 '연속성'이 보장되지 않았기 때문에 $f(2)$ 의 값은 알 수 없다.

따라서 $f(2)$ 의 값을 알 수 없다. 가 정답이다.

(만약 $f(x)$ 의 $x = 2$ 에서의 연속성이 보장된 상태였다면 $\lim\limits_{x \to 2} f(x) = f(2) = 0$ 이 되어 $f(2) = 0$ 이다.)

---

[15] 정의역이 자연수 전체의 집합이고, 공역이 실수 전체의 집합인 함수

$\lim\limits_{x \to a} f(x) = b$는 두 의미를 내포한다.

– x는 a로 한없이 다가간다. 이때, x는 a가 아니다.

그래서 $\lim\limits_{x \to 1} \dfrac{(x-1)(x+1)}{x-1} = \lim\limits_{x \to 1} (x+1) = 2$로 풀 수 있는 근거[16]가 된다.

– $f(x)$는 b로 한없이 다가간다. 이때, 그 값이 b일 수도 있고 b가 아닐 수도 있다.

수능수학 합성함수 극한 3점 문항을 풀 수 있는 수준이라면 충분히 이해하고 있을테니 넘어가겠다.

---

1. 극한값 구하기 1 : 기본형태 (수열, 함수 공용)

수능–내신에서 많이 쓰이는 제일 기본적인 문제 형태이다.

$\lim\limits_{n \to \infty} a_n$, $\lim\limits_{x \to 1} f(x)$ 등을 구하라고 할 때, a_n과 $f(x)$의 식을 직접 구하여 극한 안에 넣고 단순 계산하면 된다.

예제 2 　　　　　★★☆☆☆　　　연습문제

> 수열 $\{a_n\}$에 대하여 $a_1 = 5$, $a_{n+1} = \dfrac{1}{2}a_n + 2$ 일 때, $\lim\limits_{n \to \infty} a_n$의 값에 대해 논하시오.

연습지

---

16) 극한 내부의 분모, 분자의 $(x-1)$이 0이 아니기 때문에 나눌 수 있는 근거

$a_n - 4 = b_n$ 이라 두면[17] $a_{n+1} = \dfrac{1}{2}a_n + 2 \Leftrightarrow b_{n+1} = \dfrac{1}{2}b_n$ 에서 수열 $\{b_n\}$은 공비가 $\dfrac{1}{2}$인 등비수열이다.

(cf. 1편에서 학습했던 테크닉인데, 이것이 낯설다면 반드시 1편→2편→3편 순으로 학습하기 바란다.)

따라서 $b_n = 1 \times \left(\dfrac{1}{2}\right)^{n-1}$, $a_n = 4 + \left(\dfrac{1}{2}\right)^{n-1}$ 이므로 $\displaystyle\lim_{n \to \infty} a_n = 4$ 이다.

| 수열의 수렴성

이전 문제를 풀 때 $\displaystyle\lim_{n \to \infty} a_n = \alpha$라 하고 $\alpha = \dfrac{1}{2}\alpha + 2$, $\alpha = 4$로 구한 학생들이 대다수일 것이다.

하지만 이렇게 풀면 수리논술에서는 0점이다.

맨날 이렇게 풀었어도 수능에서 한 번도 틀리지 않았던 이유는, 수능은 정답이 항상 존재하는 시험이라서 극한값이 반드시 존재할 수밖에 없는 환경이었기 때문이다.

이 풀이는 '수열이 수렴한다.'는 조건이 있을 때에만 가능한 풀이임을 명심하자. 반드시 해설을 참고하여 정확한 풀이를 습득할 것.

2. 극한값 구하기 2 : 샌드위치 정리 (수열, 함수 공용)

$f(x) < h(x) < g(x)$ 관계를 만족시키는 세 연속함수 f, g, h와 임의의 실수 a에 대하여 다음이 성립한다.

$$\lim_{x \to a} f(x) \leq \lim_{x \to a} h(x) \leq \lim_{x \to a} g(x)$$

워낙 통용되는 정리이기 때문에 샌드위치 정리, 조임정리 등등으로 답안에 작성해도 무방하나,
걱정이 되는 친구들은 교과서에 실려있는 이름인 '극한의 대소관계'라 해주면 된다.

a_n, $f(x)$의 범위를 구하고 샌드위치 정리를 적용하여 정답을 구하는게 일반적 풀이이다.

예제 3 ★★☆☆☆ 2014 수능 18번

자연수 n에 대하여 직선 $y = n$과 함수 $y = \tan x$의 그래프가 제1사분면에서 만나는 점의 x좌표를 작은 수부터 크기순으로 나열할 때, n번째 수를 a_n이라 하자. $\displaystyle\lim_{n \to \infty} \dfrac{a_n}{n}$의 값을 구하시오.

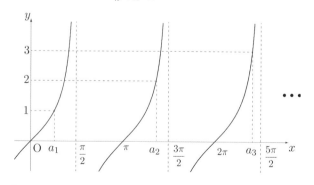

---

17) 1편 수열 편에서 배운 Idea를 활용했다.

모든 자연수 n에 대하여

$$|a_{n+1} - L| < c \times |a_n - L|$$

을 만족시키는 상수 $0 \leq c < 1$ 가 존재할 때 $\lim\limits_{n \to \infty} a_n$의 값을 구하는 방식이다.

$n = 1, \, 2, \, \cdots$를 대입하면

$$|a_2 - L| < c \times |a_1 - L|$$
$$|a_3 - L| < c \times |a_2 - L|$$
$$\cdots$$
$$|a_n - L| < c \times |a_{n-1} - L|$$

이고, 모든 양변을 곱한 후 식 정리를 해주면 $|a_n - L| < c^{n-1} \times |a_1 - L|$ 이다.

양변에 $\lim\limits_{n \to \infty}$ 을 취하면 $\lim\limits_{n \to \infty} c^{n-1} = 0$ 이므로 $\lim\limits_{n \to \infty} |a_n - L| \leq 0$ 에서

$\lim\limits_{n \to \infty} (a_n - L) = 0$, $\lim\limits_{n \to \infty} a_n = L$ 임을 알 수 있다.

예제 4   ★★★☆☆   유명예제

$a_1 = 4$인 수열 $\{a_n\}$에 대하여 $a_{n+1} = \dfrac{1}{2}\left(a_n + \dfrac{4}{a_n}\right)$이 만족할 때, 다음 물음에 답하시오.

[1] 모든 자연수 n에 대하여 $a_n > 2$임을 보여라.

[2] $a_{n+1} - 2 < \dfrac{1}{2}(a_n - 2)$임을 보여라.

[3] $\lim\limits_{n \to \infty} a_n$의 값을 구하시오.

연습지

[1] 수학적 귀납법으로 증명하자

(i) $n = 1$일 때, $a_1 = 4 > 2$이므로 성립한다.

(ii) $n = k$일 때, $a_k > 2$가 성립한다고 가정하면, 산술기하평균부등식에 의하여

$$a_{k+1} = \frac{1}{2}\left(a_k + \frac{4}{a_k}\right) > \sqrt{a_k \times \frac{4}{a_k}} = 2 \text{ 이므로 } n = k+1 \text{일 때에도 성립한다.}$$

(등호성립조건이 $a_k = \frac{1}{a_k} \cdot a_k^{\ 2} = 4$인데 $a_k > 2$이므로 등호성립 불가능)

따라서 수학적 귀납법에 의하여 모든 자연수 n에 대하여 $a_n > 2$이다.

[2] $a_n > 2$가 성립하므로 $a_{n+1} = \frac{1}{2}\left(a_n + \frac{4}{a_n}\right) = \frac{1}{2}a_n + \frac{2}{a_n} < \frac{1}{2}a_n + \frac{2}{2}$ 이다.

이 부등식에서 양변에 -2를 하면 $a_{n+1} - 2 < \frac{1}{2}(a_n - 2)$임을 알 수 있다.

[3] 앞의 **[1]**에 의하여 $a_n > 2$ 이고, **[2]**에 의하여 $a_n - 2 < \left(\frac{1}{2}\right)^{n-1}(a_1 - 2)$임을 알 수 있다.

따라서 $0 < a_n - 2 < \left(\frac{1}{2}\right)^{n-1} \times (4-2) = \left(\frac{1}{2}\right)^{n-2}$ 이고, 모든 변에 극한을 취하면

$0 \leq \lim_{n \to \infty}(a_n - 2) \leq \lim_{n \to \infty}\left(\frac{1}{2}\right)^{n-2} = 0$ 이다. 따라서 샌드위치 정리에 의하여

$\lim_{n \to \infty}(a_n - 2) = 0$, $\lim_{n \to \infty}a_n = 2$ 이다.

극한값 구하기 4 : 다변수극한 (함수 전용)

지금까진 변수가 하나뿐인 극한을 풀라고 요구했다면, 이번 Theme에서는 두 개 이상의 변수가 다른 변수로 깔끔하게 정리되지 않는 상황의 문제에 대해 다뤄보겠다.

가령 해당 문제의 예를 들면 다음과 같다.

예제 5 ★★★☆☆ 2015 고려대

제시문

$s < t$ 인 두 실수 s, t에 대하여 두 점 $A(s, s^2)$과 $B(t, t^2)$은 곡선 $y = x^2$위를 움직인다.

제시문에서 두 점 A와 B가 $\overline{AB} = 1$을 만족하며 움직일 때, 선분 AB와 곡선 $y = x^2$으로 둘러싸인 영역의 넓이를 $F(s)$라 하자. 극한값 $\lim\limits_{s \to \infty} s^3 F(s)$를 구하여라.

spoiler

문제에서 묻는 바는 s에 대한 극한인데, 극한을 보내야 하는 식엔 s 뿐만 아니라 t까지 등장한다.
이럴 경우,
① 위 문제처럼 s가 무한으로 갈 때 t는 어디로 갈지 관찰하여 극한을 동시에 먹여주거나
② 두 문자를 적당한 꼴로 엮어서, 그 꼴이 어디로 다가가는지 관찰하는 방식이 필요하다.

이 문제는 ②에 해당하는 문제이다.

연습지

$$\overline{AB}^2 = (t-s)^2 + (t^2-s^2)^2 = 1$$

$$\therefore (t-s)^2\{1+(t+s)^2\} = 1, \ (t-s)^2 = \frac{1}{1+(t+s)^2}$$

또한 직선 AB의 방정식은

$y = (t+s)(x-s) + s^2 = (t+s)x - st$ 이므로 $F(s) = \int_s^t -(x-s)(x-t)dx = \frac{1}{6}(t-s)^3$ [18]

$$\therefore \lim_{s\to\infty} s^3 F(s) = \lim_{s\to\infty} \frac{s^3(t-s)^3}{6} = \frac{1}{6}\lim_{s\to\infty}\{s^2(t-s)^2\}^{\frac{3}{2}} = \frac{1}{6}\lim_{s\to\infty}\left\{\frac{s^2}{1+(t+s)^2}\right\}^{\frac{3}{2}}$$

한편, $s\to\infty$ 일 때 $0 < s < t$이므로 $0 < s^2 < t^2$ $\therefore t^2 - s^2 > 0$

$\overline{AB}^2 = (t-s)^2 + (t^2-s^2)^2 = 1$에서 $(t^2-s^2)^2 > 0$이므로 $(t-s)^2 < 1$

$\therefore t-s < 1, \ \therefore s < t < s+1$

양변을 s로 나누면 $1 < \dfrac{t}{s} < 1 + \dfrac{1}{s}$ 이고, $\lim\limits_{s\to\infty}\left(1 + \dfrac{1}{s}\right) = 1$이므로 샌드위치 정리에 의하여

$\lim\limits_{s\to\infty} \dfrac{t}{s} = 1$ 이다. 따라서 구하는 극한값은

$$\lim_{s\to\infty} s^3 F(s) = \frac{1}{6}\lim_{s\to\infty}\left\{\frac{s^2}{1+(t+s)^2}\right\}^{\frac{3}{2}} = \frac{1}{6}\lim_{s\to\infty}\left\{\frac{1}{\frac{1}{s^2}+\left(\frac{t}{s}+1\right)^2}\right\}^{\frac{3}{2}} = \frac{1}{6}\times\left(\frac{1}{2^2}\right)^{\frac{3}{2}} = \frac{1}{48}$$

예제 6   ★★★☆☆   2011 연세대 일부

두 예각 θ, α에 대하여 $\tan\alpha = k \times \tan\theta$를 만족시킨다. (단, k는 양수이다.)

$\lim\limits_{\theta\to\frac{\pi}{2}^-} \dfrac{\dfrac{\pi}{2}-\theta}{\dfrac{\pi}{2}-\alpha}$ 의 값을 구하시오.

연습지

[18] 문제에서 해당 적분이 차지하는 볼륨이 작기 때문에, 계산을 생략 후 바로 써도 괜찮다.

spoiler

다음 문제 〈예제 7〉은 앞의 두 문제와는 다르게 한 문자를 다른 문자로 쉽게 표현할 수 있는 경우이다. 잘 정리한 후 대입하여 극한을 구하는 일반적인 과정을 따라주면 된다.

예제 7

★★★☆☆   2016 서강대

함수 $f(x)$는 구간 $(-\infty, \infty)$ 에서 미분가능하고 $f'(x)$가 $(-\infty, \infty)$ 에서 연속이다.
(단, 모든 실수 x 에 대하여 $f'(x) \neq -1$ 이고, $f(1) = 1$, $f'(1) = \alpha$ 이다.)
임의의 실수 s 에 대하여 곡선 $y = f(x)$ 위의 점 $P(s, f(s))$에서의 접선에 수직이면서 점 P를 지나는 직선이

$y = x$와 만나는 점을 (t, t)라고 하자. 이때 극한값 $\lim\limits_{s \to 1} \dfrac{t-1}{s-1}$ 을 α에 관한 식으로 나타내시오.

연습지

2-2 함수의 연속

연속은 다음 세 조건을 모두 만족시키면 된다.

조건 ① $f(a)$가 존재한다.

조건 ② $\lim\limits_{x \to a} f(x)$가 존재한다. ($\lim\limits_{x \to a-} f(x) = \lim\limits_{x \to a+} f(x)$)

조건 ③ $f(a) = \lim\limits_{x \to a} f(x)$

예제 8 ★☆☆☆☆ 연습문제

함수 $f(x)$에 대하여 함수 $g(x) = \begin{cases} f(x) & (x < 1) \\ x^2 - x & (x \geq 1) \end{cases}$ 가 $x = 1$에서 연속일 때, $f(1)$의 값에 대해 논하시오.

해설 8

오개념, 이제는 고쳐져야 한다. 수능에서 하던 것처럼 윗식과 아래식에 $x = 1$ 대입하고서 $f(1) = 1^2 - 1 = 0$ 이라 답하면 안된다. 항상 연속의 세 조건을 잘 따져서 판단하는 습관을 기르자.

우리는 본 문제에서 $f(1)$을 알 수 없고, 오직 $\lim\limits_{x \to 1-} f(x) = 1^2 - 1 = 0$이라는 사실만 알 수 있다.[19]

예제 9 ★★☆☆☆ 연습문제

실수 전체의 집합에서 정의된 함수 $f(x)$가 다음 두 조건을 만족시킬 때, 다음 두 물음에 답하시오.

(i) 임의의 두 실수 x, y에 대하여 $f(x + y) = f(x) + f(y)$

(ii) $x = 1$에서 연속이다.

[1] 함수 $f(x)$는 $x = 0$에서 연속임을 보이시오.

[2] 함수 $f(x)$는 모든 실수 $x = a$에서 연속임을 보이시오.

---

[19] 수능에서는 사고가 안났던 이유는, 대부분 수능문제에 있는 연속 조건 덕분이다. 그냥 함수 $f(x)$가 아닌 연속함수 $f(x)$ 였다면 $\lim\limits_{x \to 1-} f(x) = f(1)$가 보장되므로 $f(1)$도 0임을 알 수 있다.

최대최소 정리와 활용

함수 $f(x)$가 닫힌구간 $[a, b]$에서 연속이면 (전제)
함수 $f(x)$는 이 구간에서 반드시 최댓값과 최솟값을 갖는다. (결론)

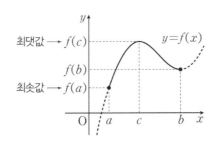

고교과정에서 증명은 불가능하지만 최댓값과 최솟값이 존재함을 매우 특이하게 쓰는 경우가 있다.

예제 10   ★★★☆☆   2018 서강대 기출

제시문

[가] 함수 $f(x)$가 $x = a$를 포함하는 어떤 열린 구간에 속하는 모든 x에 대하여 $f(x) \leq f(a)$이면 $f(x)$는 $x = a$에서 극댓값을 가진다고 한다.
또한, $x = a$를 포함하는 어떤 열린 구간에 속하는 모든 x에 대하여 $f(x) \geq f(a)$이면 $f(x)$는 $x = a$에서 극솟값을 가진다고 한다. 극댓값과 극솟값을 통틀어 극값이라고 한다.

[나] 함수 $f(x)$가 닫힌 구간 $[a, b]$에서 연속이면 $f(x)$는 $[a, b]$에서 최댓값과 최솟값을 가진다.

[다] 함수 $f(t)$가 닫힌 구간 $[a, b]$에서 연속일 때,

$$\frac{d}{dx}\int_a^x f(t)dt = f(x) \quad (\text{단, } a < x < b)$$

가 성립한다.

실수 전체의 집합에서 정의된 함수

$$f(x) = \begin{cases} \sqrt{|x|}\,(e^x - 1)\cos\dfrac{1}{x} & (x \neq 0) \\ 0 & (x = 0) \end{cases}$$

와 모든 자연수 n에 대하여 함수 $f(x)$가 열린 구간 $\left(\dfrac{2}{(2n+1)\pi},\ \dfrac{2}{\pi} \right)$에 속하는 적어도 n개의 점에서 극값을 가짐을 보여라.

TIP

대부분의 학생들이 '극값이기 위해선 $f'(x) = 0$이어야 함'에 익숙해져있기 때문에,

$f\left(\dfrac{2}{(2k+1)\pi}\right) = 0$, $f\left(\dfrac{2}{(2k-1)\pi}\right) = 0$임을 이용하여 롤의 정리를 통한 접근을 할 가능성이 매우 높다.

하지만 롤의 정리만으로는 $f'(x) = 0$인 x에서 이 함수가 극값을 가짐을 보여낼 수 없다.

(논리가 보충되려면 x 좌우에서 f'의 부호변화가 있다던지 f''의 부호 관찰 등의 추가 논의가 필요)

진짜 극값의 정의인 제시문 [가]와 이 문제의 킬링포인트인 최대최소정리를 첨가해야 완벽한 논리가 완성됨을 해설을 통해 확인하자.

2-4

사잇값 정리와 활용

1. 사잇값 정리의 기본

사잇값 정리는 두 가지 버전이 있다. 사실 똑같은 말이긴 하지만, 문제에 따라 편한 버전으로 쓰면 된다.

| 사잇값 정리 Ver. ①

함수 $f(x)$가 닫힌구간 $[a, b]$에서 연속이고 $f(a) \neq f(b)$이면, (전제)

$f(c) = k$인 c가 열린구간 (a, b)에 적어도 하나 존재한다. (k는 $f(a)$와 $f(b)$ 사이의 임의의 값) (결론)

예제 11　　　　　　　　　　　　　　★★☆☆☆　　　연습문제

> 연속함수 $f(x)$의 구간 $[0, 1]$에서의 최댓값과 최솟값을 각각 M, m이라 할 때, $M + m = 1$이 성립한다.
> 이 때, $0 \leq a \leq 1$이 되는 a에 대하여 $f(a) + f(b) = 1$를 만족시키는 b가 구간 $(0, 1)$에 적어도 하나
> 존재함을 증명하여라. (단, $m < \dfrac{1}{2}$이다.)

연습지

함수 $f(x)$가 닫힌구간 $[a, b]$에서 연속이고 $f(a)f(b) < 0$이면, (전제)

$f(c) = 0$인 c가 열린구간 (a, b)에 적어도 하나 존재한다. (결론)

예제 12 ★★☆☆☆ 연습문제

$\lim\limits_{x \to 2}\dfrac{f(x)}{x-2} = 4$, $\lim\limits_{x \to 4}\dfrac{f(x)}{x-4} = 2$를 만족시키고 최고차항의 계수가 음수인 오차함수 $f(x)$에 대하여

방정식 $f(x) = 0$의 실근의 개수를 논하시오.

연습지

해설 12

최고차항의 계수가 음수인 삼차함수 $g(x)$에 대하여 $f(x) = (x-2)(x-4)g(x)$라 하면

$\lim\limits_{x \to 2}\dfrac{f(x)}{x-2} = 4$ 로부터 $\lim\limits_{x \to 2}g(x) = -2$ 이고 $\lim\limits_{x \to 4}\dfrac{f(x)}{x-4} = 2$ 로부터 $\lim\limits_{x \to 4}g(x) = 1$ 이다.

한편, 최고차항의 계수가 음수이므로 $\lim\limits_{x \to -\infty} g(x) = \infty$, $\lim\limits_{x \to \infty} g(x) = -\infty$ 이므로

$\lim\limits_{x \to -\infty} g(x) \times \lim\limits_{x \to 2}g(x) < 0$, $\lim\limits_{x \to 2}g(x) \times \lim\limits_{x \to 4}g(x) < 0$, $\lim\limits_{x \to 4}g(x) \times \lim\limits_{x \to \infty} g(x) < 0$

이다. 따라서 세 구간 $(-\infty, 2)$, $(2, 4)$, $(4, \infty)$에서 각각 $g(x) = 0$의 실근이 적어도 하나씩 존재하므로

$g(x) = 0$의 실근은 적어도 3개 이상이다.

또한 $g(x) = 0$은 삼차방정식이므로 실근은 3개 이하이다.

이 두 사실로부터 방정식 $g(x) = 0$의 실근은 정확히 3개임을 알 수 있다.

따라서 $f(x) = 0$의 실근은 $x = 2, 4$를 포함하여 총 5개이다.

+ 기대T comment

참고로 함숫값의 곱의 부호로 사잇값 정리를 적용하는게 일반적이지만, 극한값의 곱의 부호로 적용시켜도 무방하다.

(어차피 함수가 연속인 구간에서 적용시키는 정리니까)

2. 사잇값 정리의 잘못된 활용

사잇값 정리 Ver.②를 변형히여 사용하면서 생기는 1st 오개념이 있는데, 다음과 같다.

$$함수\ f(x)가\ 닫힌구간\ [a,\ b]에서\ 연속이고\ f(a)f(b) > 0이면\ (전제)$$
$$f(c) = 0인\ c가\ 열린구간\ (a,\ b)에\ 존재하지\ 않는다.\ (결론)$$

아래 문제를 풀면서 오개념을 적용 중인지 확인해 보자.

예제 13　　　　★☆☆☆☆　　연습문제

$f(x) = x^3 - 3x - 1$에 대하여 구간 $(-1,\ 2)$에서의 방정식 $f(x) = 0$의 실근 존재성을 사잇값 정리를 이용하여 논하시오.

연습지

해설 13

$f(-1) = 1$, $f(2) = 1$ 이니까 부호가 똑같네~ 그럼 구간 $(-1,\ 2)$에서 $f(x) = 0$의 실근이 없겠어!
라고 푸는 것이 1st 오개념에 해당한다.

$f(0) = -1$이므로 $f(-1) \times f(0) < 0$, $f(0) \times f(2) < 0$ 이고, 사잇값 정리에 의하여
구간 $(-1,\ 0)$, $(0,\ 2)$ 사이에 $f(x) = 0$의 실근이 적어도 각각 하나씩 존재한다.

이러한 오개념을 피하기 위해선 다음 메커니즘을 따르는 게 좋다.

▽ TIP

방정식 $f(x) = 0$ 실근 존재 여부를 사잇값 정리를 통해 보이는 메커니즘

ⓐ $f(a)f(b) < 0$이면? 사잇값 정리를 적용하여 방정식 $f(x) = 0$ 근이 구간 $(a,\ b)$ 사이에 존재함을 보인다.

ⓑ $f(a)f(b) > 0$이면? 구간을 재설정하여 사잇값 정리를 재적용시켜준다.
만약 사잇값 정리가 적용되는 구간을 못 찾겠다면, 사잇값 정리가 아닌 완전히 다른 방식으로 푼다.
이때, 구간을 적절히 재설정하지 못해서 증명을 못했을 수도 있음은 인지할 수 있도록 하자.
(ex. 앞 문제에서 $f(0) = -1$과 같은 음의 함숫값을 못 찾은 상황이 있을 수 있음을 인지)

또다른 2nd 오개념은 다음과 같다.

연속함수 $f(x)$에 대하여 $f(c) = 0$인 c가 열린구간 (a, b)에 적어도 하나 존재하면 (전제)
$$f(a)f(b) < 0\text{다. (결론)}$$

이 역시 잘못된 활용이다. 아래 문제를 풀면서 오개념을 적용 중인지 확인해 보자.

예제 14 ★☆☆☆☆ 2016 4월 30번

함수 $f(x) = x^2 - 8x + a$에 대하여 함수 $g(x)$를

$$g(x) = \begin{cases} 2x + 5a & (x \geq a) \\ f(x+4) & (x < a) \end{cases}$$

라 할 때, 다음 조건을 만족시키는 모든 실수 a의 값의 곱을 구하시오.
(Box의 (가) 조건을 어떻게 해석할지만 생각해봅시다.)

(가) 방정식 $f(x) = 0$의 열린구간 $(0, 2)$에서 적어도 하나의 실근을 갖는다.
(나) 함수 $f(x)g(x)$는 $x = a$에서 연속이다.

연습지

3. 사잇값정리 활용법 심화

| $f(x) = 0$의 실근이 적어도 m개 이상임을 보이는 문제

이 경우, 구간을 m개로 잘 나누어 사잇값 정리를 각각 적용시킨다.
사잇값 정리에 의하여 $f(x) = 0$인 실근이 각 구간에서 적어도 한 개씩 있으니,
"이런 구간 m개를 합치면, 적어도 m개의 실근이 있다고 할 수 있겠다." 라는 논리가 key point다.

> **TIP**
>
> ① 이 m개의 구간들은 사잇값 정리가 적용되는 열린구간으로 잡아준다.
> ② 이 m개의 구간들은 겹치지 않게 잡아준다.
> ③ 만약 근의 개수가 부족하다면, 사잇값 정리가 적용되는 구간이더라도 더 잘게 쪼개볼 생각을 하자.

실근이 적어도 m개 이상임을 먼저 보인 후, 이에 추가하여 실근이 많아야 m개라는 것을 증명해주면 실근이 정확히 m개임을 보일 수 있다.

m개 이상이어야 하고, m개 이하여야 하니까 m개일 수 밖에 없다는 논리이다.

✓ TIP

실근이 많아야 m개라는 것을 보이는 방법들이 너무 많아서 전부 다룰 순 없지만, 대표적인 방법들은 다음과 같다.

① 귀류법

근이 $(m+1)$개 이상 존재한다고 가정 후에 모순을 보이는 방법

② 증가/감소 조사

사잇값 정리가 적용되도록 나눈 구간 각각에서 증가/감소 경향성이 유지가 될 때 (다음 페이지 문제 참고)

③ 다항 방정식 한정 방법

m차 방정식의 근은 항상 m개이며, 이 중 실근은 항상 m개 이하 (대수학의 기본정리) 임을 활용한다.
예를 들어, 삼차방정식 $f(x) = 0$의 근은 항상 3개이고 그 구성은 실근 3개거나 실근/허근 각각 1, 2 개 이므로 실근은 3개 이하이다.

예제 15   ★★☆☆☆   연습문제

자연수 n에 대하여 방정식 $\dfrac{1}{x-1} + \dfrac{1}{x-2} + \cdots + \dfrac{1}{x-n} = 0$의 실근의 개수는 $n-1$임을 보이시오.

연습지

실전 논제 풀어보기

| QR코드를 통한 도움영상 활용

해설집에 있는 논제에 대한 해설 중 어려운 부분의 이해를 도와주는 영상을 QR 코드를 통해 볼 수 있습니다. 완벽한 해설 강의가 아니기 때문에, 시청 전에 해설을 먼저 읽어본 후 QR 코드의 강의를 활용하기 바랍니다.

| 답안지 Box의 점선 줄 활용

ⓐ 답안 첫 두 줄을 점선 줄 위에서부터 시작해서, 아래 답안들도 줄이 삐뚤어지지 않도록 맞춰 써보세요.
읽기 편한 글씨체와 줄 맞춰 쓰기는 채점관에게 좋은 인상의 답안이 되기 위한 기본기입니다 :)
ⓑ 줄 맞춰 쓸 연습이 필요 없다면, 이 문제에 쓰이는 필수 Idea를 필기하는 용도로 활용하세요.

논제 6 ★★★☆☆ 2022 서울시립대

함수

$$f(x) = \begin{cases} x^3 - 2x + 11 & (x \le -2) \\ \dfrac{5}{2}x - 2\cos\left(\dfrac{\pi}{3}x\right) + 11 & (x > -2) \end{cases}$$

의 역함수의 그래프와 직선 $y = \dfrac{1}{5}x - 1$ 의 모든 교점의 y 좌표의 합을 a 라 할 때, a 의 정수부분을 구하여라.

연습지

제시문

(ㄱ) [함수의 극한의 대소 관계]

두 함수 $f(x)$, $g(x)$에서 $\lim_{x \to a} f(x) = \alpha$, $\lim_{x \to a} g(x) = \beta$ (α, β는 실수)일 때,

a에 가까운 모든 x의 값에서 $f(x) \leq g(x)$이면 $\alpha \leq \beta$이다.

함수의 극한의 대소 관계는 $x \to a+$, $x \to a-$, $x \to \infty$, $x \to -\infty$인 경우에도 성립한다.

(ㄴ) 집합 $X = \{x \mid 0 \leq x \leq 4\}$에 대하여 X에서 X로의 함수 $g(x)$는 $x = 1$에서 연속이고,

함수 $h(x) = x^3 - 6x^2 + 8x + 5$와 $0 \leq x \leq 4$인 모든 실수 x에 대하여 다음이 성립한다.

$$h(g(x)) = x^2 - 4x + 8$$

제시문 (ㄴ)의 함수 $g(x)$에 대하여 $g(1)$의 값을 구하고 그 과정을 논술하시오.

연습지

제시문

제시문 1. $x > 0$ 인 실수 x 에 대하여 $\ln(1+x) < x$ 가 성립한다.

제시문 2. 자연수 n 에 대하여 $\left(1+\dfrac{1}{n}\right)^n \leq \left(1+\dfrac{1}{n+1}\right)^{n+1}$ 이 성립한다.

모든 항이 양수인 수열 $\{a_n\}$ 에 대하여 아래 그림과 같이 쌍곡선 $\dfrac{x^2}{(a_{n+1})^2} - y^2 = 1$ $(x \geq a_{n+1})$ 과 함수

$y = \ln(1+x)$ 의 그래프는 한 점에서 만난다. 이 점의 x 좌표를 b_n 이라 할 때, 아래 제시문을 참고하여 다음 물음에

답하시오. (쌍곡선의 성질 없이도 문제를 풀 수 있는, 기하의 개념이 필요 없는 미적분문제다.)

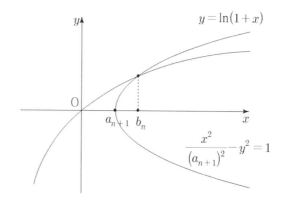

[1] 수열 $\{a_n\}$ 이 $1 + \dfrac{1}{(a_n)^2} \leq \dfrac{1}{(a_{n+1})^2}$ 을 만족시킬 때, $a_{n+1} < b_n < a_n$ 이 성립함을 보이시오.

[2] $a_n = \dfrac{1}{\sqrt{n}}\left(1+\dfrac{1}{n}\right)^{-\frac{n}{2}}$ 일 때, $\displaystyle\lim_{n \to \infty} \sqrt{n}\,\ln(1+b_n)$ 의 값을 구하시오.

연습지

답안지

Show
and
Prove

기대T 수리논술 수업 상세안내

수업명	수업 상세 안내 (지난 수업 영상수강 가능)
정규반 프리시즌 (2월)	- 수리논술만의 특징인 '답안작성 능력'과 '증명 능력'을 향상 시키는 수업 - 수험생은 물론 강사도 가질 수 있는 '증명 오개념'을 타파시키는 수학 전공자의 수업
정규반 시즌1 (3월)	- 수능/내신 공부와 다른 수리논술 공부의 결 & 방향성을 잡아주는 수업 - 삼각함수 & 수열의 콜라보 등 논술형 발전성을 체감해볼 수 있는 실전 내용 수업
정규반 시즌2 (4~5월)	- 수리논술에서 50% 이상의 비중을 차지하는 수리논술용 미적분을 집중 해석하는 수업 - 수리논술에도 존재하는 행동 영역을 통해 고난도 문제의 체감 난이도를 낮춰주는 수업 - 대학의 모범답안을 보고도 '이런 아이디어를 내가 어떻게 생각해내지?'라는 생각이 드는 학생들도 납득 가능하고 감탄할 만한 문제접근법을 제시해주는 수업
정규반 시즌3 (6~7월)	- 상위권 대학의 합격 당락을 가르는 고난도 주제들을 총정리하는 수업 - 아래 학교의 수리논술 합격을 바라는 학생들이라면 강추 (메디컬, 고려, 연세, 한양, 서강, 서울시립, 경희, 이화, 숙명, 세종, 서울과기대, 인하)
선택과목 특강 (선택확통 / 선택기하)	- 수능/내신의 빈출 Point와의 괴리감이 제일 큰 두 과목인 확통/기하의 내용을 철저히 수리논술 빈출 Point에 맞게 피팅하여 다루는 Compact 강의 (영상 수강 전용 강의) - 확통/기하 각각 2~3강씩으로 구성된 실전+심화 수업 (교과서 개념 선제 학습 필요) - 상위권 학교 지원자들은 꼭 알아야 하는 필수내용 / 6월 또는 7월 내로 완강 추천
Semi Final (8월)	- 본인에게 유리한 출제 스타일인 학교를 탐색하여 원서지원부터 이기고 들어갈 수 있도록 태어난 새로운 수업 (모든 대학을 출제유형별로 A그룹~D그룹으로 분류 후 분석) - 최신기출 (작년 기출+올해 모의) 중 주요 문항 선별 통해 주요대학 최근 출제 경향 파악
고난도 문제풀이반 For 메디컬/고/연/서성한시	- 2월~8월 사이 배운 모든 수리논술 실전 개념들을 고난도 문제에 적용 해보는 수업 - 전형적인 고난도 문제부터 출제될 시 경쟁자와 차별될 수 있는 창의적 신유형 문제까지 다양하게 만나볼 수 있는 수업
학교별 Final (수능전 / 수능후)	- 학교별 고유 출제 스타일에 맞는 문제들만 정조준하여 분석하는 Final 수업 - 빈출 주제 특강 + 예상 문제 모의고사 응시 후 해설 & 첨삭 - 고승률 문제접근 Tip을 파악하기 쉽도록 기출 선별 자료집 제공 (학교별 상이)
첨삭	수업 형태 (현장 강의 수강, 온라인 수강) 상관없이 모든 학생들에게 첨삭이 제공됩니다. 1차 서면 첨삭 후 학생이 첨삭 내용을 제대로 이해했는지 확인하기 위해, 답안을 재작성하여 2차 대면 첨삭영상을 추가로 제공받을 수 있습니다. 이를 통해 학생은 6~10번 이내에 합격급으로 논리적인 답안을 쓸 수 있게 되며, 이후에는 문제풀이 Idea 흡수에 매진하면 됩니다.

정규반 안내사항 (아래 QR코드 참고)　　　대학별 Final 안내사항 (아래 QR코드 참고)

CHAPTER

3

미분

3-1 미분가능성

1. 미분계수의 정의

다음 극한값이 존재하면 그 값을 $f'(a)$라 하고, 함수 $f(x)$는 $x = a$에서 미분가능하다고 한다.

미분계수의 정의 ver.① : $\displaystyle\lim_{x \to a} \frac{f(x) - f(a)}{x - a} = f'(a)$

미분계수의 정의 ver.② : $\displaystyle\lim_{h \to 0} \frac{f(a + h) - f(a)}{h} = f'(a)$

✓ TIP

'미분계수의 정의'를 단순히 '평균변화율의 극한'이라고 생각하면 안된다. 다음 두 포인트에 주의하여 활용하자.

| Point. 1

그냥 평균변화율이면 안된다. 평균변화율을 구성하는 한 점이 반드시 극한과 관계없는 정점이어야 한다.

| Point. 2

수능에선 아무렇지도 않게 쓰이는 $\displaystyle\lim_{h \to 0} \frac{f(a + sh) - f(a + th)}{(s - t)h} = f'(a)$ 같은 간단공식은

$f(x)$가 $x = a$에서 미분가능함을 확인한 후에 쓸 수 있다는 것을 반드시 인지하자.

답안을 쓸 때 '나 미분가능성 개념 잘 알고 있어!'를 뽐내주면 좋다.
아래 두 문장의 미묘한 뉘앙스 차이를 느껴보자.

| 함수 $f(x)$가 $x = a$에서 미분가능하므로 $\displaystyle\lim_{h \to 0} \frac{f(a + 2h) - f(a + h)}{h} = f'(a)$이다. (O 권장되는 표현)

워낙 흔한 상황이므로, 매번 증명해줄 필요 없다. 미분가능하기 때문에 쓸 수 있는 Skill 정도로 인식되는 답안이다.
만약 이 등식을 보여줘야 하는 문제[20]가 있다면,

$$\lim_{h \to 0} \frac{f(a + 2h) - f(a + h)}{h} = \lim_{h \to 0} \left\{ 2 \times \frac{f(a + 2h) - f(a)}{2h} - \frac{f(a + h) - f(a)}{h} \right\} = f'(a)$$

와 같은 조작을 해서 증명해보이면 된다.

| 미분계수 정의에 의하여 $\displaystyle\lim_{h \to 0} \frac{f(a + 2h) - f(a + h)}{h} = f'(a)$이다. (△ 애매한 표현)

극한 안의 식이 미분계수 정의에 부합하는 평균변화율 식이 아니기[21] 때문에, '저는 미분계수 정의를 오개념으로 알고 있어요'
라는 오해를 줄 수 있다.[22]

---

20) 문제에서 직접 요구하거나, 문제 내용이 저게 전부일 때
21) $(a + h, f(a + h))$, $(a + 2h, f(a + 2h))$는 h에 대하여 움직이는 점이라, 정점이 없다.
22) 물론 수리논술이 그렇게 팍팍하진 않다. 이처럼 써도 만점답안이 될 수도 있을 정도로, 어찌 보면 정말정말정말정말 사소한 포인트. 하
지만 지금은 공부단계이므로 그 미묘한 차이마저도 공부해보자는 취지다 :)

함수 $f(x)$ 에 대하여 $\lim\limits_{x \to 2} \dfrac{f(x)-1}{x-2} = 3$ 일 때, $f'(2)$ 의 값을 구하시오.

존재하지 않는다면 어떤 추가 조건이 있어야 $f'(2)$ 가 존재할지 논하시오.

연습지

해설 1

아무 과정 없이 $f'(2) = 3$ 이라고 바로 했다면, 이 교재 극한부터 다시 복습하고 와야 한다.

$\lim\limits_{x \to 2} \dfrac{f(x)-1}{x-2} = 3$ 에서 알 수 있는 사실은 $f(2) = 1$ 이 아니라 $\lim\limits_{x \to 2} f(x) = 1$ 라고 분명히 얘기했다.

지금 문제에선 $f'(2)$ 는 존재하지 않는다. 왜냐하면 $\lim\limits_{x \to 2} \dfrac{f(x)-1}{x-2}$ 이 미분계수 정의에 맞으려면

$\lim\limits_{x \to 2} \dfrac{f(x)-f(2)}{x-2}$ 형태가 완성돼야만 하기 때문이다.

따라서 $\lim\limits_{x \to 2} f(x) = 1$ 로부터 $f(2) = 1$ 을 이끌어내기 위해서는 함수 $f(x)$ 가 $x = 2$ 에서 연속이라는 조건이

추가로 필요하다.

이 조건이 있다면 $f(2) = 1$ 이므로 $\lim\limits_{x \to 2} \dfrac{f(x)-1}{x-2} = \lim\limits_{x \to 2} \dfrac{f(x)-f(2)}{x-2} = 3$ 에서 $f'(2) = 3$ 임을 알 수 있다.

연속조건을 추가했더니 비로소 미분계수 정의의 완전체가 완성된 것이다.

미적분에서 학생들이 갖고 있는 오개념 1위 명제가 있다.

"함수 $f(x)$가 미분가능한 함수이면 도함수 $f'(x)$가 연속함수이다."

이것은 $f(x)$가 다항함수일 땐 맞는 명제지만, 일반적인 함수 $f(x)$에 대해서는 틀릴 수 있는 명제다.
이미 수리논술에 반례 함수가 자주 출제됐는데, 구경 해보자.

예제 2 ★★☆☆☆ 서울대, 한양대 등등

함수 $f(x) = \begin{cases} x^2 \sin \dfrac{1}{x} & (x \neq 0) \\ 0 & (x = 0) \end{cases}$ 에 대하여 다음 물음에 답하시오.

[1] 함수 $f(x)$의 $x = 0$에서의 미분가능성을 논하시오.

[2] $\lim\limits_{x \to 0} f'(x)$의 값을 구하시오.

[3] 함수 $f'(x)$의 $x = 0$에서의 연속성을 논하시오.

연습지

[1] $\left| \sin \dfrac{1}{x} \right| \leq 1$ 이므로 $|x| \left| \sin \dfrac{1}{x} \right| = \left| x \sin \dfrac{1}{x} \right| \leq |x|$ 이다.

따라서 $\displaystyle\lim_{x \to 0} \left| x \sin \dfrac{1}{x} \right| \leq \lim_{x \to 0} |x| = 0$ 에서 $\displaystyle\lim_{x \to 0} \left| x \sin \dfrac{1}{x} \right| = 0$, $\displaystyle\lim_{x \to 0} x \sin \dfrac{1}{x} = 0 \cdots$ ① 임을 알 수 있다.

$$\lim_{x \to 0} \frac{f(x) - f(0)}{x - 0} = \lim_{x \to 0} \frac{x^2 \sin \dfrac{1}{x}}{x} = \lim_{x \to 0} x \sin \frac{1}{x}$$
$$= 0 \qquad\qquad (\because ①)$$

이므로 $f'(0) = 0$ 이다. 따라서 $x = 0$에서 미분가능하다.

[2] $f'(x) = \begin{cases} 2x \sin \dfrac{1}{x} - \cos \dfrac{1}{x} & (x \neq 0) \\ 0 & (x = 0) \end{cases}$ 이므로 $\displaystyle\lim_{x \to 0} f'(x) = \lim_{x \to 0} \left(2x \sin \dfrac{1}{x} - \cos \dfrac{1}{x} \right)$ 인데

①에 의해 $\displaystyle\lim_{x \to 0} 2x \sin \dfrac{1}{x} = 0$이고 $\displaystyle\lim_{x \to 0} \cos \dfrac{1}{x}$가 발산 (진동) 하므로, $\displaystyle\lim_{x \to 0} f'(x)$의 값은 존재하지 않는다.

[3] $\displaystyle\lim_{x \to 0} f'(x) \neq f'(0)$이므로 $f'(x)$는 $x = 0$에서 불연속이다.

3-2

미분의 활용

1. 방정식에서의 활용 – 그래프로 해석

다항함수만 봐도, 방정식의 근을 직접 구하기 힘든 경우 그래프 개형의 도움을 받는다.

수리논술에서 방정식의 근 관련된 문제의 접근을 그래프로 하는 경우가 많으므로,
방정식 문제의 풀이에 도움될만한 함수를 발견하는 연습을 할 필요가 있다.

예제 3　　　　　★★☆☆☆　　　2022 한양대

$a^b = b^a$ 을 만족시키는 서로 다른 자연수 a, b 의 순서쌍 (a, b) 를 모두 구하시오.

연습지

해설 3

$a < b$ 라 해도 일반성을 잃지 않는다. $f(x) = \dfrac{\ln x}{x}$ 라 하면 $f'(x) = \dfrac{1 - \ln x}{x^2}$ 를 얻는다.

따라서 $f(x)$ 는 $x < e$ 에서는 증가, $x > e$ 에서는 감소하므로, $x = e$ 에서 극댓값이자 최댓값을 갖는다. … ①

$a^b = b^a \Leftrightarrow f(a) = f(b)$ 이려면 ①에 의하여 $a < e < b$ 여야 하는데, $e = 2.71\cdots$ 이므로
이보다 작은 자연수 a 는 1 또는 2 만 가능하다.

i) $a = 1$ 이면, 항상 $f(1) = 0 < f(b)$ 이므로 $f(a) = f(b)$ 일 수 없다.

ii) $a = 2$ 이면, 자연수 b 또한 2 의 제곱꼴이 돼야하고 $b = 4$ 일 때, $a^b = b^a$ 를 만족함을 알 수 있다.

4 보다 큰 값 b' 에 대해서는 $f(2) = f(4) > f(b')$ 임을 $y = \dfrac{\ln x}{x}$ 그래프로 확인할 수 있으므로,

$(a, b) = (2, 4)$ 가 유일한 순서쌍이다.

마찬가지 방식으로, $b < a$ 일 때 (a, b) 는 $(4, 2)$ 뿐임을 알 수 있다.

따라서 $a^b = b^a$ 을 만족시키는 서로 다른 자연수 a, b 의 순서쌍 (a, b) 는 $(2, 4)$, $(4, 2)$ 뿐이다.

부등식 문제도 방정식과 크게 다르지 않다. 적절한 함수의 극대-극소를 이용하여 부등식을 증명하면 된다.
하지만 문제를 푸는 학생 입장에선 방정식보다 부등식 미분 문제가 더 어렵게 느껴진다.

예를 들어, 세 등식 $3 = 5$, $4 = 5$, $5 = 5$는 셋 중 마지막 하나만 맞지만, 세 부등식 $3 \leq 5$, $4 \leq 5$, $5 \leq 5$는 모두 맞는 식이다.

맞는 식이 너무 많이 존재하는 바람에, 문제풀이에 도움이 되는 부등식이 이 중 무엇일지 고르기 어렵다.

즉, 정답으로 가는 길의 후보가 많아 적절한 함수를 찾는 데에 시행착오를 할 가능성이 높다는 뜻이다.

그래도 너무 지나친 걱정은 할 필요가 없다. 최근 수리논술에선 제시문이나 앞의 소문제를 통해
부등식 증명을 위해 잡아야 하는 함수에 대한 Hint를 주는 경우가 대부분이다. 다음 예제를 풀어보자.

예제 4　　　　★★☆☆☆　　2022 서울과기대

제시문

(가) 곡선 $y = e^x$ (e는 자연상수) 위의 점 $(0, 1)$에서의 접선의 방정식을 $y = f(x)$라고 하자.

(나) 수렴하는 두 수열 $\{a_n\}$, $\{b_n\}$에 대하여 $\lim\limits_{n \to \infty} a_n = \lim\limits_{n \to \infty} b_n = \alpha$이고, 수열 $\{c_n\}$이 모든 자연수 n에 대하여 $a_n \leq c_n \leq b_n$이면 $\lim\limits_{n \to \infty} c_n = \alpha$이다.

[1] 제시문 (가)의 $f(x)$에 대하여 $e^x - f(x)$의 최솟값을 구하시오.

[2] $0 \leq x \leq 1$에서 $2x^2 + x + 1 - e^x$의 최솟값을 구하시오.

[3] 문항 **[2]**를 이용하여 모든 자연수 n에 대하여 다음 부등식이 성립함을 보이시오.

$$\sqrt[n]{e} \leq 1 + \frac{1}{n} + \frac{2}{n^2}$$

[4] 문항 **[1]**, **[3]**과 제시문 (나)를 이용하여 다음 극한값을 구하시오.

$$\lim_{n \to \infty} n(\sqrt[n]{e} - 1)$$

[1] $y = e^x$ 를 미분하면 $y' = e^x$ 이므로 점 $(0, 1)$ 에서 접선의 기울기는 1 이다.

따라서 $f(x) = x + 1$ 이다.

$g(x) = e^x - x - 1$ 이라고 하자. $g(x)$ 를 미분하면 $g'(x) = e^x - 1$ 이므로 $g(x)$ 의 증가와 감소를 표로 나타내면 다음과 같다.

x	$\cdots$	0	$\cdots$
$g'(x)$	$-$	0	$+$
$g(x)$	$\searrow$	0 (극소)	$\nearrow$

따라서 $g(0) = 0$ 은 극솟값이자 최솟값이다.

[2] $h(x) = 2x^2 + x + 1 - e^x$ 이라고 하면 $h'(x) = 4x + 1 - e^x$, $h''(x) = 4 - e^x$ 이다.

열린 구간 $(0, 1)$ 에서 $h''(x) > 0$ 이므로 $h'(x)$ 는 구간 $(0, 1)$ 에서 증가한다.

한편 $h'(0) = 0$ 이므로 $0 < x < 1$ 에서 $h'(x) > 0$ 이다.

따라서 $h(x)$ 는 열린 구간 $(0, 1)$ 에서 극값을 가지지 않으므로, $h(x)$ 는 경계에서 최대, 최소를 가진다.

여기서 $h(0) = 0$, $h(1) > 0$ 이므로 함수 $h(x)$ 의 최솟값은 0 이다.

[3] 문항 **[2]** 에 의해서 $0 \leq x \leq 1$ 에서 $2x^2 + x + 1 - e^x \geq 0$ 이므로 부등식

$$e^x \leq 1 + x + 2x^2$$

이 성립한다. 모든 자연수 n 에 대하여 $0 < \dfrac{1}{n} \leq 1$ 이므로 $x = \dfrac{1}{n}$ 을 위 부등식에 대입하면

$$\sqrt[n]{e} \leq 1 + \frac{1}{n} + \frac{2}{n^2}$$ 가 성립한다.

[4] 문항 **[1]** 에 의해서 $e^x \geq 1 + x$ 가 성립한다. 여기서 $x = \dfrac{1}{n}$ 을 대입하면, 모든 자연수 n 에 대하여

$\dfrac{1}{n} \leq \sqrt[n]{e} - 1$ 이 성립함을 알 수 있다. 또 문항 **[3]** 에 의하여

$$\sqrt[n]{e} - 1 \leq \frac{1}{n} + \frac{2}{n^2}$$

가 모든 자연수 n 에 대하여 성립한다. $c_n = n(\sqrt[n]{e} - 1)$ 이라고 하면 모든 자연수 n 에 대하여

$1 \leq c_n \leq 1 + \dfrac{2}{n}$ 가 성립한다. $a_n = 1$, $b_n = 1 + \dfrac{2}{n}$ 라고 하면 $\lim\limits_{n \to \infty} a_n = \lim\limits_{n \to \infty} b_n = 1$ 이므로

제시문 (나)에 의하여 $\lim\limits_{n \to \infty} n(\sqrt[n]{e} - 1) = 1$ 이다.

이번 예제는 다음 두 포인트에 집중해서 풀어보도록 하자.
– [1편]에서 강조했던 '제시문 꾸준히 의식하며 문제풀이에 사용하기'
– 소문제 1, 2, 3 사이의 연계성을 느끼며 풀어보기

예제 5 ★★★★☆ 2019 인하대 의예과 논술

제시문

(가) $0 < x < 1$ 일 때 $0 < \sin x < x$ 이므로

$$\cos x = \sqrt{1 - \sin^2 x} > \sqrt{1 - x^2}$$

이다.

(나) (사잇값 정리) 함수 $f(x)$ 가 닫힌구간 $[a, b]$ 에서 연속이고

$$f(a) < 0 < f(b)$$

이면 $f(c) = 0$ 인 c 가 a 와 b 사이에 존재한다.

(※) 자연수 n 에 대하여 함수 $y = \dfrac{1}{x+n}$ 의 그래프와 함수 $y = \sin x \left(0 \le x \le \dfrac{\pi}{2} \right)$ 의 그래프의 교점의 x 좌표를 a_n 이라고 하자.

[1] 구간 $(0, 1)$ 에서 함수 $g(x) = \sin x - \dfrac{x}{1+x^2}$ 가 증가함을 보이시오.

[2] 모든 자연수 n 에 대하여 부등식

$$\frac{1}{n + \sqrt{n}} < a_n < \frac{1}{n}$$

이 성립함을 보이시오.

[3] 극한값 $\displaystyle\lim_{n \to \infty} n^2 \int_0^{a_n} \sin x \, dx$ 를 구하시오.

겉보기에 별거 없는 문제고, 다 풀린거 같은데 정답이 계속 안 나오는 경우가 있다.

이럴 땐 문제의 히든 조건이 있는지 확인 해볼 필요가 있다.

spoiler

예를 들어 함수 $f(x) = \ln x$에 대한 문제의 히든 조건은 $x > 0$ (로그함수 정의 조건) 이다.
하지만 수리논술에서의 히든조건이 장문의 문제상황 혹은 도형의 특수성 등등에 자연스럽게 녹여진 경우가 있어서 발견하기 힘드므로, 잘 풀고도 정답이 마무리가 안될 때 '히든 조건이 있을 수도 있어' 라는 의심을 해보는게 중요하다.[23]

예제 6 ★☆☆☆☆ 2018 숙명여대 일부

제시문

생산자는 어떤 제품을 만들 때, 생산원가를 가능하면 낮추기를 원한다. 탄산음료를 담는 원기둥 모양의 알루미늄 깡통을 제작한다고 가정하자. 깡통을 만드는 데 사용되는 알루미늄의 비용은 그 깡통의 겉넓이에 비례한다. 여기서, 사용되는 알루미늄의 두께는 모두 일정하다고 가정하여 무시하기로 한다. 즉, 일정한 부피 V 를 갖는 원기둥 모양의 깡통을 만드는 데 들어가는 비용을 최소화하기 위해서는 원기둥의 겉넓이 A (두 밑면과 옆면의 넓이의 합)를 최소화해야 한다. 원기둥의 높이를 h , 밑면인 원의 반지름을 r 이라 하면

$$V = \pi r^2 h \ , \ A = 2\pi r^2 + 2\pi rh$$

이다. $h = \dfrac{V}{\pi r^2}$ 이므로 겉넓이 A 는 변수 r 의 함수가 되고, 미분을 이용하면 겉넓이 A 를 최소화하기 위한 조건이 $h = 2r$ 임을 보일 수 있다. 즉, 원기둥의 높이가 밑면의 지름과 같을 때 비용이 최소로 든다. 그런데 실제로 원기둥 모양의 탄산음료수 깡통을 보면 일반적으로 깡통의 높이가 뚜껑의 지름보다 크다는 것을 알 수 있다. 이와 같은 차이가 생기는 이유는 위의 계산과정에서는 깡통의 제작공정에서 버려지는 재료를 무시하고 깡통에 사용되는 재료만을 고려하여 식을 세웠기 때문이다.

예를 들어, 원기둥 모양의 깡통의 밑면을 정사각형 모양의 알루미늄 판으로부터 만든다고 하면 〈그림2〉에서의 어두운 부분은 원판을 만들고 버려지므로 최소화해야 할 재료의 넓이 B 는 원의 넓이가 아니라 정사각형의 넓이를 이용하여 $B = 2(2r)^2 + 2\pi rh$ 가 된다.

이때 B 가 최소화되는 반지름 r 과 높이 h 의 관계식은 $h = \dfrac{8}{\pi}r$ 이다.

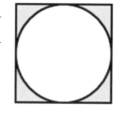

〈그림2〉

직사각형 모양의 알루미늄 판을 세로로 잘라 한 조각은 깡통의 옆면으로 사용하고, 다른 한 조각은 다시 두 원 모양으로 잘라 깡통의 두 밑면으로 사용하여 부피가 1 인 깡통을 만들려고 한다. 다음 두 질문에 답하시오.

---

23) 특히 경희대에서 히든 조건 관련 문제가 자주 나온다.

[1] 〈그림 3〉과 같이 알루미늄 판의 가로부분을 깡통의 높이로 사용하는 경우 판의 넓이가 최소가 되는 밑면의 반지름의 길이 r 를 구하시오.

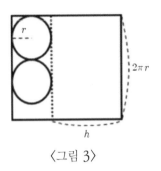

〈그림 3〉

[2] 〈그림 4〉와 같이 알루미늄 판의 세로부분을 깡통의 높이로 사용하는 경우 판의 넓이가 최소가 되는 밑면의 반지름의 길이 r 를 구하시오.

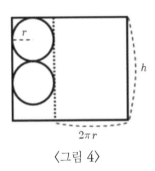

〈그림 4〉

연습지

[1] 사용되는 직사각형의 넓이를 A라 하면, $A = 2\pi r(2r+h)$이고, 부피가 1이므로 $1 = \pi r^2 h$이다.

따라서 $A = 4\pi r^2 + 2\pi r\left(\dfrac{1}{\pi r}\right) = 4\pi r^2 + \dfrac{2}{r}$이다. 즉, A는 변수 r에 대한 함수이다.

$A(r) = 4\pi r^2 + \dfrac{2}{r}$라 하고, 미분을 이용하여 $A(r)$이 최소가 되는 r의 값을 구하자.

$A'(r) = 8\pi r - \dfrac{2}{r^2}$, $A''(r) = 8\pi + \dfrac{4}{r^3}$

이므로, $A(r) = 0$이 되는 양수 r을 구하면 $r = \sqrt[3]{\dfrac{1}{4\pi}}$ 이고, $A''\left(\sqrt[3]{\dfrac{1}{4\pi}}\right) = 8\pi + 4(4\pi) = 24\pi > 0$이다.

따라서 '이계도함수를 이용한 극대와 극소의 판정'에 의하여, 넓이 A는 $r = \sqrt[3]{\dfrac{1}{4\pi}}$ 일 때 최소가 된다.

[2] 사용되는 직사각형의 넓이를 $B(r)$라 하면, $B(r) = (2\pi r + 2r)h$이고, 부피가 1이므로 $1 = \pi r^2 h$이다.

따라서 $B(r) = \dfrac{2\pi r + 2r}{\pi r^2} = \dfrac{2\pi + 2}{\pi r}$이다.

한편 세로의 길이가 상수 h인 판에서 반지름의 길이가 r이 원 2개를 세로로 잘라내야 하므로 $4r \le h$ 이다.
(이 부등식이 허용조건에 해당)

이 결과와 $h = \dfrac{1}{\pi r^2}$ 로부터 $4r \le h = \dfrac{1}{\pi r^2}$을 풀면 $r \le \sqrt[3]{\dfrac{1}{4\pi}}$ 임을 알 수 있고,

$B(r)$는 r의 감소함수이므로 r이 최대인 $\sqrt[3]{\dfrac{1}{4\pi}}$ 일 때 넓이 $B(r)$은 최소가 된다.

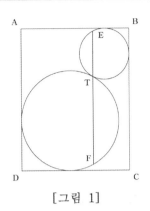

[그림 1]

[그림 1]과 같이 직사각형 ABCD의 내부에 원 S_1과 원 S_2가 있다. 원 S_1은 선분 AB와 BC에 동시에 접하고 원 S_2는 선분 CD와 AD에 동시에 접하며, 원 S_1과 원 S_2는 한 점 T에서 만난다. 점 T를 지나고 선분 AD에 평행한 직선이 원 S_1, 원 S_2와 만나는 T가 아닌 점들을 각각 E, F라 하자. 선분 AB의 길이가 100이고 선분 EF의 길이가 120일 때, 다음 물음에 답하시오.

[1] 직사각형 ABCD의 넓이를 구하고, 그 근거를 논술하시오.

[2] 두 원의 넓이의 합의 최댓값과 최솟값을 구하시오. 이때 두 원의 반지름의 길이를 각각 구하고, 그 근거를 논술하시오.

연습지

3-3

Chapter 3. 미분

평균값의 정리의 기본 활용

1. 롤의 정리와 평균값의 정리

"달걀이 먼저냐 닭이 먼저냐"

치킨의 민족인 우리나라 사람들에게 희대의 난제인데,

기대T는 여러분에게 "롤의 정리가 먼저냐 평균값의 정리가 먼저냐" 라고 묻겠다.

정답은?? 두구두구두구두구두구두구두구두구두구

롤의 정리와 평균값 정리의 증명을 본 후 답을 확인해 보도록 하자.

증명

| 롤의 정리란?

열린구간 (a, b)에서 미분가능하고 닫힌구간 $[a, b]$에서 연속인 함수 $f(x)$에 대하여
$f(a) = f(b)$이면 $f'(c) = 0$인 c가 열린구간 (a, b)에 적어도 하나 존재한다.

| 롤의 정리 증명

(ⅰ) 함수 $f(x)$가 상수함수인 경우 열린구간 (a, b)에 속하는 모든 c에 대하여 $f'(c) = 0$이다.

(ⅱ) 함수 $f(x)$가 상수함수가 아닌 경우

함수 $f(x)$가 닫힌구간 $[a, b]$에서 연속이므로 최대최소 정리[24]에 의하여 최댓값과 최솟값을 갖는다.

그런데 $f(a) = f(b)$이고 함수 $f(x)$가 상수함수가 아니므로 열린구간 (a, b)에 속하는 어떤 점 c에서 최댓값 또는 최솟값을 갖는다.

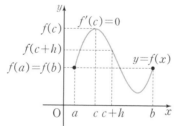

함수 $f(x)$가 $x = c$에서 최댓값 $f(c)$를 갖는다고 하면 절댓값이 충분히 작은 수[25] $h\,(h \neq 0)$에 대하여
$f(c+h) - f(c) \leq 0$ 이므로

$$\lim_{h \to 0-} \frac{f(c+h) - f(c)}{h} \geq 0, \quad \lim_{h \to 0+} \frac{f(c+h) - f(c)}{h} \leq 0$$

이다. 그런데 함수 $f(x)$는 $x = c$에서 미분가능하므로 좌극한과 우극한이 같아야 한다.

따라서 $f'(c) = \lim_{h \to 0} \dfrac{f(c+h) - f(c)}{h} = 0$ 이다.

같은 방법으로 함수 $f(x)$가 $x = c$에서 최솟값을 갖는 경우에도 $f'(c) = 0$임을 증명할 수 있다.

---

24) 롤의 정리 증명에 최대최소 정리가 필요한지도 모르는 경우도 많다. 이번 기회에 알아둘 것.

25) 0에 매우 가까운 수를 상상하면 된다.

| 평균값의 정리란?

열린구간 (a, b)에서 미분가능히고 닫힌구간 $[a, b]$에서 연속인 함수 $f(x)$에 대하여

$\dfrac{f(b) - f(a)}{b - a} = f'(c)$인 c가 열린구간 (a, b)에 적어도 하나 존재한다.

| 평균값의 정리 증명

두 점 $A(a, f(a))$, $B(b, f(b))$를 지나는 직선의 방정식을 $y = g(x)$라고 하면

$$g(x) = \frac{f(b) - f(a)}{b - a}(x - a) + f(a)$$

이다. 이때

$$h(x) = f(x) - g(x) \text{라고 하자.}[26]$$

함수 $h(x)$는 닫힌구간 $[a, b]$에서 연속이고, 열린구간 (a, b)에서 미분가능하며 $h(a) = h(b) = 0$ 이기 때문에 롤의 정리에 의하여

$$h'(c) = f'(c) - g'(c) = f'(c) - \frac{f(b) - f(a)}{b - a} = 0$$

인 c가 열린구간 (a, b)에 적어도 하나 존재함을 알 수 있다. 즉,

$$\frac{f(b) - f(a)}{b - a} = f'(c)$$

인 c가 열린구간 (a, b)에 적어도 하나 존재한다.

26) 함수 치환이 평균값의 정리의 핵심 아이디어

대부분의 학생들은

평균값의 정리의 특수한 케이스가 롤의 정리 아닌가요??

라며 이전 페이지 질문에서 평균값의 정리가 먼저라고 골랐을 것이다.
수능에서 롤의 정리로만 풀리는 문제는 없지만, 평균값의 정리로만 풀리는 문제는 있으니까.
따라서 저 말은 수능으로 한정하면 맞는 말이다.

하지만 위 두 증명에서 볼 수 있다시피, 평균값의 정리를 증명하기 위해선 롤의 정리를 먼저 증명해야한다.[27]
수리논술에선 이런 정리 사이의 선후 관계[28]를 이해하고 있는 것이 여러 증명을 외우는 데에 큰 도움이 된다.
(물론 이런 조언 다 쌩까도 수리논술 붙을 순 있다. 수리논술이라고 거창한거 하나도 없으니까 너무 겁먹지 말자. 기대T는 단지 매우 이상적인 공부방향을 알려주는 것일 뿐이다.)

│ 그래프에서의 롤의 정리 의미

닫힌구간 $[a, b]$에서 연속이고 열린구간 (a, b)에서 미분가능한 함수 $f(x)$에 대하여 $f(a) = f(b)$이므로 두 점 $A(a, f(a))$, $B(b, f(b))$를 지나는 직선의 기울기는 0이고, $f'(c)$는 곡선 $y = f(x)$ 위의 점 $(c, f(c))$에서의 접선의 기울기이다.

그러므로 롤의 정리는 열린구간 (a, b)에서 곡선 $y = f(x)$에 접하고 x축에 평행하게 되는 직선이 적어도 하나 존재한다는 것을 의미한다.

│ 그래프에서의 평균값의 정리 의미

평균값 정리에서 $\dfrac{f(b) - f(a)}{b - a}$는 곡선 $y = f(x)$ 위의 두 점 $A(a, f(a))$, $B(b, f(b))$를 지나는 직선의 기울기이고, $f'(c)$는 곡선 $y = f(x)$ 위의 점 $(c, f(c))$에서의 접선의 기울기이다.

그러므로 평균값 정리는 직선 AB와 평행하도록 열린구간 (a, b)에서 곡선 $y = f(x)$ 위의 어느 점에서의 접선을 반드시 하나 이상 그을 수 있다는 것을 의미한다.

---

27) 기대T가 물어본 이유가 있을 거야!! 라면서 눈치껏 롤의 정리를 고르고서 아싸 정답^^7
   이라고 하지마라…. 본인이 뜨끔했다면 개추
28) 최대최소 정리를 이용하여 롤의 정리 증명, 롤의 정리를 이용해서 평균값의 정리를 증명 등등

직관적으로 당연한 사실이라 증명해볼 시도조차 해보지 않았을 수 있는 예제들을 풀어본 후 해설지를 확인하자.

예제 8 ★★☆☆☆ 연습문제

함수 $f(x)$가 닫힌구간 $[a, b]$에서 연속이고 열린구간 (a, b)에서 미분가능하며 $f'(x) = 0$이면 함수 $f(x)$는 닫힌구간 $[a, b]$에서 상수함수임을 보이시오.

연습지

예제 9 ★★☆☆☆ 연습문제

실수 전체의 집합에서 $f''(x) > 0$인 곡선 $y = f(x)$이 임의의 직선과 만나는 교점은 많아야 2개임을 보이시오.

연습지

예제 10 ★☆☆☆☆ 연습문제

미분가능한 함수 $f(x)$에 대하여 $\lim\limits_{x \to \infty} f'(x) = k$일 때, $\lim\limits_{x \to \infty} \{f(x + a) - f(x)\}$ 을 구하시오. (단, $a > 0$)

연습지

[1] 이계도함수를 갖는 함수 $h(x)$와 $a < b < c$인 실수 a, b, c에 대하여 $h(a) = h(b) = h(c)$일 때,

$$h''(t) = 0$$

인 실수 t가 열린구간 (a, c)에 적어도 하나 존재함을 증명하시오.

[2] 두 번 미분가능한 두 함수 $f(x)$, $g(x)$가 존재한다. $b_0 < b_1 < b_2$이고 $f(b_i) = g(b_i)$ $(i = 0, 1, 2)$를 만족할 때, $f''(c) = g''(c)$를 만족하는 c가 (b_0, b_2)에 적어도 하나 존재함을 보여라.

연습지

n차 다항방정식 $f(x) = 0$의 실근의 개수가 n 이하임을 평균값의 정리를 이용하여 보이시오.

연습지

이번에 소개할 Tip은, 수리논술 강의 내용 중 시그니처로 추정되는 부분이다. 내가 아는 선에선 이런 디테일을 가르쳐주는 강의/교재는 없었고, 심지어 대학마저도 예시답안에서 놓친 디테일이기 때문이다.

우선 한 문제를 풀어보고 나서 얘기할 건데, 바로 풀기에는 어려울 수 있는 힘숨찐 문제다.
10분 안에 풀리지 않으면 해설집을 바로 보아도 좋다.

예제 13 ★★★☆☆ 2018 한양대 모의

$0 \leq a < b \leq \pi$ 인 상수 a, b 에 대하여 다음 부등식이 성립함을 보이시오.

$$\frac{1}{2}(b-a)^2 \cos b \leq \int_a^b (\sin b - \sin x)dx \leq \frac{1}{2}(b-a)^2 \cos a$$

연습지

함수 $f(x)= \sin x$ 는 미분가능한 함수이므로, 평균값 정리에 의해

$$\underline{\sin b - \sin x = \cos\{\alpha(x)\}\times(b-x)}$$ 인 $\alpha(x)$가 x와 b 사이에 항상 존재한다.

또한 $f'(x)= \cos x$ 는 구간 $[0, \pi]$ 에서 감소하므로, $0 \le a \le x \le b \le \pi$일 때

$$\cos b \le \cos\{\alpha(x)\} \le \cos a$$

가 성립한다.

따라서 $(b-x)\cos b \le (b-x)\cos\{\alpha(x)\} = \sin b - \sin x \le (b-x)\cos a$ 이고, 각 변을 a 부터 b 까지 적분하면

$$\int_a^b (b-x)\cos b\, dx \le \int_a^b (\sin b - \sin x)dx \le \int_a^b (b-x)\cos a\, dx$$

이다. 그러므로 $\dfrac{1}{2}(b-a)^2\cos b \le \displaystyle\int_a^b (\sin b - \sin x)dx \le \dfrac{1}{2}(b-a)^2\cos a$ 이다.

이 문제의 기대T 해설에서 주목 해볼만한 포인트는 밑줄 쳐진 2번째 줄

$$\underline{\sin b - \sin x = \cos\{\alpha(x)\}\times(b-x)}$$ 인 $\alpha(x)$가 x와 b 사이에 항상 존재한다.

이다. 일반적인 평균값의 정리 문법이라면 $\dfrac{\sin b - \sin x}{b-x} = \cos\{\alpha(x)\}$로 썼을 텐데,

$\sin b - \sin x = \cos\{\alpha(x)\}\times(b-x)$ 로 쓴 이유가 무엇일까??
정답은 각주에 써둘테니 잠시 생각해 본 후 페이지 맨 아래를 보자.[29]

일반적인 평균값의 정리 문법에 의하면, 분모가 0이 되면 안되므로 $x \neq b$여야 한다.
그런데 이 해설의 뒷부분에서 닫힌구간 $[a, b]$에서의 x에 대한 적분을 해야하기 때문에, $x = b$일 때도 성립하는 식을 이용하여 문제를 풀어야한다.
그래서 분모의 제약이 없는 식으로 해설에서 바꿔 썼고, 이 이유를 맞췄다면 앞의 학습을 잘한 것이다.[30]

이미 본 시리즈 [2편] Chapter 1의 '곡선과 점 사이의 최단거리'에서

'쉽다고 무시하지 말아라, 놓치기 쉬운 포인트가 있다.'

며 주의를 줬던 부분인데, 당시 읽으면서 이런 거 누가 놓치냐며 코웃음을 쳤었다면 반성할 것!!

 TIP

결론을 지으면,

평균값의 정리를 적용시키는 구간에 변수 x를 달고 있는 경우, $\dfrac{f(b) - f(x)}{b-x} = f'(\alpha)$로 쓰는 것보다

$f(b) - f(x) = f'(\alpha)\times(b-x)$로 쓰는 것이 답안 내의 논리에서 조금 더 유리하다.[31]

---

29) $x = b$인 상황을 포함하기 위함이다.

30) 셀프칭찬 해주세요 :)

31) 조금이라고 한 이유는 대학의 합불을 바꿀만큼의 디테일까진 아니기 때문이다. 하지만 이러한 디테일은 수학전공 채점자에게 줄 수 있는 '합법적 뇌물'이다. 수학전공자인 채점자에게는 이러한 수학적 디테일까지 완벽히 살린 답안이 더 빛날 수 밖에 없다.

다음에 볼 문제는 매우 초고난도 문제인데, 어느 정도냐 물어본다면 알려주는 것이 인지상정.

한양대 모의논술은 매번 우수답안 3개를 홈페이지에 공시한다.
그런데, 이 문제의 우수답안들은 대학이 제공한 해설과 완전히 다르게 풀었다.

???: 다른 풀이 무시하시는 건가요!! 논리적 결함 없이 풀기만 하면 되는 거 아닌가요??

대부분은 그렇다. 꼭 출제자의 의도대로 풀 필요는 없다.
하지만 이 세 우수답안들은 문제의 함수가 다항함수임을 이용해서 다항식 전개 노가다로 푼 풀이라서,
만약 $y = \ln x$와 같은 초월함수로 나왔을 때 이 방법을 적용하여 풀 수 없다.[32] 즉, 제한적인 풀이라는 뜻이다.

이 문제를 출제자 의도대로 푼 응시자가 아무도 없었을 정도로 어려웠던 문제이므로, 독자들도 고민을 너무 많이 하진 말 것.
조금만 고민해보고, 다음 페이지 (해설)을 보자.

예제 14 ★★★★★ 2022 한양대 모의

제시문

(가) [함수의 극한의 대소 관계] 와 [샌드위치 정리] 언급된 제시문

(나) [정적분과 급수의 합 사이의 관계] 함수 $f(x)$ 가 닫힌구간 $[a, b]$ 에서 연속일 때,

$$\lim_{n \to \infty} \sum_{k=1}^{n} f(x_k) \triangle x = \int_a^b f(x)dx \quad \left(단, \triangle x = \frac{b-a}{n},\ x_k = a + k\triangle x\right)$$

(다) 연속함수 $f(x)$ 는 $\displaystyle\sum_{k=1}^{n} f\left(\frac{k}{n}\right) - n\int_0^1 f(x)dx = n\sum_{k=1}^{n}\int_{\frac{k-1}{n}}^{\frac{k}{n}}\left\{f\left(\frac{k}{n}\right) - f(x)\right\}dx$ 을 만족시킨다.

[1] $\displaystyle\lim_{n \to \infty} \frac{1}{\sqrt{n}}\sum_{k=1}^{n}\frac{1}{\sqrt{k}} = 2$임을 보이시오.

[2] $\displaystyle\lim_{n \to \infty}\left[\sum_{k=1}^{n}\int_{\frac{k-1}{n}}^{\frac{k}{n}} n\left(\frac{k-1}{n}\right)^4\left(\frac{k}{n} - x\right)dx\right] = \frac{1}{10} = \lim_{n \to \infty}\left[\sum_{k=1}^{n}\int_{\frac{k-1}{n}}^{\frac{k}{n}} n\left(\frac{k}{n}\right)^4\left(\frac{k}{n} - x\right)dx\right]$ 임을 보이시오.

[3] 극한값 $\displaystyle\lim_{n \to \infty}\left[\sum_{k=1}^{n}\left(\frac{k}{n}\right)^5 - n\int_0^1 x^5\,dx\right]$ 을 구하시오.

---

32) 기대T가 억까하는게 아니구... '$(a+b)^5$은 전개할 수 있어도 $\ln(a+b)$를 전개하시오.' 이런거 못하는거 맞잖아.... ㅠ

[1] 함수 $f(x) = \dfrac{1}{\sqrt{x}}$ 의 그래프를 생각하면, 다음 부등식이 성립한다.

$$\int_1^{n+1} \frac{1}{\sqrt{x}}dx \le \sum_{k=1}^n \frac{1}{\sqrt{k}} \le 1 + \int_1^n \frac{1}{\sqrt{x}}dx$$

이를 정리하면 $2(\sqrt{n+1}-1) \le \displaystyle\sum_{k=1}^n \frac{1}{\sqrt{k}} \le 1+2(\sqrt{n}-1)$ 이고, 각 변에 $\dfrac{1}{\sqrt{n}}$ 을 곱한 후에 극한 $\displaystyle\lim_{n\to\infty}$ 을

취하면, $2 = \displaystyle\lim_{n\to\infty} \frac{2(\sqrt{n+1}-1)}{\sqrt{n}} \le \lim_{n\to\infty} \frac{1}{\sqrt{n}}\sum_{k=1}^n \frac{1}{\sqrt{k}} \le \lim_{n\to\infty} \frac{1+2(\sqrt{n}-1)}{\sqrt{n}} = 2$ 임을 알 수 있다.

그러므로 $\displaystyle\lim_{n\to\infty} \frac{1}{\sqrt{n}}\sum_{k=1}^n \frac{1}{\sqrt{k}} = 2$ 이다.

[2] 첫 번째로 주어진 급수를 다음과 같이 정리할 수 있다.

$$\sum_{k=1}^n \int_{\frac{k-1}{n}}^{\frac{k}{n}} n\left(\frac{k-1}{n}\right)^4\left(\frac{k}{n}-x\right)dx = \sum_{k=1}^n n\left(\frac{k-1}{n}\right)^4\left(\frac{1}{2n^2}\right) = \frac{1}{2}\sum_{k=1}^n \left(\frac{k-1}{n}\right)^4\left(\frac{1}{n}\right)$$

따라서 제시문 (나)에 의해 구하고자 하는 극한값은 아래와 같이 계산할 수 있다.

$$\lim_{n\to\infty}\left[\sum_{k=1}^n \int_{\frac{k-1}{n}}^{\frac{k}{n}} n\left(\frac{k-1}{n}\right)^4\left(\frac{k}{n}-x\right)dx\right] = \frac{1}{2}\lim_{n\to\infty}\sum_{k=1}^n \left(\frac{k-1}{n}\right)^4\left(\frac{1}{n}\right) = \frac{1}{2}\int_0^1 x^4 dx = \frac{1}{10}$$

동일한 방식으로 두 번째 극한값을 아래와 같이 계산 가능하다.

$$\lim_{n\to\infty}\left[\sum_{k=1}^n \int_{\frac{k-1}{n}}^{\frac{k}{n}} n\left(\frac{k}{n}\right)^4\left(\frac{k}{n}-x\right)dx\right] = \lim_{n\to\infty}\left[\sum_{k=1}^n n\left(\frac{k}{n}\right)^4\left(\frac{1}{2n^2}\right)\right]$$

$$= \frac{1}{2}\lim_{n\to\infty}\left[\sum_{k=1}^n \left(\frac{k}{n}\right)^4\left(\frac{1}{n}\right)\right] = \frac{1}{2}\int_0^1 x^4 dx = \frac{1}{10}$$

[3] 제시문 (다)에 의해 아래의 등식이 성립함을 알 수 있다.

$$\sum_{k=1}^n f\left(\frac{k}{n}\right) - n\int_0^1 f(x)dx = n\sum_{k=1}^n \frac{1}{n}f\left(\frac{k}{n}\right) - n\sum_{k=1}^n \int_{\frac{k-1}{n}}^{\frac{k}{n}} f(x)dx = n\sum_{k=1}^n \int_{\frac{k-1}{n}}^{\frac{k}{n}}\left(f\left(\frac{k}{n}\right) - f(x)\right)dx$$

한편, $f(x)$ 가 미분가능한 함수이고 $\dfrac{k-1}{n} \le x \le \dfrac{k}{n}$ (단, $k = 1, 2, \cdots, n$) 인 x에 대하여

$$f\left(\frac{k}{n}\right) - f(x) = f'(\theta_k(x))\left(\frac{k}{n}-x\right) \cdots ① \text{ (방금 교재에서 배운 평균값 정리 문법)}$$

을 만족시키는 $\theta_k(x) \in \left[x, \dfrac{k}{n}\right] \subset \left[\dfrac{k-1}{n}, \dfrac{k}{n}\right]$ 가 항상 존재함을 평균값 정리를 통해 알 수 있다.

여기서 $f(x) = x^5$ 이라 하자. 도함수 $f'(x) = 5x^4$ 은 $[0, 1]$ 에서 증가함수이므로,

$\theta_k(x) \in \left[\dfrac{k-1}{n}, \dfrac{k}{n}\right] \subset [0, 1]$ 에 대하여 $f'\left(\dfrac{k-1}{n}\right) \le f'(\theta_k(x)) \le f'\left(\dfrac{k}{n}\right)$ 이다.

양변에 $\dfrac{k}{n} - x$를 곱하면 $5\left(\dfrac{k-1}{n}\right)^4\left(\dfrac{k}{n} - x\right) \leq f'(\theta_k(x))\left(\dfrac{k}{n} - x\right) \leq 5\left(\dfrac{k}{n}\right)^4\left(\dfrac{k}{n} - x\right)$ 임을 알 수 있고,

이 식에 ①식을 적용 후 양변에 적분 및 시그마를 걸어주면 아래와 같은 부등식을 얻을 수 있다.

$$n\sum_{k=1}^{n}\int_{\frac{k-1}{n}}^{\frac{k}{n}} 5\left(\dfrac{k-1}{n}\right)^4\left(\dfrac{k}{n} - x\right)dx \leq n\sum_{k=1}^{n}\int_{\frac{k-1}{n}}^{\frac{k}{n}}\left(\left(\dfrac{k}{n}\right)^5 - x^5\right)dx \leq n\sum_{k=1}^{n}\int_{\frac{k-1}{n}}^{\frac{k}{n}} 5\left(\dfrac{k}{n}\right)^4\left(\dfrac{k}{n} - x\right)dx$$

[2]번 문제에서 계산한 결과를 활용하여, 위 부등식 양쪽 끝을 $n \to \infty$ 일 때의 극한값을 계산하면 $\dfrac{1}{2}$ 로

동일함을 알 수 있다. 따라서 제시문 (가)에 의해 문제에서 구하고자 하는 극한값은

$$\lim_{n \to \infty}\left[\sum_{k=1}^{n}\left(\dfrac{k}{n}\right)^5 - n\int_0^1 x^5 dx\right] = \dfrac{1}{2}\text{ 이다.}$$

해설을 봐도 어질어질한 이 '2022 한양대 모의논술 문항'은 대한민국 수리논술에서 최초 출제된 유형[33]이라서, 그 당시 모의논술을 응시한 모든 학생들이 어리둥절했던 초고난도 문제 유형이었다.

물론 위 문항의 초월함수 버전이 2020 일본 교토대 의예과 본고사(해설집에 캡처해서 올려둠)에 출제됐었던 문제였고, 그 다음해 한양대 Final 강의에서 해당문제를 다뤘기 때문에, 이 강의를 들었던 친구들은 익숙했을 것.

??? : 본고사 학습의 필요성을 어필하려면 본시험에서 적중해야 의미있는거 아닌가요???

이미 본시험에 일본 본고사 문항이 직접적으로 반영된 사례에는 한양대 뿐만 아니라 여러 학교가 있다.
이외에도 난이도가 어려운 수리논술 문제의 풀이 아이디어가 일본 본고사 문제에서 사용된 아이디어인 경우도 많다.

??? : 그럼 학생이 셀프로 일본 본고사 선별해서 공부하는 건 어떤가요??

완전히 비추천한다. 제대로 된 안목 없이 고른 본고사 문항은 안 푸니만 못하다. (수리논술 고인물이 아닌 이상)
일본 본고사 선별 문항은 학교별 Final 기간에 받아먹기만 하자.

cf. 국어 수능기출 대체자료의 대표주자 '리트'에 일본 본고사를 비유하면 다음과 같다.

1. 리트 없이도 수능국어 100점 받을 수 있다. (O)　　　　본고사 없이도 수리논술 6관왕 할 수 있다. (O)

2. 수능국어 괴수들은 선별된 리트 풀면 도움된다. (O)　　수리논술 괴수들은 선별된 본고사 풀면 도움된다. (O)

3. 리트 출제 소재가 수능에 적중하면 개이득이다. (O)　　본고사 출제 소재가 논술에 적중하면 개이득이다. (O)

---
33) 본고사 시절 서울대에서 한번 나온 적은 있고, 수리논술에선 처음

다음 OX 퀴즈를 풀어보자.

"실수 전체의 집합에서 미분가능한 함수 $f(x)$에 대하여

$$f'(0) = 1 \text{이면 } \frac{f(b) - f(a)}{b - a} = 1 \text{인 순서쌍 } (a, b) \text{가 항상 존재한다.}"$$

정답은 페이지 아래 각주에 있다.[34]

지겹도록 읽은 평균값의 정리, 한 번만 더 또박또박 정독해보자. 본인이 왜 틀렸는지 눈치챌 수 있다.

| 평균값의 정리

열린구간 (a, b)에서 미분가능하고 닫힌구간 $[a, b]$에서 연속인 함수 $f(x)$에 대하여

$$\frac{f(b) - f(a)}{b - a} = f'(c) \text{인 } c \text{가 열린구간 } (a, b) \text{에 적어도 하나 존재한다.}$$

| 유의사항 Point

문제에 있거나, 풀이를 위해 적절히 잡은 함수 $f(x)$ 및 구간 (a, b)에다가 평균값의 정리를 적용시킴으로써 c의 값이 탄생된 것이다.

즉, 'c는 $a, b, f(x)$에 대한 함수[35]' 라는 뜻이다.

그런데 이 말이

$$\frac{f(b) - f(a)}{b - a} = f'(c) \text{를 만족시키는}$$

c가 원하는 값으로 탄생되도록 하는 적절한 $a, b, f(x)$가 항상 존재한다.

와는 다른 말임을 이해해야 한다. 위 O, X 문제에서 틀린 학생들은

이 c값이 0이라는 원하는 값[36]으로 탄생되도록 하는 (a, b)가 존재할 것이다.

라고 추측했기 때문에 O라 했고, 틀린 것이다.

텍스트로 아직 감이 잘 안오는 학생들은, 아래 문제를 푼 후 다음 페이지를 읽어보도록 하자.

| 연습문제

어떤 양수 k에 대하여 함수 $f(x) = k(x^2 - 2x - 1)e^x$ 은 다음 조건을 만족시킨다.

> $0 \le a < b$ 인 임의의 두 실수 a, b에 대하여 $f(b) - f(a) + b - a \ge 0$이다.

가능한 k의 범위를 구하시오.

---

34) X. $f(x) = x^3 + x$라 하면 $\frac{f(b) - f(a)}{b - a} = b^2 + ba + a^2 + 1 > 1$이므로 $\frac{f(b) - f(a)}{b - a} = 1$ 일 수 없다.

35) 말이 너무 어려우면, $a, b, f(x)$에 따라 달라지는 값 정도로 이해하자.

36) $c = 0$이길 바랬던 것. 그러면 $\frac{f(b) - f(a)}{b - a} = f'(c) = f'(0) = 1$로 문제조건을 만족시킬 수 있다.

방금 문제에 대한 한 학생의 잘못된 풀이다.

> "
>
> 조건의 부등식을 변형하면 $f(b) - f(a) + b - a \geq 0 \Leftrightarrow \dfrac{f(b) - f(a)}{b - a} + 1 \geq 0 \Leftrightarrow$
>
> $\dfrac{f(b) - f(a)}{b - a} \geq -1$
>
> 평균값의 정리에 의하여 $\dfrac{f(a) - f(a)}{b - a} = f'(c)$인 c가 구간 (a, b) 사이에 적어도 하나 존재하므로
>
> $f'(c) \geq -1$ 임을 알 수 있다. 이때 $0 \leq a < c < b$ 이므로,
>
> $f'(c) \geq -1$라는 조건은 $x > 0$일 때 $f'(x) \geq -1$과 동치이다.
>
> "

위 풀이를 뒷받침하는 논리는

> "
>
> 위 부등식이 $0 \leq a < b$인 임의의 두 실수 a, b에 대하여 성립하므로
>
> a, b의 모든 조합을 통해 모든 양수의 값을 c의 값으로 만들어 낼 수 있다.
>
> 따라서 $f'(c) \geq -1$는 $f'(x) \geq -1$가 된다.
>
> "

라는 논리다. 얼핏 보면 맞는 말 같지만, 앞 페이지에서 오개념이라고 했던 문장과 정확히 일맥상통한다.

아래 연습문제도 Box 부분을 해석해보고, 아래 QR코드[37]의 강의를 통해 연습문제 1, 2에 대한 제대로 된 해석을 학습하자.

| 연습문제 2 2024 6월 평가원 22번

정수 a $(a \neq 0)$에 대하여 함수 $f(x)$를 $f(x) = x^3 - 2ax^2$ 이라 하자.
다음 조건을 만족시키는 모든 정수 k의 값의 곱이 -12가 되도록 하는 a가 -2 뿐임을 보이시오.

> 함수 $f(x)$에 대하여
>
> $$\left\{ \dfrac{f(x_1) - f(x_2)}{x_1 - x_2} \right\} \times \left\{ \dfrac{f(x_2) - f(x_3)}{x_2 - x_3} \right\} < 0$$
>
> 을 만족시키는 세 실수 x_1, x_2, x_3이 열린구간 $\left(k, k + \dfrac{3}{2} \right)$에 존재한다.

---

37) 여러 문제의 이해를 돕는 QR코드가 있다. 어려운 문제에 대한 해설을 돕는 강의가 있으니 참고하여 학습하도록 하자.

3-4

평균값의 정리의 실전 활용

---

1. **평균값의 정리 실전 활용 Tip.1 : 적절한 함수를 도입하기**

평균값의 정리는 결국 관계식 $\dfrac{f(b)-f(a)}{b-a}=f'(c)$을 활용하는 것이다.

함수의 모양이 아닌 숫자로 출제된 문제여도, 함수 $f(x)$와 구간 $(a,\,b)$를 적당히 잡는다면 계산 노가다를 많이 줄일 수 있다.

예를 들어 101^5-99^5 과 99^5-97^5의 대소를 비교하라는 문제가 나오면, $f(x)=x^5$로 잡아서

$$101^5-99^5 = 2 \times \frac{f(101)-f(99)}{101-99} = 2 \times f'(c_1)$$

$$99^5-97^5 = 2 \times \frac{f(99)-f(97)}{99-97} = 2f'(c_2)$$

$$(단,\ 97 < c_2 < 99 < c_1 < 101)$$

로 둔 후 함수 $f(x)=x^5$의 도함수 $f'(x)=5x^4$가 구간 $(97,\,101)$에서 증가함수이므로 $f'(c_1) > f'(c_2)$ 여서

$101^5-99^5 > 99^5-97^5$ 임을 밝히는 테크닉이다.

위의 예로 든 문제는 너무 뻔하게 $f(x)=x^5$가 보였지만, 어려운 문제일수록 함수를 잡기 어려우므로 다양한 경험이 필요하다.

예제 15 ★★★☆☆ 2018 한양대 모의

[1] $a^2 > b > 0$일 때, 다음 세 실수의 크기를 비교하시오.

$$a - \sqrt{a^2-b}\ ,\ \sqrt{a^2+b}-a\ ,\ \frac{b}{2a}$$

[2] $a^3 > b > 0$일 때, 다음 부등식이 성립함을 보이시오.

$$\sqrt[3]{a^3+b}-a < a - \sqrt[3]{a^3-b}$$

[3] 두 절댓값 $\left|75 - \sqrt{5627}\right|$ 과 $\left|7 - \sqrt[3]{341}\right|$ 의 크기를 비교하시오.

연습지

---

[1] 함수 $f(x) = \sqrt{x}$ 에 내하여 열린구간 $\left(a^2 - b,\ a^2\right)$ 에서 평균값의 정리에 의하어

$$\frac{a - \sqrt{a^2 - b}}{b} = f'(c_1)$$

인 실수 c_1 이 열린구간 $\left(a^2 - b,\ a^2\right)$ 에서 존재한다. 열린구간 $\left(a^2,\ a^2 + b\right)$ 에서 평균값의 정리에 의하여

$$\frac{\sqrt{a^2 + b} - a}{b} = f'(c_2)$$

인 실수 c_2 가 열린구간 $\left(a^2,\ a^2 + b\right)$ 에서 존재한다. 양의 실수 x 에 대하여 함수 $f'(x)$ 는 감소함수이고 $c_1 < a^2 < c_2$ 이므로

$$f'(c_2) < f'(a^2) < f'(c_1) \Rightarrow \frac{\sqrt{a^2 + b} - a}{b} < \frac{1}{2a} < \frac{a - \sqrt{a^2 - b}}{b}$$

$$\Rightarrow \sqrt{a^2 + b} - a < \frac{b}{2a} < a - \sqrt{a^2 - b} \ \text{이다.}$$

[2] 함수 $g(x) = \sqrt[3]{x}$ 에 대하여 열린구간 $\left(a^3 - b,\ a^3\right)$ 에서 평균값의 정리에 의하여

$$\frac{a - \sqrt[3]{a^3 - b}}{b} = g'(c_1)$$

인 실수 c_1 이 열린구간 $\left(a^3 - b,\ a^3\right)$ 에서 존재한다. 열린구간 $\left(a^3,\ a^3 + b\right)$ 에서 평균값의 정리에 의하여

$$\frac{\sqrt[3]{a^3 + b} - a}{b} = g'(c_2)$$

인 실수 c_2 가 열린구간 $\left(a^3,\ a^3 + b\right)$ 에서 존재한다. 양의 실수 x 에 대하여 함수 $g'(x)$ 는 감소함수이고 $c_1 < a^3 < c_2$ 이므로

$$g'(c_2) < g'(a^3) < g'(c_1) \Rightarrow \frac{\sqrt[3]{a^3 + b} - a}{b} < \frac{1}{3a^2} < \frac{a - \sqrt[3]{a^3 - b}}{b}$$

$$\Rightarrow \sqrt[3]{a^3 + b} - a < \frac{b}{3a^2} < a - \sqrt[3]{a^3 - b} \ \text{이다.}$$

($\dfrac{b}{3a^2}$ 부분은 굳이 보일 필요 없었지만, **[3]**을 위하여 미리 보여둠)

[3] **[1]**에서 부등식

$$\sqrt{a^2 + b} - a < \frac{b}{2a} < a - \sqrt{a^2 - b} \ \cdots\cdots \ ①$$

이 성립함을 보였다. $75^2 = 5625$ 이므로, ①에 의해 부등식

$$\left|75 - \sqrt{5627}\right| = \sqrt{5627} - 75 = \sqrt{75^2 + 2} - 75 < \frac{2}{2 \times 75} = \frac{1}{75}$$

이 성립한다. 또한 **[2]**의 증명으로부터 부등식

$$\sqrt[3]{a^3 + b} - a < \frac{b}{3a^2} < a - \sqrt[3]{a^3 - b}$$

이 성립함을 알 수 있다. $341 = 343 - 2 = 7^3 - 2$ 이므로 부등식 ②에 의해

$$\left|7 - \sqrt[3]{341}\right| = 7 - \sqrt[3]{341} = 7 - \sqrt[3]{7^3 - 2} > \frac{2}{3 \times 7^2} = \frac{2}{147} = \frac{1}{73.5} > \frac{1}{75}$$

이 성립한다. 그러므로 $\left|75 - \sqrt{5627}\right| < \left|7 - \sqrt[3]{341}\right|$ 임을 알 수 있다.

다시 한 번 평균값의 정리의 관계식 $\dfrac{f(b)-f(a)}{b-a}=f'(c)$을 보자.

좌변식이 우변식으로 바뀌면서 나타나는 제일 큰 특징은, 미분이 되면서 차수가 낮아졌다는 것이다.

미분이 돼서 좋은 점은 크게 두 가지다.

(i) 도함수에 대한 문제조건을 활용하기 쉬워진다.

(ii) 적분에 용이한 형태가 만들어질 가능성이 높다는 것이다.

(ii) 는 너무 다양한 활용이 가능해서 유형화하기 힘들기 때문에 현강에서도 잠깐만 소개하는 것으로 하고, 교재에서는 (i) 케이스의 문제를 풀어보자.

예제 16 ★★★☆☆ 2020 연세대 논술

미분가능한 함수 $f(x)$ 에 대하여 $I=\displaystyle\int_{-1}^{-b}\dfrac{f(a+x)}{x}dx+\int_{b}^{1}\dfrac{f(a+x)}{x}dx$ 라 하자.

모든 실수 x 에 대하여 $f(x)$ 의 도함수가 $|f'(x)|\le 1$ 을 만족시킬 때, a 와 b 의 값에 관계없이 $|I|\le 2$ 임을 보이시오. (단, a 와 b 는 실수이고, $0<b<1$ 이다.)

연습지

치환하여 나음과 같이 정리한다.

$$I = \int_{-1}^{-b} \frac{f(a+x)}{x}dx + \int_{b}^{1} \frac{f(a+x)}{x}dx = \int_{b}^{1} \frac{f(a+x) - f(a-x)}{x}dx$$

이다.

평균값의 정리에 의해 함수 $f(x)$ 가 구간 $[a-x,\ a+x]$ 에서 연속이고 구간 $(a-x,\ a+x)$ 에서 미분가능하므로

$\dfrac{f(a+x) - f(a-x)}{2x} = f'(c)$ 인 c 가 구간 $(a-x,\ a+x)$ 에 존재한다.

$\dfrac{f(a+x) - f(a-x)}{x} = 2f'(c)$ 이므로 $-2 \le \dfrac{f(a+x) - f(a-x)}{x} \le 2$ 이다.

$$\int_{b}^{1} (-2)\,dx \le \int_{b}^{1} \frac{f(a+x) - f(a-x)}{x}dx \le \int_{b}^{1} 2\,dx$$

$$-2(1-b) \le \int_{b}^{1} \frac{f(a+x) - f(a-x)}{x}dx \le 2(1-b)$$

따라서 $0 < b < 1$ 이므로 $-2 \le \displaystyle\int_{b}^{1} \frac{f(a+x) - f(a-x)}{x}dx \le 2$ 이다.

상당히 어려운 문제이므로, 아래 문제를 다음 단계에 따라 활용하자.

(i) [1]을 증명했다고 치고, 이를 이용해서 [2]를 풀어보자.

(ii) 첫 문제풀이 시도는 5분만 하고, 다음 페이지의 힌트를 보자.

(iii) 그 후 다시 [2]를 10분 고민 해보고, 안 풀린다면 미련 없이 다음 페이지 ([2]의 해설)을 보자.

(iv) [2] 이해가 끝났으면, 나머지 [1], [3]을 적당히 풀어본 후 해설로 학습하기.

예제 17   ★★★★☆   2020 인하대 모의

제시문

(가) [평균값 정리]

함수 $f(x)$가 닫힌구간 $[a, b]$에서 연속이고 열린구간 (a, b)에서 미분가능하면

$$\frac{f(b) - f(a)}{b - a} = f'(c)$$

를 만족하는 c가 a와 b 사이에 적어도 하나 존재한다.

(나) $0 < x < \dfrac{\pi}{2}$일 때, $\sin x < x$이 항상 성립한다.

(다) 세 수열 $\{a_n\}$, $\{b_n\}$, $\{c_n\}$가 모든 자연수 n에 대하여 $a_n \leq b_n \leq c_n$을 만족하고 $\lim\limits_{n \to \infty} a_n = \lim\limits_{n \to \infty} c_n = \alpha$이면, $\lim\limits_{n \to \infty} b_n = \alpha$이다.

※ 자연수 n에 대하여 방정식 $\sin x = \dfrac{1}{x}$는 구간 $\left(2n\pi, 2n\pi + \dfrac{\pi}{2}\right)$에서 유일한 해 $x = a_n$을 갖는다.

[1] 모든 자연수 n에

$$2n\pi < a_{n+1} - 2\pi < a_n$$

가 성립함을 보이시오.

[2] 각 자연수 n에 대하여

$$a_n - a_{n+1} + 2\pi = \frac{1}{\cos b_n}\left(\frac{1}{a_n} - \frac{1}{a_{n+1}}\right)$$

을 만족하는 b_n이 $a_{n+1} - 2\pi$와 a_n 사이에 존재함을 보이시오.

[3] $\lim\limits_{n \to \infty} a_n \sin(a_{n+1} - a_n) = 0$ 임을 보이시오.

| [17-2]의 식 조작에 대한 힌트를 얻는 법

(i) 'b_n이 $a_{n+1} - 2\pi$와 a_n 사이에 존재함' 이라는 어구를 통해 의심하기

이 어구를 통해 '사잇값 정리' 혹은 '평균값의 정리'를 의심해볼 수 있다.
(근데 사실 답은 평균값의 정리로 정해져 있었다. 제시문을 읽었는지 체크!! 대놓고 있는데, 눈치 못채면 안된다. 제시문 흘려보내는 습관 고치라고 1편부터 강조중!!)

(ii) 평균값의 정리의 원문 '$\dfrac{f(b) - f(a)}{b - a} = f'(c)$ 인 c가 a와 b 사이에 존재' 와 문제조건을 비교할 것.

정리원문 :	$\dfrac{f(b) - f(a)}{b - a} = f'(c)$	인 c 가	a	와 b 사이에 존재
문제조건 :	$a_n - a_{n+1} + 2\pi = \dfrac{1}{\cos b_n}\left(\dfrac{1}{a_n} - \dfrac{1}{a_{n+1}}\right)$	인 b_n이	$a_{n+1} - 2\pi$	와 a_n 사이에 존재

밑줄 치지 않은 뒷부분을 서로 일치시켜보면 $c = b_n$, $a = a_{n+1} - 2\pi$, $b = a_n$이다.

이를 정리원문에 대입해보면 $\dfrac{f(a_n) - f(a_{n+1} - 2\pi)}{a_n - (a_{n+1} - 2\pi)} = f'(b_n)$이 된다.

이것과 문제조건의 밑줄 식이 일치하도록 하는 적당한 함수 $f(x)$를 찾으면 문제접근이 끝난다.

$\cos b_n$이 있으니 이것은 $f'(b_n)$와 관련이 있을 것 같아서 $f'(x) = \cos x$로 의심,

a_n, a_{n+1}은 방정식 $\sin x = \dfrac{1}{x}$들의 해니까 관계식 $\sin a_n = \dfrac{1}{a_n}$, $\sin a_{n+1} = \dfrac{1}{a_{n+1}}$ 쓰일 것으로 의심,

방정식에 $\sin x$가 있으니 $f(x) = \sin x$라 의심하면?? 역시는 역시. $(\sin x)' = \cos x$!!

이렇게 세 의심이 하나의 결과로 귀결돼서, 문제접근이 완료되게 된다.
아다리라고 생각할 수 있지만, 이것이 어려운 평균값의 정리 문제를 뚫는 필살기[38]다.

노파심에 말하지만 위 과정은 문제풀이 접근방법이지, 답안은 이렇게 쓰면 안된다.
함수 $f(x)$는 $\sin x$, 구간은 $(a_{n+1} - 2\pi, a_n)$로 잡아서 푼 공식답안은 해설집을 참고하도록 하자.

기대T Comment)
평균값의 정리의 원문을 달달 외워서 머릿속에 담아두도록 하자.
이를 문제와 일대일매칭 시키다보면, 위처럼 문제접근에 가까워지는 경우가 많다.
이 과정 없이 이 문제에서 함수와 구간을 잡는 건 매우 힘든 문제였다.

---

38) 남들은 '이걸 어떻게 생각해' 하고 있을 때 우리는 문제 출제의 구조를 이해하여 역으로 힌트를 얻어나가는 과정인 셈

| 적분의 평균값 정리 ver.1

$f(x)$가 닫힌구간 $[a, b]$에서 연속일 때, $\dfrac{\int_a^b f(x)dx}{b-a} = f(c)$를 만족시키는 $c\ (a < c < b)$가 적어도 하나 존재한다.

증명 ✏️

$f(x)$의 부정적분을 $F(x)$라 하면 $\int_a^b f(x)dx = F(b) - F(a)$ 이므로 $\dfrac{\int_a^b f(x)dx}{b-a} = f(c) \Leftrightarrow \dfrac{F(b) - F(a)}{b-a} = f(c)$

이다. 따라서 함수 $F(x)$에 대한 평균값의 정리를 증명하면 되는데, 앞서 롤의 정리를 이용하여 증명했었다.

굳이 적분의 평균값 정리 ver.1을 기존의 평균값의 정리와 구분하여 사용하진 말자.
적분 기호만 쓰였을 뿐, 함수 $F(x)$에 대한 평균값의 정리 모양과 다를 바가 없기 때문이다.

| 적분의 평균값 정리의 그래프적 의미 (참고)

위의 식을 정리하면 $\int_a^b f(x)dx = f(c)(b-a)$ 이다. 좌변은 $y = f(x)$의 그래프와 x축 사이의 넓이를 의미하고,

우변은 $b - a$와 $f(c)$를 각각 가로길이, 세로길이로 하는 직사각형 넓이를 의미한다.

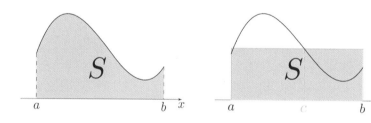

예제 18

★☆☆☆☆   2018 서울과기대 기출

자연수 n에 대하여 0이 아닌 실수 $a_0, a_1, \cdots, a_n$이 $\dfrac{a_0}{1} + \dfrac{a_1}{3} + \dfrac{a_2}{5} + \cdots + \dfrac{a_n}{2n+1} = 0$을 만족시킨다.

이때, 방정식 $a_0 + a_1 x^2 + a_2 x^4 + \cdots + a_n x^{2n} = 0$의 실근의 개수가 2 이상임을 보이시오.

연습지

두 함수 $f(x)$, $g(x)$가 닫힌구간 $[a, b]$에서 연속이고 $g(x) > 0$일 때,

$$\int_a^b f(x)g(x)dx = f(c) \times \int_a^b g(x)dx$$

를 만족시키는 c $(a < c < b)$가 적어도 하나 존재한다.

증명

최대최소정리에 의하여 함수 $f(x)$는 최솟값 $m = f(c_1)$과 최댓값 $M = f(c_2)$을 갖는다.[39]

따라서 $m \leq f(x) \leq M$ 이고, 양변에 $g(x)$를 곱한 후 닫힌구간 $[a, b]$에서 정적분을 하면

$$m\int_a^b g(x)dx \leq \int_a^b f(x)g(x)dx \leq M\int_a^b g(x)dx$$

이고, 양변을 $\int_a^b g(x)dx$로 나누면 $f(c_1) = m \leq \dfrac{\displaystyle\int_a^b f(x)g(x)dx}{\displaystyle\int_a^b g(x)dx} \leq M = f(c_2)$ 임을 알 수 있다.

사잇값 정리에 의하여 $\dfrac{\displaystyle\int_a^b f(x)g(x)dx}{\displaystyle\int_a^b g(x)dx} = f(c)$인 c가 c_1, c_2 사이에 존재하므로, 이를 정리하면

$\displaystyle\int_a^b f(x)g(x)dx = f(c) \times \int_a^b g(x)dx$ 인 c $(a < c < b)$ 가 적어도 하나 존재함을 알 수 있다.

TIP

증명과정을 아래처럼 간단히 정리해두면 좋다.

최대최소정리 → $g(x)$ 곱하기 → 정적분 → 적분값 나누기 → 사잇값 정리

또한 $g(x) = 1$일 때, 적분의 평균값 정리 ver.2의 식은

$$\int_a^b f(x)dx = f(c) \times \int_a^b 1\,dx = f(c) \times (b-a) \Leftrightarrow \frac{\displaystyle\int_a^b f(x)dx}{b-a} = f(c)$$로, ver.1이 나온다.

---

39) 원래는 롤의 정리 증명 때처럼, $f(x)$가 상수함수인 케이스도 나눠서 증명해주는 것이 일반적인 증명이나, 이 증명이 부족하진 않다.

사잇값 정리를 이용하여

$$\int_0^\pi e^x \sin x \, dx = \sin c \int_0^\pi e^x dx$$

를 만족하는 실수 c 가 구간 $(0, \pi)$ 에 존재함을 보이시오.

연습지

---

[1] 평균값의 정리를 이용하여

$$\int_0^\pi e^x \sin x \, dx = \pi e^c \sin c$$

를 만족하는 실수 c 가 구간 $(0, \pi)$ 에 존재함을 보이시오.

[2] $\int_0^\pi e^x \sin x \, dx = \pi e^c \sin c$ 을 만족하고 구간 $(0, \pi)$ 에 존재하는 모든 실수 c 의 합을 구하시오.

연습지

다음 명제를 코시의 평균값정리라고 한다.

두 함수 f, g가 닫힌구간 $[a, b]$에서 연속이고 열린구간 (a, b)에서 미분가능할 때,

$\dfrac{f(b)-f(a)}{g(b)-g(a)}=\dfrac{f'(c)}{g'(c)}$ 인 c가 열린구간 (a, b)에 적어도 하나 존재한다.

(단, 구간 (a, b)에서 $g'(x) \neq 0$)

증명 ✏️

잘못된 증명)

평균값의 정리에 의하여 $\dfrac{f(b)-f(a)}{b-a}=f'(c)$인 c $\cdots$ ①가 존재하며, 마찬가지로

평균값의 정리에 의하여 $\dfrac{g(b)-g(a)}{b-a}=g'(c)$인 c $\cdots$ ②가 존재한다.

따라서 $\dfrac{\dfrac{f(b)-f(a)}{b-a}}{\dfrac{g(b)-g(a)}{b-a}}=\dfrac{f'(c)}{g'(c)}$ 인 c가 존재한다.

이 증명이 잘못된 이유는, ①과 ②의 c가 서로 일치하리라는 보장이 없기 때문이다.

사실 ①에서 c를 썼으면, ②에서는 $\dfrac{g(b)-g(a)}{b-a}=g'(d)$인 d 와 같이 다른 문자를 사용해주는 것이 맞다.

증명 ✏️

제대로 된 증명)

함수설정이 Main idea다.

$F(x)=f(x)-f(a)-\dfrac{f(b)-f(a)}{g(b)-g(a)}\{g(x)-g(a)\}$ 라 두자.

$F(a)=0$, $F(b)=0$ 이므로 롤의 정리에 의하여 $F'(c)=0$인 c가 존재한다.

따라서 어떤 c에 대하여 $F'(c)=f'(c)-\dfrac{f(b)-f(a)}{g(b)-g(a)}g'(c)=0$이고, 이를 정리하면 $\dfrac{f(b)-f(a)}{g(b)-g(a)}=\dfrac{f'(c)}{g'(c)}$ 인 c가

열린구간 (a, b)에 적어도 하나 존재함을 알 수 있다.

이 증명에서 $F(x)$의 형태를 아무 힌트 없이 떠올릴 수 있는 학생은 단 1%도 없다.

어려운 아이디어임이 당연한 사실이고, 만약 수리논술 시험에 나온다면 〈제시문〉으로 힌트를 줄 가능성이 매우 높다.

그래도 혹시 나올 수 있기 때문에, 형태를 한 번만 더 스캔하고 넘어가자.[40]

$$F(x)=f(x)-f(a)-\dfrac{f(b)-f(a)}{g(b)-g(a)}\{g(x)-g(a)\}$$

---

40) 외울 수 있으면 외우는데, 굳이 억지로 외울 필요 전혀전혀전혀전혀전혀 없다!

3-5

Chapter 3. 미분

실전 논제 풀어보기

┌───┐

│ QR코드를 통한 도움영상 활용

해설집에 있는 논제에 대한 해설 중 어려운 부분의 이해를 도와주는 영상을 QR 코드를 통해 볼 수 있습니다. 완벽한 해설 강의가 아니기 때문에, 시청 전에 해설을 먼저 읽어본 후 QR 코드의 강의를 활용하기 바랍니다.

│ 답안지 Box의 점선 줄 활용

ⓐ 답안 첫 두 줄을 점선 줄 위에서부터 시작해서, 아래 답안들도 줄이 삐뚤어지지 않도록 맞춰 써보세요.

읽기 편한 글씨체와 줄 맞춰 쓰기는 채점관에게 좋은 인상의 답안이 되기 위한 기본기입니다 :)

ⓑ 줄 맞춰 쓸 연습이 필요 없다면, 이 문제에 쓰이는 필수 Idea를 필기하는 용도로 활용하세요.

└───┘

논제 9   ★★☆☆☆   2013 성균관대

제시문

〈제시문 1〉 사잇값 정리

함수 $f(x)$ 가 닫힌 구간 $[a, b]$ 에서 연속이고 $f(a) \neq f(b)$ 일 때, $f(a)$ 와 $f(b)$ 사이의 임의의 실수 k 에 대하여 $f(c) = k$ 인 c 가 열린 구간 (a, b) 에 적어도 하나 존재한다.

〈제시문 2〉 함수 $f(x)$ 가 어떤 구간에서 미분가능하고, 이 구간의 모든 x 에 대하여

(1) $f'(x) > 0$ 이면 $f(x)$ 는 이 구간에서 증가한다.

(2) $f'(x) < 0$ 이면 $f(x)$ 는 이 구간에서 감소한다.

〈제시문 3〉 두 점 사이의 최단거리는 두 점을 연결하는 선분의 길이이다.

〈제시문 4〉 아래의 그림과 같이 지점 A 와 지점 B 는 30km 의 곧은 도로로 연결되어 있고, 지점 A 와 지점 C 는 18km 의 구부러진 도로로 연결되어 있다. (단, 도로는 평탄하다.)

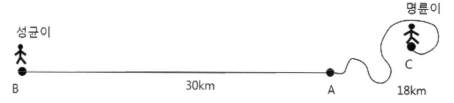

〈제시문 5〉 성균이는 지점 B 를 출발하여 도로를 따라 시속 15km/h 의 속력으로 지점 A 로 달려가고, 명륜이는 성균이와 동시에 지점 C 를 출발하여 도로를 따라 시속 6km/h 의 속력으로 지점 A 로 걸어간다.

[1] 지점 A 와 성균이 사이의 최단거리와 지점 A 와 명륜이 사이의 최단거리가 같아지는 순간이 출발 후 2시간 이내에 적어도 한번 존재함을 보이시오.

[2] 지점 C 와 지점 A 를 연결하는 도로가 18km 의 곧은 도로라고 하면, 지점 A 와 성균이 사이의 최단거리와 지점 A 와 명륜이 사이의 최단거리가 같아지는 순간이 출발 후 2 시간 이내에 오직 한 번 존재함을 보이시오.

제시문

세 함수 $p(x)$, $q(x)$, $r(x)$가 모든 실수 x에 대하여
$p(x) \le q(x) \le r(x)$이고, $\lim\limits_{x \to a} p(x) = \lim\limits_{x \to a} r(x) = \alpha$이면 $\lim\limits_{x \to a} q(x) = \alpha$이다.
(단, α는 실수이다.)

[1] 실수 전체의 집합에서 정의된 함수 $f(x)$가 $f(1) = k$이고 $\lim\limits_{n \to \infty} f\left(\dfrac{1}{2^n}\right) = f(0)$을 만족시킨다.

모든 자연수 n에 대하여 $f\left(\dfrac{1}{2^n}\right) = \left(1 - \dfrac{1}{(n+1)^2}\right) \times f\left(\dfrac{1}{2^{n-1}}\right)$일 때, $f(0)$의 값을 구하시오.

(단, k는 상수이다.)

※ 모든 실수 x에 대하여 $g(x) \ge 0$인 함수 $g(x)$가 다음 두 조건을 만족시킨다. **[2]**, **[3]**에 답하시오.

(가) 모든 실수 x_1, x_2에 대하여 $x_1 < x_2$이면 $g(x_1) \le g(x_2)$이다.

(나) 모든 자연수 n에 대하여 $g\left(\dfrac{1}{2^n}\right) \le \dfrac{n}{2(n+1)} \times g\left(\dfrac{1}{2^{n-1}}\right)$이다.

[2] $g(0)$의 값을 구하시오.

[3] $\lim\limits_{m \to \infty} \dfrac{g\left(\dfrac{1}{m}\right) - g(0)}{\dfrac{1}{m}}$의 값을 구하시오. (단, m은 자연수이다.)

연습지

제시문

(가) 롤의 정리

함수 $f(x)$가 닫힌 구간 $[a, b]$에서 연속이고 열린 구간 (a, b)에서 미분가능할 때,
$f(a) = f(b)$이면, $f'(c) = 0$인 c가 a와 b사이에 적어도 하나 존재한다.

(나) 함수 $f(x), g(x)$와 실수 k에 대하여 $g(x) = e^{kx}f(x)$이면 방정식 $f(x) = 0$과 $g(x) = 0$의 실근은 같다.

(다) 함수 $f(x)$가 미분가능하고 $f'(x)$도 미분가능하면, 함수 $f(x)$는 두 번 미분가능하다고 한다.

[1] 함수 $f(x)$가 두 번 미분가능하고 방정식 $f(x) = 0$의 서로 다른 실근이 $m(m \geq 3)$개이면,
방정식 $f''(x) = 0$의 서로 다른 실근은 적어도 $m-2$개임을 보이시오.

[2] 삼차함수 $f(x)$에 대하여 방정식 $f(x) = 0$의 서로 다른 실근이 세 개라고 하자. $g(x) = e^x f(x)$로 놓았을 때,
$f''(0) = g''(0) = 0$이면 0이 방정식 $f(x) = 0$의 근이 될 수 있는지 없는지 설명하시오.

[3] 함수 $f(x)$가 두 번 미분가능하고 방정식 $f(x) = 0$이 서로 다른 세 실근을 가지면, 다음 방정식의 실근이 있음을
보이시오.
$$f(x) + 6f'(x) + 9f''(x) = 0$$

연습지

미분가능한 함수 $f(x)$에 대하여 $f(0) = 0$, $f(1) = 1$일 때, 다음 두 물음에 답하시오.

[1] 방정식 $f(x) = \dfrac{1}{2}$은 열린구간 $(0, 1)$에서 적어도 하나의 실근을 가짐을 보이시오.

[2] $\dfrac{1}{f'(x_1)} + \dfrac{1}{f'(x_2)} = 2$를 만족시키는 서로 다른 두 x_1, x_2가 열린구간 $(0, 1)$에 존재함을 보이시오.

[3] 임의의 자연수 n에 대하여 $\dfrac{1}{f'(c_1)} + \cdots + \dfrac{1}{f'(c_n)} = n$ 이고 $0 \leq c_1 < \cdots < c_n \leq 1$ 인 $c_1, \cdots, c_n$ 이 존재함을 보이시오.

미분가능한 함수 $f(x)$에 대하여 $f(0) = 0$, $f(1) = 1$일 때, 다음 두 물음에 답하시오.

연습지

답안지

Show and **P**rove

기대T 수리논술 수업 상세안내

수업명	수업 상세 안내 (지난 수업 영상수강 가능)
정규반 프리시즌 (2월)	– 수리논술만의 특징인 '답안작성 능력'과 '증명 능력'을 향상 시키는 수업 – 수험생은 물론 강사도 가질 수 있는 '증명 오개념'을 타파시키는 수학 전공자의 수업
정규반 시즌1 (3월)	– 수능/내신 공부와 다른 수리논술 공부의 결 & 방향성을 잡아주는 수업 – 삼각함수 & 수열의 콜라보 등 논술형 발전성을 체감해볼 수 있는 실전 내용 수업
정규반 시즌2 (4~5월)	– 수리논술에서 50% 이상의 비중을 차지하는 수리논술용 미적분을 집중 해석하는 수업 – 수리논술에도 존재하는 행동 영역을 통해 고난도 문제의 체감 난이도를 낮춰주는 수업 – 대학의 모범답안을 보고도 '이런 아이디어를 내가 어떻게 생각해내지?'라는 생각이 드는 학생들도 납득 가능하고 감탄할 만한 문제접근법을 제시해주는 수업
정규반 시즌3 (6~7월)	– 상위권 대학의 합격 당락을 가르는 고난도 주제들을 총정리하는 수업 – 아래 학교의 수리논술 합격을 바라는 학생들이라면 강추 　(메디컬, 고려, 연세, 한양, 서강, 서울시립, 경희, 이화, 숙명, 세종, 서울과기대, 인하)
선택과목 특강 (선택확통 / 선택기하)	– 수능/내신의 빈출 Point와의 괴리감이 제일 큰 두 과목인 확통/기하의 내용을 철저히 수리논술 빈출 Point에 맞게 피팅하여 다루는 Compact 강의 (영상 수강 전용 강의) – 확통/기하 각각 2~3강씩으로 구성된 실전+심화 수업 (교과서 개념 선제 학습 필요) – 상위권 학교 지원자들은 꼭 알아야 하는 필수내용 / 6월 또는 7월 내로 완강 추천
Semi Final (8월)	– 본인에게 유리한 출제 스타일인 학교를 탐색하여 원서지원부터 이기고 들어갈 수 있도록 태어난 새로운 수업 (모든 대학을 출제유형별로 A그룹~D그룹으로 분류 후 분석) – 최신기출 (작년 기출+올해 모의) 중 주요 문항 선별 통해 주요대학 최근 출제 경향 파악
고난도 문제풀이반 For 메디컬/고/연/서성한시	– 2월~8월 사이 배운 모든 수리논술 실전 개념들을 고난도 문제에 적용 해보는 수업 – 전형적인 고난도 문제부터 출제될 시 경쟁자와 차별될 수 있는 창의적 신유형 문제까지 다양하게 만나볼 수 있는 수업
학교별 Final (수능전 / 수능후)	– 학교별 고유 출제 스타일에 맞는 문제들만 정조준하여 분석하는 Final 수업 – 빈출 주제 특강 + 예상 문제 모의고사 응시 후 해설 & 첨삭 – 고승률 문제접근 Tip을 파악하기 쉽도록 기출 선별 자료집 제공 (학교별 상이)
첨삭	수업 형태 (현장 강의 수강, 온라인 수강) 상관없이 모든 학생들에게 첨삭이 제공됩니다. 1차 서면 첨삭 후 학생이 첨삭 내용을 제대로 이해했는지 확인하기 위해, 답안을 재작성하여 2차 대면 첨삭영상을 추가로 제공받을 수 있습니다. 이를 통해 학생은 6~10번 이내에 합격급으로 논리적인 답안을 쓸 수 있게 되며, 이후에는 문제풀이 Idea 흡수에 매진하면 됩니다.

정규반 안내사항 (아래 QR코드 참고)　　　　대학별 Final 안내사항 (아래 QR코드 참고)

CHAPTER

4

적분

Chapter 4. 적분

부정적분에서의 치환적분

부정적분은 적분구간이 정해지지 않은 일반적인 적분을 의미한다. 정적분은 부정적분을 한 후 적분구간 값을 대입하여 구하므로, 지금 배우는 내용은 정적분에도 적용시킬 수 있는 방법이라 생각하면 된다. (=모든 적분 문제에 적용 가능하다.)

1. 기본 치환적분

$f(x) = t$로 치환하면 $f'(x)dx = dt$[41] 이므로, 적분식 안에 치환하려는 식의 도함수 $f'(x)$가 있을 때 치환적분을 떠올리는게 일반적이다.

예를 들어 $\int \dfrac{\ln x}{x}dx$을 구할 때, $\ln x = t$로 치환하면 $\dfrac{1}{x}dx = dt$ 이므로

$\int \dfrac{\ln x}{x}dx = \int t\,dt = \dfrac{1}{2}t^2 + C$ 이다. 따라서 $\int \dfrac{\ln x}{x}dx = \dfrac{1}{2}(\ln x)^2 + C$ 임을 알 수 있다.

하지만 치환하려는 식의 도함수 $f'(x)$가 보이지 않는 경우엔 어떻게 해야할까?

2. 함수의 특성을 이용하여 치환할 함수의 도함수를 발견해주기

$\int \sin^5 x\, dx$을 구하는 문제에서 $\sin x = t$로 치환하는 것이 당연한 일감(一感)[42]이지만, $\cos x\, dx = dt$를 쓰기 위한 $\cos x$가 없어서 막막한 경우가 대표적 예시다.

이 경우 $\sin^2 = 1 - \cos^2 x$를 적용시키면

$$\int \sin^5 x\, dx = \int \sin x (1 - \cos^2 x)^2 dx = \int -(1 - t^2)^2 dt$$
$$= -\dfrac{1}{5}t^5 + \dfrac{2}{3}t^3 - t + C \text{ 이므로}$$

$\int \sin^5 x\, dx = -\dfrac{1}{5}\cos^5 x + \dfrac{2}{3}\cos^3 x - \cos x + C$ 임을 구할 수 있다.

삼각함수에는 $\sin^2 x + \cos^2 x = 1$, $1 + \tan^2 x = \sec^2 x$와 같은 성질들이 있기 때문에, 이를 이용하여 도함수를 강제로 발견하게 해주는 테크닉이 필요한 경우가 있다.

---

41) 고등학교 교육과정에서는 쓰면 안되는 수학전공식 표현이라고는 하지만, 치환적분의 변화과정을 직관적으로 이해하기 쉬우므로 이 책에서는 관용적으로 쓰도록 하겠다.

42) '처음 봤을 때 직관적으로 떠오르는 감각'을 의미한다.

합성함수가 정의될 수 있는 범위에서 함수 $f(x)$ 에 대한 합성함수를 다음과 같이 나타내자.

$$(f \circ f)(x) = f^{<2>}(x) , (f \circ f \circ f)(x) = f^{<3>}(x) , \cdots , (\underbrace{f \circ f \circ \cdots \circ f}_{n})(x) - f^{<n>}(x)$$

편의상 $f^{<i>}(x)$ 를 $f^{<i>}$ 라 하고, $f^{<0>} = x$ 라 하자. 함수 $f(x) = \ln x$ 라 할 때, 부정적분

$$\int \frac{f^{<n>}}{f^{<0>} f^{<1>} f^{<2>} \cdots f^{<n-2>}} dx$$

를 $f^{<i>} \, (i = 0 , 1 , \cdots , n)$ 로 나타내고, 그 이유를 설명하시오.

연습지

합성함수 미분법에 의하여

$$\frac{d}{dx}f^{<n-1>} = \frac{d}{dx}\ln(\ln \cdots (\ln(\ln x))\cdots)$$

$$= \frac{1}{\ln(\ln \cdots (\ln(\ln x))\cdots)} \times \cdots \times \frac{1}{\ln x} \times \frac{1}{x}$$

$$= \frac{1}{f^{<n-2>}\cdots f^{<1>}f^{<0>}}$$

이를 이용하여 직접 치환적분을 할 수 있다.

$$\text{구하는 식} = \int f\left(f^{<n-1>}\right)\frac{d}{dx}\left(f^{<n-1>}\right)dx = \int f(y)\,dy$$

$$= y(\ln y - 1) + C$$

$$= f^{<n-1>}\left(\ln(f^{<n-1>}) - 1\right) + C$$

$$= f^{<n-1>}\left(f^{<n>} - 1\right) + C \text{ [43)]}$$

따라서 $\displaystyle\int \frac{f^{<n>}}{f^{<0>}f^{<1>}f^{<2>}\cdots f^{<n-2>}}dx = f^{<n-1>}\left[f^{<n>} - 1\right] + C$ (단, C는 적분상수)

이 문제는 삼각함수처럼 널리 알려진 식을 활용하여 도함수를 발견해내는 케이스가 아니고,
문제 조건을 통해 적절한 치환함수와 그것의 도함수를 관찰해주는 것이 관건인 문제였다.

전자의 케이스와 달리 후자의 케이스는 학습으로는 완벽대비가 되질 않는다. 문제마다의 함수와 상황이 매번 다르기 때문에,
이런 케이스를 풀어내려면 결국 종합적인 사고력을 늘려야 한다.

43) 이 등식까지 안가고 전 등식에서 끝냈어도 충분합니다~

앞의 케이스들과 달리 문제상황 불문 치환이 가능한 케이스가 3개 있다.
미분 했을 때 자기자신의 모양이 유지되는 형태라면, 굳이 도함수가 필요없기 때문이다.

$$e^x = t$$

$e^x dx = dt$ 이므로 $dx = \dfrac{1}{e^x} dt = \dfrac{1}{t} dt$ 로 표현 가능하다.

$$\sqrt{x} = t$$

$\dfrac{1}{2\sqrt{x}} dx = dt$ 이므로 $dx = 2\sqrt{x}\, dt = 2t dt$ 로 표현 가능하다.

$$\tan x = t$$

$\sec^2 x\, dx = dt$ 이고 $\dfrac{1}{\sec^2 x} = \dfrac{1}{1 + \tan^2 x}$ 이므로 $dx = \dfrac{1}{1 + t^2} dt$ 로 표현 가능하다.

◇ **TIP**

당연하게도 $2e^{3x} + 1 = t$, $\sqrt{2x - 3} + 1 = t$, $\tan(2x + 1) = t$ 등의 치환도 자유롭게 사용할 수 있다는 것을 알 수 있다. 위와 같은 과정으로 이 세 식을 직접 미분해보도록 하자.

예제 2   ★★☆☆☆   연습문제

$\displaystyle\int_0^1 \dfrac{1}{e^x + 1} dx$, $\displaystyle\int_{\frac{1}{2}}^2 \dfrac{1}{\sqrt{2x + 1}} dx$, $\displaystyle\int_0^{\frac{\pi}{6}} \dfrac{\tan^3 x}{1 - \tan^2 x} dx$의 값을 구하시오.

연습지

| $\displaystyle\int_0^1 \frac{1}{e^x+1}dx$

$e^x+1=t$ 라 하면 $e^x dx=dt$, $dx=\dfrac{1}{t-1}dt$ 이므로

$$\int_0^1 \frac{1}{e^x+1}dx=\int_2^{e+1}\frac{1}{t(t-1)}dt=\int_2^{e+1}\left(\frac{1}{t-1}-\frac{1}{t}\right)dt$$
$$=\Big[\ln|t-1|-\ln|t|\Big]_2^{e+1}=1+\ln 2-\ln(e+1) \text{ 이다.}$$

| $\displaystyle\int_{\frac{1}{2}}^2 \frac{1}{\sqrt{2x}+1}dx$

$\sqrt{2x}+1=t$ 라 하면 $\dfrac{\sqrt{2}}{2\sqrt{x}}dx=dt$, $dx=(t-1)dt$ 이므로

$$\int_{\frac{1}{2}}^2 \frac{1}{\sqrt{2x}+1}dx=\int_2^3\frac{t-1}{t}dt=[t-\ln t]_2^3=1+\ln\frac{2}{3} \text{ 이다.}$$

| $\displaystyle\int_0^{\frac{\pi}{6}} \frac{\tan^3 x}{1-\tan^2 x}dx$

$\tan x=t$ 라 하면 $\sec^2 x\,dx=dt$, $dx=\dfrac{1}{1+t^2}dt$ 이므로

$$\int_0^{\frac{\pi}{6}} \frac{\tan^3 x}{1-\tan^2 x}dx=\int_0^{\frac{1}{\sqrt{3}}}\frac{t^3}{1-t^2}\times\frac{1}{1+t^2}dt=\int_0^{\frac{1}{\sqrt{3}}}\frac{t^3}{1-t^4}dt$$
$$=\left[-\frac{1}{4}\ln|t^4-1|\right]_0^{\frac{1}{\sqrt{3}}}=-\frac{1}{4}\ln\frac{8}{9} \text{ 이다.}$$

이전까지 대부분의 치환적분은, 피적분함수에서 $h(x) = t$ 치환하여 적분하기 쉬운 식으로 바꾸었다면,
이번에는 반대로 적분변수 x를 t에 대한 함수 $g(t)$ (단, 함수 $g(t)$는 함수 $f(t)$의 역함수)로 치환해준다.[44]

$x = g(t),\ dx = g'(t)dt$ 이므로 $\displaystyle\int f(x)dx = \int f(g(t))g'(t)dt$ 이다.

오른쪽 식으로 형태가 오히려 복잡해져서 적분에 이점이 없어보이지만, 두 함수가 역함수 관계에 있으므로

$f(g(t)) = t$가 성립하므로 $\displaystyle\underline{\int f(x)dx} = \int f(g(t))g'(t)dt = \underline{tg(t) - \int g(t)dt}$ 로 정리된다.

즉, $f(x)$가 적분하기 어려운 식일 경우 역함수인 $g(x)$를 이용해서 적분식을 다른 형태로 돌린 후 최종값을 구할 수 있다는
결론에 다다른다. 원래는 수리논술용 적분에 가까웠으나, 수능에서도 29번 단골소재로 나오고 있는 만큼 대부분 학생들이 알고
있을 것이라고 믿는다.[45]

예제 3 ★★★☆☆ 2018 세종대 논술

함수 $f(x) = e^{x+x^2} + e^{x+\sqrt{x}}$ ($x \geq 0$)와 $f(x)$의 역함수 $g(x)$ ($x \geq 2$)에 대하여 다음 질문에 답하시오.

[1] $\displaystyle\int_0^1 e^{x+x^2}dx = A$ 일 때, $\displaystyle\int_0^1 2x\, e^{x+x^2}dx$ 를 A 에 관한 식으로 나타내시오.

[2] 정적분 $\displaystyle\int_0^1 f(x)dx$ 의 값을 구하시오.

[3] 정적분 $\displaystyle\int_2^{2e^2} g(x)dx$ 의 값을 구하시오.

연습지

---

[44] 도함수의 존재유무 때문에 치환한다기 보다는 원함수 $f(x)$와 역함수 $g(x)$ 사이의 항등식 $f(g(x)) = x$, $g(f(x)) = x$ 을 써먹기
위해 치환하는 느낌이라고 생각하면 편하다.

[45] 참고로 역함수 적분을 그림으로 접근하는 방법은 수능이든 수리논술이든 안쓰는게 좋다. 수식으로도 위처럼 말끔히 증명되기 때문에.

[1] 부분적분을 하면 $\int_0^1 2x\,e^{x+x^2}dx = \int_0^1 e^x \times 2x\,e^{x^2}dx = \left[e^x \times e^{x^2}\right]_0^1 - \int_0^1 e^x \times e^{x^2}dx = e^2 - 1 - A$

[2] $\int_0^1 e^{x+\sqrt{x}}dx$에서 $u = \sqrt{x}$로 치환하면 $u^2 = x$이고 $dx = 2u\,du$이므로,

$\int_0^1 e^{x+\sqrt{x}}dx = \int_0^1 2u\,e^{u+u^2}du = e^2 - 1 - A$이다. 그러므로

$\int_0^1 f(x)dx = \int_0^1 e^x \times e^{x^2}dx + \int_0^1 e^x \times e^{\sqrt{x}}dx = A + e^2 - 1 - A = e^2 - 1$이 된다.

[3] $\int_2^{2e^2} g(x)dx$에서 $x = f(y)$로 치환하면 $dx = f'(y)dy$ 이므로,

$\int_2^{2e^2} g(x)dx = \int_0^1 y f'(y)dy = \left[y f(y)\right]_0^1 - \int_0^1 f(y)dy = e^2 + 1$ 이다.

$\sqrt{x}$ 는 무조건 치환적분 가능 + 역함수 치환적분

위의 두 개념을 동시에 확인할 수 있었던 문제다.
수리논술을 준비하지 않는 평범한 학생들은 이 정도 문제 난이도만 돼도 약간 버거워한다.[46]

---

[46] 이 문장을 읽기 1분 전의 여러분도 마찬가지였겠지만 :) 이제 알면 된거다.

정적분에서의 치환적분

함수 $y = f(x)$의 그래프가 원점에 대하여 대칭일 때, $\int f(x)dx$와 $\int_{-1}^{1} f(x)dx$를 각각 구하라고 한다면??

전자의 답은 알지 못하는 반면에 후자의 정답은 당연히 0이다.
근데 보통은 $f(x)$의 형태가 있고 그것을 적분을 하는 과정, 예를 들면

$\int_{-1}^{1} x^3 dx = \left[\frac{1}{4}x^4 \right]_{-1}^{1} = \frac{1}{4} - \frac{1}{4} = 0$ 과 같은 이런 과정을 따를 텐데, 형태가 없어도 정답은 항상 0 이다.

$f(x)$ 형태를 모를 때 전자(부정적분)의 답은 없는데 후자(정적분)는 답을 구할 수 있다는 사실이 의미하는 바는
분명히 정적분에서만 먹히는 치환적분 테크닉이 있다는 것이다. 이것에 대해 알아보자.

1. 적분구간 유지 치환적분 – 기본편

$\int_{a}^{b} f(x)dx$의 값을 그림으로 표현해보면, 아래 〈그림 1〉의 넓이 S와 같다.

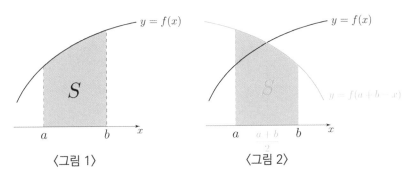

〈그림 1〉   〈그림 2〉

또한 $y = f(x)$를 직선 $x = \dfrac{a+b}{2}$에 대하여 대칭시킨 함수 $y = f(a+b-x)$를 생각해보면,

$\int_{a}^{b} f(a+b-x)dx$ 의 값 역시 위의 〈그림 2〉에서 볼 수 있듯이 S 임을 알 수 있다. (당연한 사실)

따라서 우리는 두 가지 버전의 등식을 알 수 있다.

$$\text{ver.1} \quad \int_{a}^{b} f(x)dx = \int_{a}^{b} f(a+b-x)dx$$

$$\text{ver.2} \quad \int_{a}^{b} f(x)dx = \frac{1}{2} \times \left(\int_{a}^{b} f(x)dx + \int_{a}^{b} f(a+b-x)dx \right)$$

$$= \frac{1}{2} \int_{a}^{b} \{ f(x) + f(a+b-x) \}dx$$

ver.1과 ver.2가 본질적으로는 같은 의미이기 때문에 문제마다 구분하며 쓸 필요는 없다.
물론 아주아주 미묘한 차이가 있지만, 다음 페이지 문제를 풀면서 그것이 느껴진 학생들만 느끼면 되고, 안느껴져도 전혀
지장없다. 뒤에서 배울 '구간유지 치환적분'이라는 진리로 모두 관통 가능하니까.

$\int_a^b f(x)dx = \int_a^b f(a+b-x)dx$에서 좌변 적분 모양을 아예 오른쪽 모양으로 바꿨을 때 유의미한 변화가 일어나는 문제에서 사용한다.

예제 4 ★★☆☆☆ 2017 한양대 모의

연속함수 $f(x)$가 $\displaystyle\int_0^{\frac{\pi}{2}} f(\sin x)dx = \frac{\pi}{2}$를 만족할 때,

정적분 $\displaystyle\int_0^{\frac{\pi}{2}} xf(\cos x)dx + \int_0^{\frac{\pi}{2}} xf(\sin x)dx$의 값을 구하시오.

연습지

위와 같은 케이스를 제외하고, 대부분 문제는 ver.2로 풀린다.

예제 5 ★★☆☆☆ 연습문제

ver.2를 이용하여 다음 적분값을 구하시오.

[1] $\displaystyle\int_{-1}^{1} \frac{x^2}{1+e^x}dx$

[2] $\displaystyle\int_{0}^{\frac{\pi}{2}} \frac{\sin x}{\sin x + \cos x}dx$

연습지

ver.1과 ver.2를 동시에 관통하는 방법은 치환적분이다.

$\int_a^b f(t)dt$ 에서 $t = a + b - x$ 로 치환하면 $dt = -dx$ 이므로

$\int_a^b f(t)dt = \int_b^a -f(a+b-x)dx = \int_a^b f(a+b-x)dx$ 가 되므로, ver.1와 2를 모두 증명할 수 있다.

(적분구간의 위아래가 바뀌었다가 마이너스 덕분에 $[a, b]$ 로 회귀돼서 구간이 유지된 점을 상기하자.)

예제 6 ★★☆☆☆ 연습문제

치환적분을 이용하여 다음 적분값을 구하시오.

[1] $\int_0^\pi \dfrac{e^{\cos t}}{1 + e^{\cos t}}dt$

[2] $\int_0^\pi \sin(\pi\cos t)dt$

연습지

[1] $t = \pi - x$로 치환하면, 치환적분법에 의하여

$$\int_0^\pi \frac{e^{\cos t}}{1+e^{\cos t}}dt = \int_0^\pi \frac{e^{\cos(\pi-x)}}{1+e^{\cos(\pi-x)}}dx = \int_0^\pi \frac{e^{-\cos x}}{1+e^{-\cos x}}dx = \int_0^\pi \frac{1}{e^{\cos x}+1}dx \cdots \text{① 이므로}$$

$$\int_0^\pi \frac{e^{\cos t}}{1+e^{\cos t}}dt = \int_0^\pi \frac{e^{\cos t}}{1+e^{\cos t}}dt \ \text{(항등식)}$$

$$\int_0^\pi \frac{e^{\cos t}}{1+e^{\cos t}}dt = \int_0^\pi \frac{1}{e^{\cos x}+1}dx \ \text{(①)}$$

위 두 식을 더하면 $2 \times \int_0^\pi \frac{e^{\cos t}}{1+e^{\cos t}}dt = \int_0^\pi \frac{e^{\cos x}+1}{e^{\cos x}+1}dx = \int_0^\pi 1\,dx = \pi$ 이므로

$\int_0^\pi \frac{e^{\cos t}}{1+e^{\cos t}}dt = \frac{1}{2} \times \pi = \frac{\pi}{2}$ 임을 알 수 있다.

[2] 마찬가지로, $t = \pi - x$로 치환하면, 치환적분법에 의하여

$$\int_0^\pi \sin(\pi\cos t)dt = \int_0^\pi \sin(\pi\cos(\pi-x))dx$$

$$= \int_0^\pi \sin(-\pi\cos x)dx = -\int_0^\pi \sin(\pi\cos x)dx \cdots \text{② 이므로}$$

$$\int_0^\pi \sin(\pi\cos t)dt = \int_0^\pi \sin(\pi\cos t)dt \ \text{(항등식)}$$

$$\int_0^\pi \sin(\pi\cos t)dt = -\int_0^\pi \sin(\pi\cos t)dt \ \text{(②)}$$

위 두 식을 더하면 $2 \times \int_0^\pi \sin(\pi\cos t)dt = 0$ 이므로 $\int_0^\pi \sin(\pi\cos t)dt = \frac{1}{2} \times 0 = 0$ 이다.

◇ TIP

1. 두 문제 해설 각각의 마지막 4줄의 과정 및 결과가 결국 ver.2의 꼴과 같음을 확인하자.

2. 본 책에서는 'ver.1, ver.2를 이용하여' 라는 해설을 썼지만,
   앞으로의[47] 모든 답안지에는 치환적분 풀이로 답안을 작성해주도록 하자.

---

47) 책에서든 실제 시험에서든. ver.1, ver.2로 유형화한 건 이 책으로 공부한 독자들의 이해를 돕기 위한 분류였을 뿐임을 명심 또 명심!

2. 적분구간 유지 치환적분 - 발전편

이전 예제의 공통점은 $t = \pi - x$로 치환했다는 점이다. 왜 이렇게 치환을 했을까??

그야... 풀리니까...

맞...는 말이긴... 한데... 앞서 강조했던 것처럼 이러한 치환의 궁극적 목표는 '정적분 구간을 유지해주는 것' 이다.

바꾸기 전 적분식과 치환적분을 하여 바꾼 후의 적분식의 적분구간이 모두 같아서, 그 둘을 콜라보하면 피적분함수끼리의 연산에 의하여 정답이 나오는 문제풀이 구조.

그렇다면 여기서 간단한 질문 하나를 할 수 있다.

정적분 $\displaystyle\int_a^b f(t)dt$의 적분구간을 유지하는 치환적분이 $t = a + b - x$[48] 한 개 뿐일까?

물론 아니다. 이런 방식의 치환적분 문제의 80% 이상이 저러한 선형치환으로 풀리긴 하지만,
적분구간을 유지해주는 치환 후보엔 수많은 후보들이 있다. 그 중에서 문제에 맞는 적절한 치환을 선택해야 한다.

예제 7 ★★★☆☆ 연습문제

[1] $\displaystyle\int_{-\frac{\pi}{2}}^{\frac{\pi}{2}} \sin t \times \ln(1 + e^t)dt$의 값을 구하시오.

[2] $\displaystyle\int_{\frac{1}{e}}^{e} \frac{\ln t}{1 + t^2}dt$의 값을 구하시오.

연습지

---

48) 이 아이의 이름을 우리는 선형치환이라고 하기로 했어요.

[1] $t = -x$ 로 치환하면, 치환적분법에 의하여

$$\int_{-\frac{\pi}{2}}^{\frac{\pi}{2}} \sin t \times \ln(1+e^t) dt = \int_{-\frac{\pi}{2}}^{\frac{\pi}{2}} (-\sin x) \times \ln(1+e^{-x})(-dx) = \int_{-\frac{\pi}{2}}^{\frac{\pi}{2}} \sin x \times \ln\left(\frac{e^x}{e^x+1}\right) dx \cdots ③$$

이므로

$$\int_{-\frac{\pi}{2}}^{\frac{\pi}{2}} \sin t \times \ln(1+e^t) dt = \int_{-\frac{\pi}{2}}^{\frac{\pi}{2}} \sin t \times \ln(1+e^t) dt \text{ (항등식)}$$

$$\int_{-\frac{\pi}{2}}^{\frac{\pi}{2}} \sin t \times \ln(1+e^t) dt = \int_{-\frac{\pi}{2}}^{\frac{\pi}{2}} \sin t \times \ln\left(\frac{e^t}{e^t+1}\right) dx \text{ (③)}$$

위 두 식을 더한 후 정리하면 $\int_{-\frac{\pi}{2}}^{\frac{\pi}{2}} \sin t \times \ln(1+e^t) dt = \frac{1}{2} \times \int_{-\frac{\pi}{2}}^{\frac{\pi}{2}} t \sin t \, dt = 1$ 임을 알 수 있다.

(cf. $\int_{-\frac{\pi}{2}}^{\frac{\pi}{2}} t \sin t \, dt = 2$임은 부분적분으로 계산 가능하다.)

[2] $t = \frac{1}{x}$ 로 치환하면, 치환적분법에 의하여

$$\int_{\frac{1}{e}}^{e} \frac{\ln t}{1+t^2} dt = \int_{\frac{1}{e}}^{e} \frac{\ln\frac{1}{x}}{1+\frac{1}{x^2}} \times \frac{1}{x^2} dx = \int_{\frac{1}{e}}^{e} \frac{-\ln x}{x^2+1} dx \text{ 이므로, } \int_{\frac{1}{e}}^{e} \frac{\ln t}{1+t^2} dt = 0 \text{ 이다.}$$

치환적분의 후보를 찾는 꿀팁

[1]은 앞의 개념을 잘 학습했다면 풀어낼 수 있었겠지만, [2]를 푼 사람은 많지 않을 것이다.

해설지를 읽었더라도, 왜 $\dfrac{1}{x}$를 치환해야 하는지 납득이 가지 않을 수 있다.

본 치환적분 스킬의 핵심이 적분 구간을 유지시키는 것임을 명심하자.

y에 a, b를 넣었을 때 x가 각각 a, b가 나오는 함수 $y = g(x)$로 치환적분을 하면

$$\int_a^b f(y)dy = \int_a^b f(g(x))g'(x)\,dx$$

로 바뀌지만 적분 구간이 $[a, b]$로 유지되며,

y에 a, b를 넣었을 때 x가 각각 b, a가 나오는 함수 $y = g(x)$로 치환적분을 하면

$$\int_a^b f(y)dy = \int_b^a f(g(x))g'(x)\,dx = -\int_a^b f(g(x))g'(x)\,dx$$

로 바뀌지만 역시 적분 구간이 $[a, b]$로 유지됨을 알 수 있다.

즉, $\displaystyle\int_a^b f(y)dy$에서 적절한 치환 후보 $y = g(x)$를 찾고 싶다면

두 점 (a, a), (b, b)을 동시에 지나는 그래프 $y = g(x)$ (아래 표의 ①) 나

두 점 (a, b), (b, a)을 동시에 지나는 그래프 $y = g(x)$ (아래 표의 ②) 중 하나를 선택하면 된다는 뜻이다.

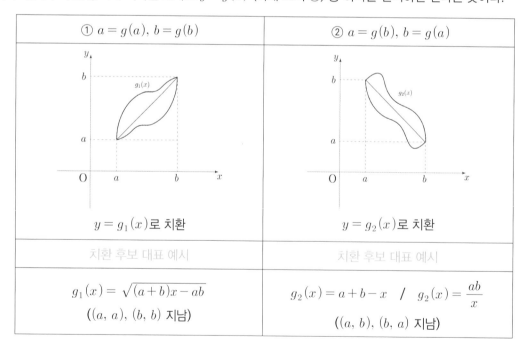

① $a = g(a)$, $b = g(b)$	② $a = g(b)$, $b = g(a)$
$y = g_1(x)$로 치환	$y = g_2(x)$로 치환
치환 후보 대표 예시	치환 후보 대표 예시
$g_1(x) = \sqrt{(a+b)x - ab}$ ((a, a), (b, b) 지남)	$g_2(x) = a + b - x$ / $g_2(x) = \dfrac{ab}{x}$ ((a, b), (b, a) 지남)

3. 삼각치환

$\sqrt{a^2 - x^2}$, $\sqrt{a^2 + x^2}$ 형태가 있을 때 $x - a\sin\theta$, $a\tan\theta$ 형태로 치환해서 적분을 푸는 방식이다.
수리논술에선 곱의 미분법처럼 '기본 of 기본' 취급을 받는 방식이므로 필히 리마인드 하도록 하자.

적분식에서의 표현	$x = f(\theta)$ 치환	정적분에서의 θ의 범위
$a^2 - x^2$	$x = a\sin\theta$	$-\dfrac{\pi}{2} \leq \theta \leq \dfrac{\pi}{2}$
$a^2 + x^2$	$x = a\tan\theta$	$-\dfrac{\pi}{2} < \theta < \dfrac{\pi}{2}$
$x^2 - a^2$	$x = a\sec\theta$	$x > 0$이면 $0 < \theta < \dfrac{\pi}{2}$, $x < 0$이면 $-\dfrac{\pi}{2} < \theta < 0$

예를 들어 다음과 같이 치환하면 된다.

(1) $\displaystyle\int_0^1 \frac{1}{\sqrt{4 - x^2}}dx$,　　(2) $\displaystyle\int_0^1 \sqrt{4 - x^2}\,dx$ 을 구할 땐 $4 = 2^2$이므로 (1), (2)는 $x = 2 \times \sin\theta$ 치환

(3) $\displaystyle\int_0^2 \frac{1}{4 + x^2}dx$,　　(4) $\displaystyle\int_0^2 \frac{1}{\sqrt{4 + x^2}}dx$ 을 구할 땐 $4 = 2^2$이므로 (3), (4)는 $x = 2 \times \tan\theta$ 치환

(5) $\displaystyle\int_1^{\sqrt{3}} \frac{\sqrt{x^2 + 1}}{x}dx$,　　(6) $\displaystyle\int_1^2 \frac{\sqrt{x^2 - 1}}{x}dx$ 을 구할 땐 $1 = 1^2$이므로 (5), (6)은 $x = 1 \times \sec\theta$ 치환

예제 8　　★★☆☆☆　　연습문제

$\displaystyle\int_1^2 \frac{1}{x^2 - 2x + 2}dx$의 값을 구하시오.

연습지

4-3

나머지 적분 종합

1. 분수식 적분

$\displaystyle\int_a^b \frac{g(x)}{f(x)}dx$ 를 적분할 때, $g(x)$에서 $f(x)$와 $f'(x)$를 최대한 뽑아내준다.

즉, $g(x) = q(x)f(x) + af'(x) + r(x)$의 형태로 나타내서

$$\int_a^b \frac{g(x)}{f(x)}dx = \int_a^b \frac{q(x)f(x) + af'(x) + r(x)}{f(x)}dx$$

$$= \int_a^b \left(q(x) + a \times \frac{f'(x)}{f(x)} + \frac{r(x)}{f(x)}\right)dx$$

$$= \left[Q(x) + a \times \ln|f(x)|\right]_a^b + \int_a^b \frac{r(x)}{f(x)}dx \ (\text{단}, \ Q(x) = \int q(x)dx)$$

식으로 적분을 진행해주면 된다. 잔챙이 부분인 $\displaystyle\int_a^b \frac{r(x)}{f(x)}dx$만 계산해주면 되는데,

만약 $f(x)$가 다항함수라면, 삼각치환이나 선형치환으로 처리될 가능성이 높다.

예제 9 ★★★☆☆ 2021 서울시립대

다음 정적분의 값을 구하여라.

$$\int_1^2 \frac{3x^4 + 4x^3\ln x - 4x^3 - 8x^2\ln x + 3x^2 + 8x\ln x + 4x + 4}{x^2 - 2x + 2}dx$$

연습지

$$\frac{3x^4 + 4x^3\ln x - 4x^3 - 8x^2\ln x + 3x^2 + 8x\ln x + 4x + 4}{x^2 - 2x + 2}$$

$$= 4x\ln x + \frac{3x^4 - 4x^3 + 3x^2 + 4x + 4}{x^2 - 2x + 2}$$

$$= (4x\ln x + 3x^2 + 2x + 1) + 1 \times \frac{2x - 2}{x^2 - 2x + 2} + \frac{4}{x^2 - 2x + 2}$$

이다.

(cf. 앞 설명에서 $f(x) = x^2 - 2x + 2$, $q(x) = 4x\ln x + 3x^2 + 2x + 1$, $a = 1$, $r(x) = 4$에 해당)

한편,

$$\int_1^2 4x\ln x \, dx = \left[\, 2x^2\ln x \,\right]_1^2 - \int_1^2 2x \, dx = 8\ln 2 - 3 \ \cdots \text{①},$$

$$\int_1^2 \left(3x^2 + 2x + 1 + \frac{2x - 2}{x^2 - 2x + 2}\right) dx = \left[\, x^3 + x^2 + x + \ln \left| x^2 - 2x + 2 \right| \,\right]_1^2 = 11 + \ln 2 \ \cdots \text{②},$$

$$\int_1^2 \frac{4}{x^2 - 2x + 2} \, dx = 4\int_1^2 \frac{1}{(x-1)^2 + 1} \, dx$$

$$= 4\int_0^{\frac{\pi}{4}} \frac{\sec^2\theta}{\tan^2\theta + 1} \, d\theta \quad (x - 1 = \tan\theta \ \text{치환})$$

$$= 4\int_0^1 1 \, d\theta = \pi \quad \cdots \text{③}$$

이므로, ①, ②, ③에 의하여

$$\int_1^2 \frac{3x^4 + 4x^3\ln x - 4x^3 - 8x^2\ln x + 3x^2 + 8x\ln x + 4x + 4}{x^2 - 2x + 2} \, dx = 9\ln 2 + \pi + 8$$

이다.

2. 삼각함수 적분 1 – 배각공식과 합성의 활용

삼각함수 배각공식 등을 활용하면 적분을 훨씬 간편하게 할 수 있다.

예를 들어, $\int \sin^2 x\, dx$는 쉬운 듯 어려워보이지만, $\sin^2 x = \dfrac{1-\cos 2x}{2}$ 라는 반각공식을 알게되면 적분이 매우 쉬운 상황이 연출된다.

두배각, 세배각, 반각공식 등등의 삼각함수 공식들은 '교과과정'에선 빠졌지만, '교과과정'으로 충분히 유도되는 내용들이기 때문에 논술에서 아무렇지도 않게 나오는 편이다. (오히려 '교과과정'으로 눈치채기 힘든 삼각치환적분도 버젓이 나오니 말이다.) 따라서 구 교육과정의 공식들도 익혀둘 필요가 있겠다.

| 교과서 기본 삼각함수 덧셈정리

1. $\sin(\alpha+\beta) = \sin\alpha\cos\beta + \cos\alpha\sin\beta,$ $\sin(\alpha-\beta) = \sin\alpha\cos\beta - \cos\alpha\sin\beta$

2. $\cos(\alpha+\beta) = \cos\alpha\cos\beta - \sin\alpha\sin\beta,$ $\cos(\alpha-\beta) = \cos\alpha\cos\beta + \sin\alpha\sin\beta$

3. $\tan(\alpha+\beta) = \dfrac{\tan\alpha + \tan\beta}{1 - \tan\alpha\tan\beta},$ $\tan(\alpha-\beta) = \dfrac{\tan\alpha - \tan\beta}{1 + \tan\alpha\tan\beta}$

> **spoiler**
>
> 교과서 기본 덧셈정리 1번 공식의 두 식
> $$\sin(\alpha+\beta) = \sin\alpha\cos\beta + \cos\alpha\sin\beta$$
> $$\sin(\alpha-\beta) = \sin\alpha\cos\beta - \cos\alpha\sin\beta$$
> 의 양변을 더하면 $\sin(\alpha+\beta) + \sin(\alpha-\beta) = 2\sin\alpha\cos\beta$ 이다.
>
> $\alpha+\beta = A$, $\alpha-\beta = B$ 라 하면 이 공식은 $\sin A + \sin B = 2\sin\dfrac{A+B}{2}\cos\dfrac{A-B}{2}$ 가 된다.

이와 같은 방법으로 새 공식들을 갈무리하면 다음과 같다.

$$\sin A + \sin B = 2\sin\frac{A+B}{2}\cos\frac{A-B}{2}$$

$$\sin A - \sin B = 2\cos\frac{A+B}{2}\sin\frac{A-B}{2}$$

$$\cos A + \cos B = 2\cos\frac{A+B}{2}\cos\frac{A-B}{2}$$

$$\cos A - \cos B = -2\sin\frac{A+B}{2}\sin\frac{A-B}{2}$$

교과과정에서 사라졌으나, 각종 식 정리에서 유리한 고지에 오를 수 있는 공식이므로 수리논술을 위해 약간의 overdose를 해두자.

사용예시) $\int 2\sin 3x \cos 2x\, dx = \int (\sin 5x + \sin x)\, dx$ 로 활용 후 적분 가능

앞선 덧셈정리 1, 2, 3에 $\alpha = x = \beta$를 대입해서 유도한다. 즉 우리가 알고 있는 공식으로부터 충분히 유도가 되기 때문에 논술에서 나와도 전혀 어색하지 않으므로, 숙지하고 있을 것.[49]

4. $\quad \sin 2x = 2\sin x \cos x$

5. $\quad \cos 2x = \cos^2 x - \sin^2 x = 2\cos^2 x - 1 = 1 - 2\sin^2 x$

6. $\quad \tan 2x = \dfrac{2\tan x}{1 - \tan^2 x}$

덧셈정리 1, 2, 3의 식에 $\alpha = 2x$, $\beta = x$를 대입한 후 4, 5, 6의 결과를 적용하면 얻을 수 있다.

7. $\quad \sin 3x = 3\sin x - 4\sin^3 x$

8. $\quad \cos 3x = 4\cos^3 x - 3\cos x$

9. $\quad \tan 3x = \dfrac{3\tan x - \tan^3 x}{1 - 3\tan^2 x}$

덧셈정리 5.의 공식 $\cos 2x = \cos^2 x - \sin^2 x = 2\cos^2 x - 1 = 1 - 2\sin^2 x$ 을 이용하면

10.[50] $\quad \cos^2\left(\dfrac{x}{2}\right) = \dfrac{1 + \cos x}{2}$

11. $\quad \sin^2\left(\dfrac{x}{2}\right) = \dfrac{1 - \cos x}{2}$

12.[51] $\quad \tan^2\left(\dfrac{x}{2}\right) = \dfrac{1 - \cos x}{1 + \cos x}$ (10, 11번식을 나눔)

---

[49] 수능에서도 그렇긴 하지만, 수능에선 최대한 지양하여 출제하고 있을 뿐이다.

[50] 이번 단원은 삼각함수와 수열이 엮이는 부분이 있을 것이다. 10번 공식을 잘 봐두도록 하자.

[51] 간혹 $\tan x = \dfrac{2\tan \frac{x}{2}}{1 - \tan^2 \frac{x}{2}}$ 에서 유도하려는 학생들이 있는데, 인수분해 안되는 이차식이라 근이 더러워서 잘 안쓰지만,

구경이나 해보자. $\tan \frac{x}{2}$ 에 대한 2차식으로 전개 후 풀어보면 $\tan \dfrac{x}{2} = \dfrac{\pm\sqrt{\tan^2 x + 1} - 1}{\tan x}$.

핵심 아이디어는 기본공식인 $\sin(\alpha+\beta) = \sin\alpha\cos\beta + \cos\alpha\sin\beta$의 등식 순서를 바꾸는 것이다.

흔히 했던 좌변을 풀어서 우변이 나오는 방식이 아니고, 우변의 모양을 갖추면 좌변으로 깔끔하게 정리를 할 수 있다는 마인드가 삼각함수 합성이라 생각 해주면 된다.

즉, $a\sin\theta + b\cos\theta$와 같은 식을 우변 모양인 $\sin\alpha\cos\beta + \cos\alpha\sin\beta$으로 만드는 과정이 삼각함수 합성이다.

단순하게 생각하면 모든 a, b에 대하여 $a = \cos\alpha$, $b = \sin\alpha$라 하면 될 것 같지만, 이렇게 단순히 생각하면 문제가 생긴다. $\sin^2\alpha + \cos^2\alpha$는 항상 1이므로, 위 논리에 따르면 $a^2 + b^2 = 1$이어야 하는데, 모든 문제의 (a, b) 순서쌍에서 만족하는 건 아니다. (ex. $3\sin\theta + 4\cos\theta$ 라 한다면 $(a, b) = (3, 4)$이므로 $a^2 + b^2 = 5^2 \neq 1$)

이러한 현상을 방지하기 위해서[52] 우리는 $a\sin\theta + b\cos\theta$를

$$\sqrt{a^2+b^2} \times \left(\frac{a}{\sqrt{a^2+b^2}}\sin\theta + \frac{b}{\sqrt{a^2+b^2}}\cos\theta \right)$$

꼴로 바꿔주면서 $\dfrac{a}{\sqrt{a^2+b^2}} = \cos\alpha$, $\dfrac{b}{\sqrt{a^2+b^2}} = \sin\alpha$ 라 할 수 있는 명분을 만들어내는 과정을 삼각함수 합성이라 한다.

삼각함수 합성 과정을 통해, 최종적으로

$$a\sin\theta + b\cos\theta = \sqrt{a^2+b^2}\sin(\theta+\alpha) \ (\text{단, } \frac{a}{\sqrt{a^2+b^2}} = \cos\alpha, \ \frac{b}{\sqrt{a^2+b^2}} = \sin\alpha)$$

로 표현이 가능하다.

혹은 $\dfrac{a}{\sqrt{a^2+b^2}} = \sin\beta$, $\dfrac{b}{\sqrt{a^2+b^2}} = \cos\beta$ 이라 두면,

$$a\sin\theta + b\cos\theta = \sqrt{a^2+b^2}\cos(\theta-\beta) \ (\text{단, } \frac{a}{\sqrt{a^2+b^2}} = \sin\beta, \ \frac{b}{\sqrt{a^2+b^2}} = \cos\beta)$$

로도 표현이 가능하다.

'$\sin$합성이나 $\cos$합성 둘 중 하나만 외울게요.' 마인드가 아닌 '두 방식으로 모두 바꿀 수 있어요.' 마인드로 학습해주기 바란다.

---

[52] 계수의 제곱의 합을 1로 만들어주기 위해

제시된 방법을 이용하여 다음 적분값을 구하시오.

[1] 두배각공식을 이용하여 $\displaystyle\int_0^{\frac{\pi}{2}} \cos^2 x\, dx$

[2] 세배각공식을 이용하여 $\displaystyle\int_0^{\frac{\pi}{2}} \sin^3 x\, dx$

[3] 삼각함수 합성과 $\displaystyle\int \sec x\, dx = \ln(\sec x + \tan x) + C$ 를 이용하여 $\displaystyle\int_{\frac{\pi}{4}}^{\frac{\pi}{2}} \frac{1}{\sin x + \cos x}\, dx$

연습지

3. 삼각함수 적분 2 – 부분적분을 활용한 삼각함수의 거듭제곱 적분

$I_n = \int (\sin x)^n dx$에 대한 점화식을 부분적분을 이용하여 구하는 과정은 다음과 같다.

$I_n - I_{n-2} = \int \{(\sin x)^n - (\sin x)^{n-2}\}dx = \int (\sin x)^{n-2}(\sin^2 x - 1)dx = \int -(\sin x)^{n-2}\cos^2 x\, dx$ 이고

$$\int -(\sin x)^{n-2}\cos^2 x\, dx = \int \{(\sin x)^{n-2}\cos x\} \times (-\cos x)dx$$
$$= \frac{1}{n-1}(\sin x)^{n-1} \times (-\cos x) - \frac{1}{n-1}\int \sin^n x\, dx$$

가 나오므로 결론적으로 $I_n = -\frac{1}{n}\sin^{n-1}x\cos x + \frac{n-1}{n}I_{n-2}$ 와 같은 점화식 형태로 표현된다.

같은 방식으로, 6종 삼각함수 거듭제곱에 대한 부정적분을 구하면 다음과 같은 점화식이 나온다. (단, $n \geq 3$)

(1) $I_n = \int \sin^n x\, dx = -\frac{1}{n}\sin^{n-1}x\cos x + \frac{n-1}{n}I_{n-2}$

(2) $I_n = \int \cos^n x\, dx = \frac{1}{n}\cos^{n-1}x\sin x + \frac{n-1}{n}I_{n-2}$

(3) $I_n = \int \sec^n x\, dx = \frac{1}{n-1}\sec^{n-2}x\tan x + \frac{n-2}{n-1}I_{n-2}$

(4) $I_n = \int \csc^n x\, dx = -\frac{1}{n-1}\csc^{n-2}x\cot x + \frac{n-2}{n-1}I_{n-2}$

(5) $I_n = \int \tan^n x\, dx = \frac{1}{n-1}\tan^{n-1}x - I_{n-2}$

(6) $I_n = \int \cot^n x\, dx = -\frac{1}{n-1}\cot^{n-1}x - I_{n-2}$

│ 1~6식과 6종 삼각함수의 1승/2승 적분을 알면 6종 삼각함수의 거듭제곱 적분을 항상 알 수 있다.

예를 들어 $\int \sin^5 x\, dx$을 구하는 문제라면, 1번식에서 $n = 3, 5$일 때를 이용[53]하여

$$\int \sin^5 x\, dx = -\frac{1}{5}\sin^4 x\cos x + \frac{4}{5}I_3 \qquad\qquad (\because n = 5일 때)$$
$$= -\frac{1}{5}\sin^4 x\cos x + \frac{4}{5} \times \left(-\frac{1}{3}\sin^2 x\cos x + \frac{2}{3}I_1\right) \quad (\because n = 3일 때)$$
$$= -\frac{1}{5}\sin^4 x\cos x - \frac{4}{15}\sin^2 x\cos x - \frac{8}{15}\sin x + C$$

임을 알 수 있다.[54]

따라서 6종 삼각함수의 1승, 2승 적분들을 미리 한 번씩 해볼 필요가 있다.

---

[53] 실전 수리논술에서는, 1번식을 앞 소문제에서 증명하라는 문제를 낸 후 중간 소문제에서 1번식을 활용한 문제를 주로 출제하는 편이다.

[54] 적분 Part 첫 페이지에서도 $\int \sin^5 x\, dx$를 계산했었고, 그 방법이 더 편하긴 하지만 홀수승이 아닌 짝수승 (ex. $\int \sin^6 x\, dx$) 적분은 위와 같은 메커니즘으로만 풀리므로, 편식 없이 다 먹어두자~

| (1), (3), (5)식만 할 줄 알면 (2), (4), (6)식은 자동으로 증명완료

예를 들어, 1번식 $\int \sin^n x\, dx = -\dfrac{1}{n}\sin^{n-1}x\cos x + \dfrac{n-1}{n} \times \int \sin^{n-2}x\, dx$ 에서

$x = \dfrac{\pi}{2} - t$ 로 치환하면 $-\int \cos^n t\, dt = -\dfrac{1}{n}\cos^{n-1}t\sin t - \dfrac{n-1}{n} \times \int \cos^{n-2}t\, dx$ 이 나오고,

양변에 $-$ 를 곱하면 2번식이 나온다.

마찬가지로 (3), (5)에서 $x = \dfrac{\pi}{2} - t$ 로 치환 후 치환적분을 하면 (4), (6)의 공식이 나오기 때문에 평소에는

(1), (3), (5) 만 증명할 줄 알면 되고, 수능 후 논술 Final 기간에는 (1)~(6) 전부를 머리에 담도록 하자.

| 단골 출제소재는 (1), (2)식의 정적분

(1), (2)처럼 부정적분이 아니고, 적분구간이 $\left[\dfrac{z_1}{2}\pi, \dfrac{z_2}{2}\pi\right]$ (단, $z_1, z_2 \in Z$) [55] 인 정적분 문제로 나오면 $\cos x \sin x = 0$ 이

되므로 $I_n = \dfrac{n-1}{n} I_{n-2}$ 라는 좀 더 간단한 점화식이 나오게 된다.

마찬가지로 $I_n = \displaystyle\int_{\frac{z_1}{2}\pi}^{\frac{z_2}{2}\pi} \cos^n x\, dx$ 라 해도 똑같은 점화식 $I_n = \dfrac{n-1}{n} I_{n-2}$ ··· ① 이 나온다.

부정적분일 때의 점화식 모양과 정적분일 때의 점화식 모양 간의 온도차가 매우 심하기 때문에,

대부분의 문제는 적분구간이 $\left[\dfrac{z_1}{2}\pi, \dfrac{z_2}{2}\pi\right]$ 인 정적분으로 나오긴 하므로 걱정 ㄴㄴ!

대표적인 상황으로 $(z_1, z_2) = (0, 1)$인 상황, 즉 $I_n = \displaystyle\int_0^{\frac{\pi}{2}} \cos^n x\, dx$ 이라 하자.

①의 양변에 nI_{n-1}을 곱하면 $nI_{n-1}I_n = (n-1)I_{n-1}I_{n-2}$ 인데,

$a_n = nI_{n-1}I_n$ 라 하면 $a_n = a_{n-1}$ 이므로 $a_n = a_{n-1} = a_{n-2} = \cdots = a_2 = 2I_2 I_1$ 이다.

$I_1 = \displaystyle\int_0^{\frac{\pi}{2}} \cos x\, dx = 1$ 이고, $I_2 = \displaystyle\int_0^{\frac{\pi}{2}} \cos^2 x\, dx = \dfrac{\pi}{4}$ 임을 앞의 예제에서 구해봤으므로

$nI_{n-1}I_n = 2 \times \dfrac{\pi}{4} \times 1 = \dfrac{\pi}{2}$, 혹은 $I_{n-1}I_n = \dfrac{1}{n} \times 2 \times \dfrac{\pi}{4} \times 1 = \dfrac{\pi}{2n}$ ··· ② 임을 알 수 있다.

또한 구간 $\left[0, \dfrac{\pi}{2}\right]$에서 $0 \le \cos x \le 1$ 이므로 $\cos^{n+1}x \le \cos^n x \le \cos^{n-1}x$ 이고, 양변 적분을 해주면

$I_{n+1} \le I_n = \displaystyle\int_0^{\frac{\pi}{2}} \cos^n x\, dx \le I_{n-1}$

이다. 따라서 $I_n \times I_{n+1} \le I_n^2 \le I_n \times I_{n-1}$ 이고, ②에 의하여 $\dfrac{\pi}{2(n+1)} \le I_n^2 \le \dfrac{\pi}{2n}$ 이다. 양변에 $\displaystyle\lim_{n\to\infty}$ 을 걸면 샌드위치

정리에 의하여 $0 \le \displaystyle\lim_{n\to\infty} I_n^2 \le 0$, $\displaystyle\lim_{n\to\infty} I_n = 0$ ··· ③ 임을 알 수 있다.

이 소재에서 나올 수 있는 모든 식 ①, ②, ③을 정리해봤다. 과정까지 필히 학습하길 바란다.

---

55) Z는 정수 전체의 집합

정수 $n \geq 0$ 에 대하여 아래와 같이 표현된 수열 $\{I_n\}$ 이 있다.

$$I_n = \int_0^{\frac{\pi}{2}} \sin^n x \, dx$$

다음 물음에 답하시오.

[1] 정수 $n \geq 0$ 에 대하여 $I_{n+1} \leq I_n$ 이 성립함을 보이시오.

[2] 자연수 $n \geq 2$ 에 대하여 $I_n = \dfrac{n-1}{n} I_{n-2}$ 가 성립함을 보이시오.

[3] 자연수 n 에 대하여 $\dfrac{2n}{2n+1} = \dfrac{I_{2n+1}}{I_{2n-1}} \leq \dfrac{I_{2n+1}}{I_{2n}} \leq 1$ 이 성립함을 보이시오.[56]

[4] 극한값 $\displaystyle\lim_{n \to \infty} \dfrac{I_{2n+1}}{I_{2n}}$ 을 구하시오.

연습지

---

[56] 의예과 시험지에선 해당 문항을 삭제 후 출제했음 = Hint를 덜 주려는 목적 = 메디컬 지원자라면 이 부등식을 직접 떠올려서 (4)를 풀 시도를 했어야 한다는 결론

[1] 구간 $\left[0, \dfrac{\pi}{2}\right]$ 에서 $0 \le \sin x \le 1$ 이기 때문에 $\sin^{n+1} x \le \sin^n x$ 이다. 그러므로

$$I_{n+1} = \int_0^{\frac{\pi}{2}} \sin^{n+1} x\, dx \le \int_0^{\frac{\pi}{2}} \sin^n x\, dx = I_n$$

이 성립한다.

[2] 교재에서 이미 다룸. 생략

[3] **[2]**에 의하여 $\dfrac{2n}{2n+1} = \dfrac{I_{2n+1}}{I_{2n-1}}$ 이 성립하고, (1)에 의하여 $I_{2n} \le I_{2n-1}$ 이므로 $\dfrac{I_{2n+1}}{I_{2n-1}} \le \dfrac{I_{2n+1}}{I_{2n}}$ 이 되고,

또 **[1]**에 의하여 $I_{2n+1} \le I_{2n}$ 이므로 $\dfrac{I_{2n+1}}{I_{2n}} \le 1$ 이다.

[4] **[3]**에 의하여 $\dfrac{2n}{2n+1} = \dfrac{I_{2n+1}}{I_{2n}} \le 1$ 이 성립하므로 샌드위치 정리에 의하여

$$1 = \lim_{n\to\infty} \frac{2n}{2n+1} \le \lim_{n\to\infty} \frac{I_{2n+1}}{I_{2n}} \le 1 \text{ 이므로 } \lim_{n\to\infty} \frac{I_{2n+1}}{I_{2n}} = 1 \text{ 이다.}$$

실전 논제 풀어보기

| QR코드를 통한 도움영상 활용

해설집에 있는 논제에 대한 해설 중 어려운 부분의 이해를 도와주는 영상을 QR 코드를 통해 볼 수 있습니다. 완벽한 해설 강의가 아니기 때문에, 시청 전에 해설을 먼저 읽어본 후 QR 코드의 강의를 활용하기 바랍니다.

| 답안지 Box의 점선 줄 활용

ⓐ 답안 첫 두 줄을 점선 줄 위에서부터 시작해서, 아래 답안들도 줄이 삐뚤어지지 않도록 맞춰 써보세요.
읽기 편한 글씨체와 줄 맞춰 쓰기는 채점관에게 좋은 인상의 답안이 되기 위한 기본기입니다 :)
ⓑ 줄 맞춰 쓸 연습이 필요 없다면, 이 문제에 쓰이는 필수 Idea를 필기하는 용도로 활용하세요.

논제 13　　　　　　　　　　　★★★☆☆　　2022 이화여대

실수 A, B, C, D가 다음과 같이 주어질 때, 아래 물음에 답하시오.

$$A = \int_0^1 x^{2021}(1-x)^{2021}\,dx\,,\quad B = \int_0^1 x^{2022}(1-x)^{2022}\,dx$$

$$C = \int_0^1 x^{2022}(1-x)^{2021}\,dx\,,\quad D = \int_0^1 x^{2023}(1-x)^{2021}\,dx$$

[1] $B + D = C$ 임을 보이시오.

[2] $B = \dfrac{2022}{2023} D$ 임을 보이시오.

[3] $A - B - C = D$ 임을 보이고, $B = \dfrac{1011}{4045} A$ 임을 보이시오.

연습지

제시문

〈가〉 $\sin(\alpha+\beta)=\sin\alpha\cos\beta+\cos\alpha\sin\beta$

$\cos(\alpha+\beta)=\cos\alpha\cos\beta-\sin\alpha\sin\beta$

예를 들어, $\sin\left(x+\dfrac{\pi}{4}\right)=\dfrac{1}{\sqrt{2}}(\sin x+\cos x)$이고 $\sin 2x=2\sin x\cos x$이다.

〈나〉 $f(x)=\dfrac{x^2}{x+\sqrt{a^2-x^2}}$　$(0\le x\le a)$ (단, $a>0$)

[1] 함수 $f(x)$가 일대일 함수임을 보이시오.

[2] $\displaystyle\int_0^\pi xf(a\sin x)dx=\int_0^{\frac{\pi}{2}} xf(a\sin x)dx+\int_{\frac{\pi}{2}}^\pi xf(a\sin x)dx=\pi\int_0^{\frac{\pi}{2}} f(a\sin x)dx$

임을 보이시오.

[3] 정적분 $\displaystyle\int_0^\pi xf(a\sin x)dx$의 값을 구하시오.

연습지

제시문

(가) 각 θ_1, θ_2에 대해 다음 등식이 성립한다.
$$\sin(\theta_1 + \theta_2) = \sin\theta_1\cos\theta_2 + \cos\theta_1\sin\theta_2$$
$$\cos(\theta_1 + \theta_2) = \cos\theta_1\cos\theta_2 - \sin\theta_1\sin\theta_2$$

(나) 닫힌구간 $[a, b]$에서 두 함수 $f(x)$, $g(x)$가 미분가능하고, 두 도함수 $f'(x)$, $g'(x)$가 각각 연속일 때,
$$\int_a^b f(x)g'(x)dx = [f(x)g(x)]_a^b - \int_a^b f'(x)g(x)dx$$
이다.

(다) 닫힌구간 $[a, b]$에서 연속인 함수 $f(x)$에 대하여 미분가능한 함수 $x = g(t)$의 도함수 $g'(t)$가 닫힌구간 $[\alpha, \beta]$에서 연속이고, $a = g(\alpha)$, $b = g(\beta)$이면
$$\int_a^b f(x)dx = \int_\alpha^\beta f(g(t))g'(t)dt$$
이다.

[1] $\displaystyle\int_{-\pi}^{\pi}\cos^9\theta\sin\theta\,d\theta$의 값을 구하시오.

[2] 임의의 실수 t에 대하여 함수 $h(t)$를
$$h(t) = \frac{\displaystyle\int_{-\pi}^{\pi}(\cos t\cos\theta + \sin t\sin\theta)^9(\cos\theta + \sin\theta)d\theta}{\displaystyle\int_{-\pi}^{\pi}\cos^6\theta\,d\theta}$$

라 하자. $h(t) = \dfrac{21}{80}$을 만족하는 실수 t에 대하여 $\cos t\sin t$의 값을 구하시오.

연습지

Show
and
Prove

기대T 수리논술 수업 상세안내

수업명	수업 상세 안내 (지난 수업 영상수강 가능)
정규반 프리시즌 (2월)	- 수리논술만의 특징인 '답안작성 능력'과 '증명 능력'을 향상 시키는 수업 - 수험생은 물론 강사도 가질 수 있는 '증명 오개념'을 타파시키는 수학 전공자의 수업
정규반 시즌1 (3월)	- 수능/내신 공부와 다른 수리논술 공부의 결 & 방향성을 잡아주는 수업 - 삼각함수 & 수열의 콜라보 등 논술형 발전성을 체감해볼 수 있는 실전 내용 수업
정규반 시즌2 (4~5월)	- 수리논술에서 50% 이상의 비중을 차지하는 수리논술용 미적분을 집중 해석하는 수업 - 수리논술에도 존재하는 행동 영역을 통해 고난도 문제의 체감 난이도를 낮춰주는 수업 - 대학의 모범답안을 보고도 '이런 아이디어를 내가 어떻게 생각해내지?'라는 생각이 드는 학생들도 납득 가능하고 감탄할 만한 문제접근법을 제시해주는 수업
정규반 시즌3 (6~7월)	- 상위권 대학의 합격 당락을 가르는 고난도 주제들을 총정리하는 수업 - 아래 학교의 수리논술 합격을 바라는 학생들이라면 강추 (메디컬, 고려, 연세, 한양, 서강, 서울시립, 경희, 이화, 숙명, 세종, 서울과기대, 인하)
선택과목 특강 (선택확통 / 선택기하)	- 수능/내신의 빈출 Point와의 괴리감이 제일 큰 두 과목인 확통/기하의 내용을 철저히 수리논술 빈출 Point에 맞게 피팅하여 다루는 Compact 강의 (영상 수강 전용 강의) - 확통/기하 각각 2~3강씩으로 구성된 실전+심화 수업 (교과서 개념 선제 학습 필요) - 상위권 학교 지원자들은 꼭 알아야 하는 필수내용 / 6월 또는 7월 내로 완강 추천
Semi Final (8월)	- 본인에게 유리한 출제 스타일인 학교를 탐색하여 원서지원부터 이기고 들어갈 수 있도록 태어난 새로운 수업 (모든 대학을 출제유형별로 A그룹~D그룹으로 분류 후 분석) - 최신기출 (작년 기출+올해 모의) 중 주요 문항 선별 통해 주요대학 최근 출제 경향 파악
고난도 문제풀이반 For 메디컬/고/연/서성한시	- 2월~8월 사이 배운 모든 수리논술 실전 개념들을 고난도 문제에 적용 해보는 수업 - 전형적인 고난도 문제부터 출제될 시 경쟁자와 차별될 수 있는 창의적 신유형 문제까지 다양하게 만나볼 수 있는 수업
학교별 Final (수능전 / 수능후)	- 학교별 고유 출제 스타일에 맞는 문제들만 정조준하여 분석하는 Final 수업 - 빈출 주제 특강 + 예상 문제 모의고사 응시 후 해설 & 첨삭 - 고승률 문제접근 Tip을 파악하기 쉽도록 기출 선별 자료집 제공 (학교별 상이)
첨삭	수업 형태 (현장 강의 수강, 온라인 수강) 상관없이 모든 학생들에게 첨삭이 제공됩니다. 1차 서면 첨삭 후 학생이 첨삭 내용을 제대로 이해했는지 확인하기 위해, 답안을 재작성하여 2차 대면 첨삭영상을 추가로 제공받을 수 있습니다. 이를 통해 학생은 6~10번 이내에 합격급으로 논리적인 답안을 쓸 수 있게 되며, 이후에는 문제풀이 Idea 흡수에 매진하면 됩니다.

정규반 안내사항 (아래 QR코드 참고)   대학별 Final 안내사항 (아래 QR코드 참고)

CHAPTER

5

최근 기출 갈무리

| 논제 수록 기준

대한민국 모든 학교의 수리논술 최근 문제 중 복습 점검에 활용하기 좋은 실전 논제를 추가로 선별하여 수록했습니다.

| QR코드를 통한 도움영상 활용

해설집에 있는 논제에 대한 해설 중 어려운 부분의 이해를 도와주는 영상을 QR 코드를 통해 볼 수 있습니다. 완벽한 해설 강의가 아니기 때문에, 시청 전에 해설을 먼저 읽어본 후 QR 코드의 강의를 활용하기 바랍니다.

| 답안지 Box의 점선 줄 활용

ⓐ 답안 첫 두 줄을 점선 줄 위에서부터 시작해서, 아래 답안들도 줄이 삐뚤어지지 않도록 맞춰 써보세요.
읽기 편한 글씨체와 줄 맞춰 쓰기는 채점관에게 좋은 인상의 답안이 되기 위한 기본기입니다 :)
ⓑ 줄 맞춰 쓸 연습이 필요 없다면, 이 문제에 쓰이는 필수 Idea를 필기하는 용도로 활용하세요.

논제 16

★★★☆☆　　　2022 한양대

함수 $f(x) = \ln\{\ln(x+e)\}$ 와 양의 실수 a, b 에 대하여 부등식

$$f(a+b) < f(a) + f(b)$$

가 항상 성립함을 보이시오.

연습지

제시문

(가) 함수 $f(x)$의 정의역에 속하는 모든 x 에 대하여

$$f(x+p) = f(x)$$

를 만족시키는 0이 아닌 상수 p가 존재할 때, 함수 $f(x)$를 주기함수라 한다.

(나) 두 각 α와 β에 대하여

$$\sin(\alpha+\beta) = \sin\alpha\cos\beta + \cos\alpha\sin\beta$$
$$\cos(\alpha+\beta) = \cos\alpha\cos\beta - \sin\alpha\sin\beta$$

(다) 함수 $f(t)$가 닫힌구간 $[a, b]$에서 연속일 때,

$$\frac{d}{dx}\int_a^x f(t)dt = f(x) \text{ (단, } a < x < b)$$

(라) 함수 $f(x)$가 $x = a$에서 극값을 갖고 a를 포함하는 어떤 열린구간에서 미분가능하면

$$f'(a) = 0$$

두 상수 a, b에 대하여 함수

$$f(x) = 3x^2 + ax + b$$

가 있다. 함수 $g(x) = \pi + \cos x$에 대하여 실수 전체의 집합에서 정의된 함수

$$h(x) = \int_0^x f(g(t))dt$$

가 $x = \frac{2}{3}\pi$에서 최솟값을 갖는다고 하자.

[1] 함수 $h(x)$가 주기함수임을 보이시오.

[2] $f(x) = 0$을 만족하는 두 근을 α, β 라 할 때, $|\alpha - \beta|$의 값을 구하시오.

연습지

[1] 함수 $f(x) = \begin{cases} 2x + 3x^2 \sin \dfrac{1}{x} & (x \neq 0) \\ \quad\ 0 & (x = 0) \end{cases}$ 에서 $f'(0)$ 의 값을 구하시오.

[2] $\lim\limits_{n \to \infty} a_n = 0$ 이고 모든 자연수 n 에 대하여 $\cos \dfrac{1}{a_n} = 1$ 을 만족하는 수열 $\{a_n\}$ 의 예를 찾으시오.

[3] 함수 $f(x) = \begin{cases} 2x + 3x^2 \sin \dfrac{1}{x} & (x \neq 0) \\ \quad\ 0 & (x = 0) \end{cases}$ 는 $x = 0$ 을 포함하는 어떤 열린 구간에서 증가하는지 서술하시오.

[4] $\displaystyle\int_0^1 2x^4 \sqrt{1 - x^4}\, dx = \dfrac{1}{3} \int_0^1 \left(1 - x^4\right)^{\frac{3}{2}}\, dx$ 임을 보이시오.

[5] $p'(0) = 5$ 를 만족하는 다항함수 $p(x)$ 에 대하여 $\displaystyle\int_0^\pi \{p(x) + p''(x)\} \cos x\, dx = 3$ 이 성립할 때 $p'(\pi)$ 가 가질 수 있는 모든 값을 구하시오.

연습지

답안지

제시문

(가) 정적분과 부등식

두 함수 $f(x)$, $g(x)$가 닫힌 구간 $[a,b]$에서 연속일 때

$$f(x) \geq g(x) \text{이면} \int_a^b f(x)dx \geq \int_a^b g(x)dx$$

(나) 함수 $f(x)$는 다음 조건을 만족한다.

(1) 닫힌 구간 $\left[0, \dfrac{\pi}{2}\right]$에서 연속이다.

(2) 열린 구간 $\left(0, \dfrac{\pi}{2}\right)$에서 미분가능하다.

(3) 닫힌 구간 $\left[0, \dfrac{\pi}{2}\right]$에서 $f'(x)$의 최댓값은 M이고, 최솟값은 m이다.

(4) $\displaystyle\int_0^{\frac{\pi}{2}} f(x)\sin x\, dx = -\int_0^{\frac{\pi}{2}} f(x)\cos x\, dx$

[1] 다음 등식이 성립함을 보이시오.

$$\int_0^{\frac{\pi}{2}} f(x)\sin x\, dx = \frac{1}{\sqrt{2}}\int_0^{\frac{\pi}{2}} f(x)\sin\left(x - \frac{\pi}{4}\right)dx$$

[2] 다음 등식에서 $\boxed{A}$와 $\boxed{B}$에 들어갈 식을 각각 구하시오.

$$\int_0^{\frac{\pi}{2}} f(x)\sin\left(x - \frac{\pi}{4}\right)dx = \int_0^{\frac{\pi}{4}}\{f(\boxed{A}) - f(\boxed{B})\}\sin x\, dx$$

[3] 다음 부등식이 성립함을 보이시오.

$$\left(1 - \frac{\pi}{4}\right)m \leq \int_0^{\frac{\pi}{2}} f(x)\sin x\, dx \leq \left(1 - \frac{\pi}{4}\right)M$$

연습지

답안지

답안지

제시문

[가] 함수 $f(x)$가 닫힌구간 $[a, b]$에서 연속이고 열린구간 (a, b)에서 미분가능하면 $\dfrac{f(b)-f(a)}{b-a}=f'(c)$인 c가 열린구간 (a, b)에 적어도 하나 존재한다.

[나] 두 함수 $f(x)$, $g(x)$가 닫힌구간 $[a, b]$에서 미분가능하고, $f'(x)$, $g'(x)$가 연속일 때, 다음 등식이 성립한다.

$$\int_a^b f(x)g'(x)\,dx = \left[\, f(x)g(x) \,\right]_a^b - \int_a^b f'(x)g(x)\,dx$$

[1] 함수 $f(x) = \sqrt{1+x}$에 제시문 [가]를 적용하여 $-1 < x < 0$일 때 부등식 $\sqrt{1+x} < 1 + \dfrac{x}{2}$이 성립함을 보이시오.

[2] 닫힌구간 $[a, b]$에서 연속이고 열린구간 (a, b)에서 미분가능한 함수 $f(x)$가 모든 $x \in (a, b)$에 대하여 $f(x) > 0$을 만족할 때, $\dfrac{1}{a-c} + \dfrac{1}{b-c} = \dfrac{f'(c)}{f(c)}$인 c가 열린구간 (a, b)에 적어도 하나 존재함을 보이시오.

[3] 적당한 다항함수 $g(x)$에 대하여 $f(x) = g(x)\left(\sin^2 x + 2\sin x\right)$로 표현되며 $\displaystyle\int_0^{2\pi} f(x)\,dx = -3$을 만족하는 임의의 함수 $f(x)$에 대하여 정적분 $\displaystyle\int_0^{2\pi} x(2\pi - x)f''(x)\,dx$의 값을 구하시오.

연습지

다음 정적분의 값을 구하여라.

$$\int_{-\frac{\pi}{2}}^{\frac{\pi}{2}} \left| 3\sqrt{2}\sin^3 x - \cos x \right| dx$$

연습지

답안지

답안지

[1] $0 \leq x \leq \dfrac{\pi}{3}$ 에서 정의된 연속함수 $f(x)$ 는 다음을 만족한다.

(가) $(f(x))^2 \cos^2 x - 2f(x)(1 + \sin x) \cos x + (1 + \sin x)^2 \cos^2 x = 0$

(나) $f\left(\dfrac{\pi}{6}\right) = \dfrac{3\sqrt{3}}{2}$

이때 정적분 $\displaystyle\int_0^{\frac{\pi}{6}} \{f'(x) \cos x - f(x) \sin x\} e^{\sin x} dx$ 의 값을 구하시오.

[2] 자연수 n 에 대하여 I_n 을

$$I_n = \int_0^{n\pi} \{\,|\sin x|\cos^2 x + \sin^5(2x) \cos x\,\} dx$$

라 정의할 때, 극한 $\displaystyle\lim_{n \to \infty} \dfrac{I_n}{n}$ 의 값을 구하시오.

연습지

제시문

〈제시문1〉

함수 $g(x)$가 실수 a를 포함하는 어떤 열린 구간에 속하는 모든 x에 대하여 $g(x) \le g(a)$를 만족하면 함수 $g(x)$는 $x = a$에서 극댓값을 가진다고 한다.

〈제시문2〉

함수 $g(x)$가 실수 a를 포함하는 어떤 열린 구간에 속하는 모든 x에 대하여 $g(x) \ge g(a)$를 만족하면 함수 $g(x)$는 $x = a$에서 극솟값을 가진다고 한다.

〈제시문3〉

$x_0, x_1, x_2, \cdots, x_{2018}$ 은 $x_0 = 0$, $x_{2018} = 100$과 $x_0 < x_1 < x_2 < \cdots < x_{2018}$을 만족하는 실수이다. 닫힌 구간 $[0, 100]$에서 정의된 연속함수 $f(x)$는 다음을 만족한다.

(1) $f(0) = \sqrt{2}$, $f(100) = \sqrt{3}$

(2) $f(x)$는 $x = x_l$ $(l = 1, 3, 5, \cdots, 2017)$에서 극댓값을 가지고 $x = x_m$ $(m = 2, 4, 6, \cdots, 2018)$에서 극솟값을 가진다.

(3) 2018 이하의 임의의 자연수 k에 대하여 열린 구간 (x_{k-1}, x_k)에서 $f'(x)$는 연속이며 $f'(x) = 2$ 또는 $f'(x) = -3$이다.

[1] 〈제시문3〉에서 추가적으로 $x_1 = 1$, $x_{2017} = 99$를 만족한다고 할 때 $f(x_1)$과 $f(x_{2017})$의 값을 구하고 그 이유를 논하시오.

[2] 〈제시문3〉에서 추가적으로 $x_{1008} = 49$, $x_{1010} = 51$, $f(x_{1008}) = \sqrt{5}$, $f(x_{1010}) = \sqrt{7}$ 을 만족한다고 할 때 x_{1009}과 $f(x_{1009})$의 값을 구하고 그 이유를 논하시오.

[3] 〈제시문3〉에서 정의된 함수 $f(x)$에 대하여 $\sum_{n=0}^{\infty} (-1)^n f(x_n)$의 값을 구하고 그 이유를 논하시오.

연습지

제시문

〈가〉 $a > 0$, $0 \leq b \leq 1$ 인 상수 a, b에 대하여 함수

$$f(x) = a\sqrt{1 + e^x} + \ln\left(\frac{\sqrt{1 + e^x} - b}{\sqrt{1 + e^x} + b}\right)$$

의 도함수가 $f'(x) = \sqrt{1 + e^x}$ 이다.

〈나〉 곡선 $y = h(x)$ $(c \leq x \leq d)$의 길이는 $\int_c^d \sqrt{1 + \{h'(x)\}^2}\,dx$ 이다.

〈다〉 수열 $\{\alpha_n\}$, $\{\beta_n\}$, $\{\gamma_n\}$에 대하여 $\lim\limits_{n \to \infty} \alpha_n = \lim\limits_{n \to \infty} \beta_n = L$이고, 모든 자연수 n에 대하여

$\alpha_n \leq \gamma_n \leq \beta_n$이면 $\lim\limits_{n \to \infty} \gamma_n = L$이다.

〈라〉 연속함수 $p(x)$, $q(x)$, $r(x)$에 대하여 닫힌구간 $[c, d]$에서 $p(x) \leq q(x) \leq r(x)$이면

$$\int_c^d p(x)dx \leq \int_c^d q(x)dx \leq \int_c^d r(x)dx$$

이다.

[1] $a + b$의 값을 구하시오.

[2] 실수 k에 대하여 곡선 $y = e^x$ $\left(k \leq x \leq k + \dfrac{1}{e^k}\right)$의 길이를 $g(k)$라 할 때, $\lim\limits_{k \to \infty} g(k)$의 값을 구하시오.

[3] 함수 $f(x)$의 한 부정적분을 $F(x)$라 할 때, $\lim\limits_{x \to \infty} \dfrac{F(2x)}{e^x}$의 값을 구하시오. (단, $\lim\limits_{x \to \infty} \dfrac{x}{e^x} = 0$)

연습지

제시문

[가] 함수 $f(x)$ 가 닫힌구간 $[a, b]$ 에서 연속이고 $f(a) \neq f(b)$ 일 때, $f(a)$ 와 $f(b)$ 사이의 임의의 실수 k 에 대하여 $f(c) = k$ 인 c 가 열린구간 (a, b) 에 적어도 하나 존재한다.

[나] 함수 $f(x)$ 가 닫힌구간 $[a, b]$ 에서 연속이고 열린구간 (a, b) 에서 미분가능하면 $\dfrac{f(b) - f(a)}{b - a} = f'(c)$ 인 c 가 열린구간 (a, b) 에 적어도 하나 존재한다.

[다] 함수 $f(x)$ 가 닫힌구간 $[a, b]$ 에서 연속이면 $f(x)$ 는 $[a, b]$ 에서 반드시 최댓값과 최솟값을 갖는다.

[라] $0 < x < \dfrac{\pi}{2}$ 일 때 $\sin x < x < \tan x$ 이 성립한다.

[1] 함수 $f(x)$ 가 실수 전체의 집합에서 이계도함수를 가지며 $f(1) = f(2) = 3$, $f(3) = 5$ 일 때, $f'(a) = \dfrac{3}{2}$ 인 a 와 $f''(b) > 1$ 인 b 가 모두 열린구간 $(1, 3)$ 에 존재함을 보이시오.

[2] 함수 $f(x)$ 가 실수 전체의 집합에서 연속이고, 모든 x 에 대하여 $f(x + 2) = f(x)$ 를 만족하며, $\displaystyle\int_1^3 f(x)dx = 1$ 일 때, $\displaystyle\lim_{x \to \infty} \frac{1}{x} \int_{-x}^x f(t)dt$ 의 값을 구하시오.

※ 함수 $f(x) = \dfrac{\sin x}{x}$ 에 대하여, 문항 [3]과 [4]에 답하시오.

[3] 함수 $f(x)$ 가 열린구간 $\left(0, \dfrac{\pi}{2}\right)$ 에서 감소함을 보이시오.

[4] 임의의 자연수 k 에 대하여 $\displaystyle\lim_{x \to 0+} \int_x^{3x} \frac{(f(t))^k}{t}dt$ 의 값을 구하시오.

제시문

(가) 함수 $f(x)$의 도함수 $f'(x)$가 미분가능할 때, $f'(x)$의 도함수는 다음과 같이 구할 수 있다.

$$\frac{d}{dx}f'(x) = \lim_{\triangle x \to 0} \frac{f'(x+\triangle x) - f'(x)}{\triangle x}$$

이를 함수 $f(x)$의 이계도함수라 하고, 이것을 기호 $f''(x)$와 같이 나타낸다.

(나) 최고차항의 계수가 1인 이차다항식 $p(x)$의 근이 α, β일 때,

$$p(x) = (x-\alpha)(x-\beta)$$

이다.

(다) 함수 $f(x)$가 닫힌 구간 $[a, b]$에서 연속이고 열린 구간 (a, b)에서 미분가능할 때,
$f(a) = f(b)$이면 $f'(c) = 0$인 c가 열린 구간 (a, b)에 적어도 하나 존재한다.

(라) 함수 $f(x)$가 $x = a$에서 미분가능하면 함수 $f(x)$는 $x = a$에서 연속이다.

실수 전체의 집합에서 이계도함수를 갖는 두 함수 $f(x), h(x)$와 세 실수 $a, b, c\,(a < b < c)$에 대하여, 다음 물음에 답하시오.

[1] (1) 세 점 $(a, f(a))$, $(b, 0)$, $(c, 0)$은 이차함수 $y = q_1(x)$의 그래프 위의 점일 때

$q_1(x) = \dfrac{f(a)(x-b)(x-c)}{(a + \boxed{①}\ b)(\boxed{②}\ a + \boxed{③}\ c)}$ 이다. ①, ②, ③에 알맞은 값을 각각 구하시오.

(2) 세 점 $(a, 0)$, $(b, f(b))$, $(c, 0)$은 이차함수 $y = q_2(x)$의 그래프 위의 점일 때

$q_2(x) = \dfrac{f(b)(x-c)(x-a)}{(a + \boxed{④}\ b)(\boxed{⑤}\ b + \boxed{⑥}\ c)}$ 이다. ④, ⑤, ⑥에 알맞은 값을 각각 구하시오.

[2] 함수 $h(x)$가 $h(a) = h(b) = h(c)$을 만족시킬 때,

$$h''(d) = 0$$

인 실수 d가 열린 구간 (a, c)에 적어도 하나 존재함을 증명하시오.

[3] 등식

$$\frac{\left(\dfrac{f(c)-f(b)}{c-b}\right) - \left(\dfrac{f(b)-f(a)}{b-a}\right)}{c-a} = \frac{f''(d)}{2}$$

를 만족시키는 실수 d가 열린 구간 (a, c)에 적어도 하나 존재함을 증명하시오.

제시문

〈제시문1〉

$f(x)$는 최고차항의 계수가 -1인 사차함수이다. 기울기가 양수이고 원점을 지나는 직선 L이 $y = f(x)$에 두 점 $(a, f(a))$, $(b, f(b))$에 접한다. 그리고 L과 평행인 직선이 $y = f(x)$와 $(c, f(c))$에 접한다. (단, a, b, c는 $0 < a < c < b$를 만족하는 실수이다.)

〈제시문2〉

〈제시문1〉에서 주어진 함수 $f(x)$와 a, b, c에 대하여 $c < x < b$를 만족하며 $f'(x)$가 최대가 되게 하는 x의 값을 d라 하자.

〈제시문3〉

〈제시문1〉에서 주어진 함수 $f(x)$와 a, b, c에 대하여 두 점 $(c, f(c))$와 $(b, f(b))$를 잇는 직선이 $y = f(x)$와 만나는 점을 $(e, f(e))$라 하자. (단, e는 $c < e < b$를 만족하는 실수이다.)

[1] 〈제시문1〉에서 주어진 c를 a, b로 표현하고 그 이유를 논하시오.

[2] 〈제시문2〉에서 주어진 d를 a, b로 표현하고 그 이유를 논하시오.

[3] 〈제시문3〉에서 주어진 e를 a, b로 표현하고 그 이유를 논하시오.

[4] 〈제시문1〉 ~ 〈제시문3〉에서 주어진 a, b, d, e에 대해 $\dfrac{e - d}{b - a}$의 값을 구하고 그 이유를 논하시오.

연습지

제시문

(가) 첫째항이 a, 공비가 r인 등비수열 $\{a_n\}$의 일반항 a_n은 $a_n = ar^{n-1}$이다. $r \neq 1$일 때,

등비수열 $\{a_n\}$의 첫째항부터 제n항까지의 합은 $\dfrac{a(r^n - 1)}{r - 1}$이다.

(나) (사이값 정리) 구간 $[a,\ b]$ 위의 두 연속함수 $f(x)$와 $g(x)$에 대하여
$f(a) < g(a)$이고 $f(b) > g(b)$이면, $f(c) = g(c)$인 c가 구간 $(a,\ b)$에 반드시 존재한다.

(※) 수열 $\{a_n\}$과 $\{x\,|\,x \geq 0\}$에서 정의된 연속함수 $f(x)$는 다음 세 조건을 만족한다.

(1) 구간 $[0,\ 1]$에서 $f(x) = x$이다.

(2) $a_1 = 1$이고, 모든 자연수 n에 대하여 구간 $[a_n,\ a_{n+1}]$에서 함수 $f(x)$의 그래프는

기울기가 $(-1)^n$인 직선의 일부이다.

(3) 모든 자연수 n에 대하여 $f(a_{n+1}) = -2f(a_n)$이다.

[1] 수열 $\{a_n\}$의 5번째 항 a_5의 값을 구하시오.

[2] $f(x) = 0$을 만족하는 $x\ (x > 0)$의 값을 작은 것부터 순서대로 $x_1,\ x_2,\ x_3,\ \ldots$ 이라고 할 때, x_{10}의 값을 구하시오.

[3] $\displaystyle\int_0^\alpha f(t)\,dt = 1000$인 가장 작은 양수 α의 값이 구간 $(a_k,\ a_{k+1})$에 속할 때, k의 값을 구하시오.

[4] $|m| \leq \dfrac{1}{10}$인 실수 m에 대하여, $\displaystyle\int_0^x (f(t) - mt)\,dt = 0$을 만족하는 양수 x의 값이 무한히 많음을 보이시오.

연습지

제시문

(가) 계수가 실수인 삼차다항식 $x^3 + ax^2 + bx + c$가 실수 α, β, γ에 대하여 $(x-\alpha)(x-\beta)(x-\gamma)$로 인수분해되는 경우, 삼차방정식 $x^3 + ax^2 + bx + c = 0$은 세 실근 α, β, γ를 갖는다고 한다. (단, α, β, γ의 값이 서로 다를 필요는 없다.)

(나) 계수가 실수인 삼차방정식 $x^3 + ax^2 + bx + c = 0$이 세 실근 α, β, γ를 가지면, 등식
$$x^3 + ax^2 + bx + c = (x-\alpha)(x-\beta)(x-\gamma)$$
$$= x^3 - (\alpha+\beta+\gamma)x^2 + (\alpha\beta+\beta\gamma+\gamma\alpha)x - \alpha\beta\gamma$$
가 성립하므로 근과 계수 사이에는 다음과 같은 관계가 성립한다.
$$\alpha+\beta+\gamma = -a, \ \alpha\beta+\beta\gamma+\gamma\alpha = b, \ \alpha\beta\gamma = -c$$

[1] 삼차방정식 $x^3 - x - t = 0$이 서로 다른 세 실근을 갖도록 하는 실수 t의 값의 범위를 구하시오.

[2] 삼차방정식 $x^3 - x - t = 0$이 세 실근 α, β, γ $(\alpha \leq \beta \leq \gamma)$를 갖는다.

(a) 실근 β의 값의 범위를 구하시오.

(b) 곡선 $y = x^3 - x - t$와 x축으로 둘러싸인 도형의 넓이 S를 β로 나타내고, S의 최솟값을 구하시오.

연습지

제시문 일부

(나) 양의 실수 전체의 집합에서 미분가능한 함수 $f(x)$ 가
$$0 < f(x) < 2, \quad f'(x) = -f(x)\sqrt{2 - f(x)}, \quad \lim_{t \to 0+} f(t) = 2$$
를 만족시킨다.

(다) 자연상수 e 는
$$e = \lim_{x \to 0} (1 + x)^{\frac{1}{x}} = 2.71828\ldots$$
이다.

[1] 수열 $\{a_n\}$ 은 모든 자연수 n 에 대하여
$$a_n = \int_{\frac{1}{n}}^{2021n} f(x)dx$$
를 만족시킨다. $\lim_{n \to \infty} a_n$ 의 값을 구하시오.

[2] 수열 $\{b_n\}$ 은 모든 자연수 n 에 대하여
$$b_n = \int_0^1 e^{-(n+2)x}(1 + e^x)^n dx$$
를 만족시킨다. $\lim_{n \to \infty} \dfrac{n}{2^n} b_n$ 의 값을 구하시오.

연습지

제시문 일부

(가) [평균값 정리] 함수 $f(x)$가 닫힌구간 $[a, b]$에서 연속이고 열린구간 (a, b)에서 미분가능할 때,

$f'(c) = \dfrac{f(b) - f(a)}{b - a}$ 인 c가 열린구간 (a, b)에 적어도 하나 존재한다.

(나) 함수 $f(x)$가 어떤 구간에 속하는 임의의 두 실수 x_1, x_2에 대하여

$x_1 < x_2$일 때 $f(x_1) < f(x_2)$이면 $f(x)$는 이 구간에서 증가한다고 한다.

또 $x_1 < x_2$일 때 $f(x_1) > f(x_2)$이면 $f(x)$는 이 구간에서 감소한다고 한다.

함수 $f(x)$가 닫힌구간 $[a, b]$에서 연속이고 열린구간 (a, b)에서 미분가능할 때,

구간 (a, b)의 모든 x에 대하여 $f'(x) > 0$이면 $f(x)$는 $[a, b]$서 증가한다.

(※) 함수

$$f(x) = \begin{cases} x^2 - 4x + 3 & (x \geq 0) \\ x^2 + 4x + 3 & (x < 0) \end{cases}$$

에 대하여 다음 질문에 답하시오.

[1] 다음 명제가 참이 되도록 하는 실수 a의 값의 집합을 구하시오.

$t > a$인 어떤 실수 t에 대하여 $f(t) < f(a)$가 성립한다.

[2] (a) 실수 전체의 집합에서 정의된 함수 $g(x)$가 다음 조건을 만족할 때, 함수 $g(x)$의 그래프의 개형을 그리시오.

모든 실수 a에 대하여 $g(a) = \lim\limits_{x \to a+} f'(x)$이다.

(b) 다음 명제는 거짓이다. 이 명제가 성립하지 않는 a, b의 예를 찾으시오.

모든 실수 a, b에 대하여
$\dfrac{f(b) - f(a)}{b - a} = \lim\limits_{x \to c+} f'(x)$이고 $a < c < b$인 실수 c가 존재한다.

[3] 다음 명제가 참이 되도록 하는 상수 k의 최솟값을 구하시오.

$b - a > k$인 임의의 실수 a, b에 대하여
$\dfrac{f(b) - f(a)}{b - a} = \lim\limits_{x \to c+} f'(x)$이고 $a < c < b$인 실수 c가 존재한다.

제시문

〈가〉 함수 $f(x)$ 가 닫힌구간 $[a, b]$ 에서 연속이면 함수 $f(x)$ 는 이 구간에서 최댓값과 최솟값을 갖는다.

〈나〉 연속함수 $f(x)$, $g(x)$ 가 닫힌구간 $[a, b]$ 에서 $f(x) \leq g(x)$ 를 만족시키면

$$\int_a^b f(x)\,dx \leq \int_a^b g(x)\,dx$$

가 성립한다.

〈다〉 수렴하는 두 수열 $\{\alpha_n\}$, $\{\beta_n\}$ 에 대하여 $\displaystyle\lim_{n \to \infty} \alpha_n = \lim_{n \to \infty} \beta_n = L$ 일 때, 수열 $\{\gamma_n\}$ 이 모든 자연수 n 에 대하여 $\alpha_n \leq \gamma_n \leq \beta_n$ 이면, 수열 $\{\gamma_n\}$ 은 수렴하고 $\displaystyle\lim_{n \to \infty} \gamma_n = L$ 이다.

〈라〉 함수 $h(x) = x(x^2 - 16)\left(x + \sqrt{x^2 - 16}\right) - 8(2x^2 - 5)$ (단, $x \geq 4$)는 열린구간 $(4, \infty)$ 에서 증가하고, $h(x) = 0$ 이면 $x = 5$ 이다.

[1] 다항함수 $p(x)$ 를 다음과 같이 일차식 n 개의 곱으로 정의한다.

$$p(x) = (1 + x)(1 + 2x) \cdots (1 + nx)$$

이때 $p''(0)$ 을 n 에 대한 식으로 표현하시오. (3편 학습 때 풀어볼 예정이니 Pass해도 좋습니다.)

[2] 자연수 n 에 대하여

$$c_n = (n - 2022)\int_0^1 x^n \left\{e^x + x\ln(x + 1) + x^2\cos^{2022}\pi x\right\}dx$$

일 때, 극한값 $\displaystyle\lim_{n \to \infty} c_n$ 을 구하시오.

[3] 포물선 $y^2 = 4x$ 위의 점 $A\left(\dfrac{k^2}{4}, k\right)$ 를 중심으로 하고 점 $F(1, 0)$ 과 점 $B(-1, k)$ 를 지나는 원을 C 라 하자.

어떤 양수 k_0 에 대하여

$0 \leq k < k_0$ 이면 원 C와 포물선 $y^2 = 4x$ 는 서로 다른 두 점에서 만나고,

$k > k_0$ 이면 원 C와 포물선 $y^2 = 4x$ 는 서로 다른 네 점에서 만난다.

이때 k_0 의 값을 구하시오.

제시문

(ㄱ) 상수 n에 대하여 명제 p는 다음과 같다.

> 최고차항의 계수가 양수인 삼차함수 $f(x)$가 $x = \alpha$에서 극댓값을 가지고 $x = \beta$에서 극솟값 0을 가지면 $f(x - f(x)) = f(x)$는 열린구간 (α, β)에서 n개의 실근을 갖는다.

(ㄴ) 최고차항의 계수 k가 양수인 삼차함수 $f(x)$가 다음 조건을 만족시킨다.

> (가) 방정식 $f(x - f(x)) = f(x)$의 모든 실근은 a, b, c, d, e이고
> $f(b) = f(d)$이다. (단, $a < b < c < d < e$)
> (나) 함수 $f(x)$의 극솟값은 0이다.

이 함수 $f(x)$와 실수 k, a, b, c에 대하여 $m = k(b - a)f(2b - c)$라고 하자.

[1] 제시문 (ㄱ)의 명제 p가 참이 되도록 하는 n의 값이 있는지 판별하고, 있는 경우 n의 값을 구하시오.

[2] 제시문 (ㄴ)의 m의 값을 구하시오. 이 모든 과정의 근거를 논술하시오.

연습지

답안지

Show and Prove [1편], [2편]에서 학습한 내용을 복습하기 좋은 최신 우수문항 모음입니다.
[1편], [2편] 학습을 완료했다면 도전해봅시다.

논제 34 ★★★☆☆ 2024 인하대

제시문

(가) (정적분의 치환적분법)

함수 $f(x)$가 닫힌구간 $[a,\ b]$에서 연속이고 미분가능한 함수 $x = g(t)$에 대하여 $a = g(\alpha)$,
$b = g(\beta)$일 때 도함수 $g'(t)$가 α, β를 포함하는 구간에서 연속이면

$$\int_a^b f(x)dx = \int_\alpha^\beta f(g(t))g'(t)dt$$

(나) ($\displaystyle\int \frac{f'(x)}{f(x)}dx$ 꼴의 부정적분)

$$\int \frac{f'(x)}{f(x)}dx = \ln|f(x)| + C$$

[1] 정적분 $\displaystyle\int_0^\pi \left((\pi - x)^8 + (\pi - x)^2 + \sin^3 x\right)dx$의 값을 구하시오.

[2] 닫힌구간 $[0,\ \pi]$에서 연속인 함수 $f(x)$에 대하여 $\displaystyle\int_0^\pi xf(\sin x)dx = \frac{\pi}{2}\int_0^\pi f(\sin x)dx$가 성립함을 보이시오.

[3] 정적분 $\displaystyle\int_{-\pi}^\pi \frac{(x+1)\sin^3 x}{2 - \cos^2 x}dx$의 값을 구하시오.

연습지

제시문

(가) $x = a$에서 $x = b$까지의 곡선 $y = f(x)$의 길이 l은

$$l = \int_a^b \sqrt{1 + \{f'(x)\}^2}\, dx$$

(나) 그림에서 S는 중심이 점 $\left(0, \dfrac{\sqrt{13}}{3}\right)$이고 반지름이 1인 원이다. 원점에서 바라볼 때 점 A, B는 원 S에 가려져서 보이지 않고 점 C, D는 보인다.

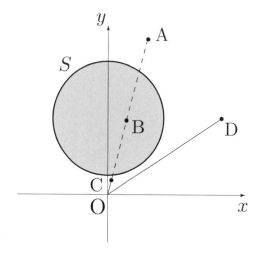

(나)에서 원점에서 제1사분면의 곡선 $y = \dfrac{1}{6}x^3 + \dfrac{1}{2x}$ 위에 있는 점들을 바라볼 때, 원 S에 의해서 가려지지 않고 보이는 점들로 이루어진 곡선 $y = \dfrac{1}{6}x^3 + \dfrac{1}{2x}$ 의 부분의 길이를 구하고 풀이 과정을 쓰시오.

연습지

제시문

(가) (매개변수로 나타낸 함수의 미분법)

두 함수 $x = f(t)$, $y = g(t)$가 t에 대하여 미분가능하고 $f'(t) \neq 0$이면

$$\frac{dy}{dx} = \frac{\dfrac{dy}{dt}}{\dfrac{dx}{dt}} = \frac{g'(t)}{f'(t)}$$

(나) (정적분의 치환적분법)

함수 $f(x)$가 닫힌구간 $[a, b]$에서 연속이고 미분가능한 함수 $x = g(t)$에 대하여 $a = g(\alpha)$, $b = g(\beta)$일 때 도함수 $g'(t)$가 α, β를 포함하는 구간에서 연속이면

$$\int_a^b f(x)dx = \int_\alpha^\beta f(g(t))g'(t)dt$$

(다) 삼각함수의 덧셈정리에 의해 $\cos 2\alpha = \cos^2\alpha - \sin^2\alpha = 2\cos^2\alpha - 1 = 1 - 2\sin^2\alpha$이므로

$$\cos^2\alpha = \frac{1 + \cos 2\alpha}{2}, \ \sin^2\alpha = \frac{1 - \cos 2\alpha}{2}$$

(※) $0 \le p \le 2\pi$인 실수 p에 대하여 두 곡선 $y = (x-p)^2 + q$와 $y = \cos x$가 오직 한 점에서 만날 때의 q의 값을 $g(p)$라 하자. 이때 함수 $g(p)$는 p에 대하여 미분가능하다.

[1] 두 곡선이 오직 한 점에서 만날 때, 교점의 x좌표를 t라 하자. 이때 p와 q를 각각 t의 식으로 나타내시오.

[2] $g'\left(\dfrac{\pi}{4} + \dfrac{\sqrt{2}}{4}\right)$의 값을 구하시오.

[3] 정적분 $\displaystyle\int_0^{2\pi} g(x)dx$의 값을 구하시오.

연습지

제시문

〈제시문 1〉

자연수 n에 대하여, 수열 $\{t_n\}$을 다음과 같이 정의하자. n이 홀수일 때 $t_n = 3$이고, n이 짝수일 때 $t_n = 4$이다.

점 $P_0(-1,\ 0)$에 그은 기울기가 $\tan\left(\dfrac{t_1}{12}\pi\right)$인 직선이 원 $x^2 + y^2 = 1$과 다시 만나는 점을 P_1이라 하자.

자연수 n에 대하여, 점 P_n에서 그은 기울기가 $\tan\left(\dfrac{t_{n+1}}{12}\pi\right)$인 직선이 원 $x^2 + y^2 = 1$과 다시 만나는 점을 P_{n+1}이라 하자. 만약 이 직선이 원과 접할 경우, $P_{n+1} = P_n$이다.

〈제시문 2〉

음이 아닌 정수 n에 대하여, $A(n)$을 삼각형 $P_n P_{n+1} P_{n+2}$의 넓이라 하자.

(단, 세 점 P_n, P_{n+1}, P_{n+2} 중에서 두 점이 서로 일치할 경우, $A(n) = 0$이다.)

[1] $0 \le n \le 7$인 자연수 n에 대하여 호 $P_n P_{n+2}$의 길이가 항상 일정함을 보이고, 그 값을 구하시오.

(단, 호 $P_n P_{n+2}$는 두 점 P_n, P_{n+2}에 의하여 나누어지는 원 $x^2 + y^2 = 1$의 두 부분 중 길이가 짧은 것으로 한다.)

[2] 점 P_{2024}의 좌표를 구하고, 그 이유를 논하시오.

[3] 〈제시문 2〉에 주어진 $A(n)$의 최댓값을 구하고, 그 이유를 논하시오.

연습지

좌표평면의 원 $x^2 + y^2 = 16$ 위의 두 점 $A(2\sqrt{2},\ 2\sqrt{2})$, $B(\sqrt{6}-\sqrt{2},\ \sqrt{6}+\sqrt{2})$에 대하여 다음 물음에 답하시오.

[1] 두 점 A, B를 지나는 직선의 방정식을 구하시오.

[2] 호 AB의 길이를 구하시오. (단, 호 AB는 제1사분면에 있다.)

[3] 좌표평면의 집합 $C = \{(\cos\theta - 1,\ \sin\theta) | 0 \le \theta < 2\pi\}$에 속하는 점 $P(\cos\theta - 1,\ \sin\theta)$에 대하여 문항 (2)의 호 AB와 두 선분 AP, BP로 둘러싸인 도형의 넓이를 $S(\theta)$라 하자. $S(\theta)$의 최댓값을 M, 최솟값을 m이라 할 때 $(M-m)^2$의 값을 구하시오.

연습지

제시문

- 함수 $f(t)$가 닫힌구간 $[a, b]$에서 연속일 때 다음 식이 성립한다.

$$\frac{d}{dx}\int_a^x f(t)dt = f(x) \text{ (단, } a < x < b)$$

- 함수 $f(x)$가 $x = a$에서 미분가능하고 $x = a$에서 극값을 가지면 $f'(a) = 0$이다.
- 함수 $f(x)$가 어떤 열린구간에서 미분가능할 때, 그 구간에 속하는 모든 x에 대하여 $f'(x) > 0$이면 $f(x)$는 그 구간에서 증가하고, $f'(x) < 0$이면 $f(x)$는 그 구간에서 감소한다.
- 좌표평면 위를 움직이는 점 $\mathrm{P}(x, y)$의 시각 t에서의 위치가 함수 $x = f(t)$, $y = g(t)$로 나타내어질 때, $t = a$에서 $t = b$까지 점 P가 움직인 거리는

$$s = \int_a^b \sqrt{\{f'(t)\}^2 + \{g'(t)\}^2}\,dt \text{이다.}$$

- 미분가능한 함수 $g(x)$의 도함수 $g'(x)$가 닫힌구간 $[a, b]$를 포함하는 열린구간에서 연속이고, $g(a) = \alpha$, $g(b) = \beta$에 대하여 함수 $f(x)$가 α와 β를 양끝으로 하는 닫힌구간에서 연속일 때 다음 식이 성립한다.

$$\int_a^b f(g(x))g'(x)dx = \int_\alpha^\beta f(t)dt$$

[1] 닫힌구간 $[-1, 5]$에서 함수

$$f(x) = \int_{-1}^x (t^2 + 5)\left\{1 - 2\sin\left(\frac{\pi t}{t^2 + 5}\right)\right\}dt$$

의 최댓값을 구하시오.

[2] 좌표평면 위를 움직이는 점 P의 시각 t에서의 좌표 (x, y)가

$$x = \frac{1}{\sqrt{3}}\cos t, \quad y = \sqrt{3}\ln\left(1 + \frac{\sin^2 t}{8}\right)$$

일 때, 시각 $t = 0$에서 $t = \pi$까지 점 P가 움직인 거리를 구하시오.

연습지

함수 $f(x) = x^2 e^x$에 대하여 다음 물음에 답하시오.

[1] 함수 $f(x)$의 극댓값과 극솟값을 구하시오.

[2] 부등식 $a^2 e^a < 4e^{-2} < (a+1)^2 e^{a+1}$과 $b^2 e^b < e^{-1} < (b+1)^2 e^{b+1}$을 만족시키는 정수 a, b를 모두 구하시오. (단, $2.7 < e$)

[3] 방정식 $f(x) = k$의 실근이 모두 정수인 양의 실수 k의 최솟값을 구하시오.

연습지

함수 $f(x) = x^2 e^x$에 대하여 다음 물음에 답하시오.

제시문

(가) (평균값 정리)

함수 $f(x)$가 닫힌구간 $[a,\ b]$에서 연속이고 열린구간 $(a,\ b)$에서 미분가능할 때,

$$\frac{f(b)-f(a)}{b-a}=f'(c)$$

인 c가 열린구간 $(a,\ b)$에 적어도 하나 존재한다.

(나) 함수 $f(x)$가 어떤 구간에 속하는 임의의 두 수 $x_1,\ x_2$에 대하여

(ⅰ) $x_1 < x_2$일 때 $f(x_1) < f(x_2)$이면 함수 $f(x)$는 이 구간에서 증가한다고 한다.

(ⅱ) $x_1 < x_2$일 때 $f(x_1) > f(x_2)$이면 함수 $f(x)$는 이 구간에서 감소한다고 한다.

(다) 함수 $f(x)$가 어떤 열린구간에서 미분가능하고, 이 구간의 모든 x에 대하여

(ⅰ) $f'(x) > 0$이면 $f(x)$는 이 구간에서 증가한다.

(ⅱ) $f'(x) < 0$이면 $f(x)$는 이 구간에서 감소한다.

(※) 함수 $f(x)$는 정의역이 양의 실수 전체의 집합이고 이계도함수 $f''(x)$를 갖는다고 하자.

[1] 모든 양의 실수 x에 대하여 $f''(x) > 0$이면 $0 < a < b < c$인 임의의 실수 $a,\ b,\ c$에 대하여

$$\frac{f(b)-f(a)}{b-a} < \frac{f(c)-f(b)}{c-b} \text{ 임을 보이시오.}$$

[2] 모든 양의 실수 x에 대하여 $f(x) \le x$이고 $f''(x) > 0$이면, 모든 양의 실수 x에 대하여 $f'(x) \le 1$임을 보이시오.

[3] 함수 $g(x) = \begin{cases} px^2 & (0 < x \le 2) \\ x - \ln x + q & (x > 2) \end{cases}$ 가 모든 양의 실수 x에 대하여 $g(x) \le x$이고 $g''(x)$가 존재하며

$g''(x) > 0$을 만족하도록 하는 상수 $p,\ q$의 값을 구하시오.

연습지

실수 a가 $-1 < a < 1$일 때 다음 물음에 답하시오. [40점]

(1) 다음 등식이 성립함을 보이시오.

$$\int_{-\frac{\pi}{2}}^{\frac{\pi}{2}} \ln\left(a^2 + 1 - 2a\sin\theta\right)d\theta = \int_{-\frac{\pi}{2}}^{\frac{\pi}{2}} \ln\left(a^2 + 1 + 2a\sin\theta\right)d\theta$$

(2) 문항 (1)로부터 다음 등식이 모든 자연수 n에 대하여 성립함을 보이시오.

$$\int_{-\frac{\pi}{2}}^{\frac{\pi}{2}} \ln\left(a^2 + 1 + 2a\sin\theta\right)d\theta = \frac{1}{2^n}\int_{-\frac{\pi}{2}}^{\frac{\pi}{2}} \ln\left(a^{2^{n+1}} + 1 + 2a^{2^n}\sin\theta\right)d\theta$$

(3) 다음 부등식이 모든 자연수 n에 대하여 성립함을 보이시오.

$$2\pi\ln\left(1 - a^{2^n}\right) \leq \int_{-\frac{\pi}{2}}^{\frac{\pi}{2}} \ln\left(a^{2^{n+1}} + 1 + 2a^{2^n}\sin\theta\right)d\theta \leq 2\pi\ln\left(1 + a^{2^n}\right)$$

(4) 다음 정적분을 수열 극한의 대소관계를 이용하여 계산하시오.

$$\int_{-\frac{\pi}{2}}^{\frac{\pi}{2}} \ln\left(a^2 + 1 + 2a\sin\theta\right)d\theta$$

연습지

Show
and
Prove

2

수리논술을 위한 수학 2 & 미적분

예제 해설 모음

예제가 아닌 논제 해설들은 뒤에 있어요 :)

[2] $Q(x) = P(x-1)$이라 하면 $Q(\alpha_i + 1) = P(\alpha_i) = 0$이므로 $\alpha_i + 1$은 $Q(x) = 0$의 근이다.

따라서 구하는 방정식은 $a_n(x-1)^n + \cdots + a_1(x-1) + a_0 = 0$

[3] $R(x) = P\left(\dfrac{1}{x}\right)$이라 하면 $R\left(\dfrac{1}{\alpha_i}\right) = P(\alpha_i) = 0$이므로 $\dfrac{1}{\alpha_i}$은

$R(x) = a_n\dfrac{1}{x^n} + a_{n-1}\dfrac{1}{x^{n-1}} + \cdots + a_1\dfrac{1}{x} + a_0 = 0$ 의 근이다. 따라서 구하는 n차 방정식은

$x^n R(x) = a_0 x^n + a_1 x^{n-1} + \cdots + a_{n-1}x + a_n = 0$ 이다.

[4] $f(0) = f(1) = 0$ 이므로 $\alpha_1 = 0, \alpha_2 = 1$이고 $\alpha_3, \alpha_4, \alpha_5$는

$g(x) = (x+1)^3 + 5(x+1)^2 - 7(x+1) + 2 = 0$ 의 근이다. (참고로 $\alpha_3, \alpha_4, \alpha_5$는 0과 -1이 아니다.)

[2]에 의하여 $\alpha_3 + 1$. $\alpha_4 + 1$, $\alpha_5 + 1$이 근이 되는 삼차방정식은

$h(x) = g(x-1) = x^3 + 5x^2 - 7x + 2 = 0$ 이고, **[3]**에 의하여 $\dfrac{1}{\alpha_3 + 1}, \dfrac{1}{\alpha_4 + 1}, \dfrac{1}{\alpha_5 + 1}$의 근이 되는

삼차방정식은 $x^3 h\left(\dfrac{1}{x}\right) = 2x^3 - 7x^2 + 5x + 1 = 0$

이다. 따라서 삼차방정식의 근과 계수의 관계에 의하여 $\dfrac{1}{\alpha_3 + 1} + \dfrac{1}{\alpha_4 + 1} + \dfrac{1}{\alpha_5 + 1} = \dfrac{7}{2}$ 이므로

$\dfrac{1}{\alpha_1 + 1} + \dfrac{1}{\alpha_2 + 1} + \dfrac{1}{\alpha_3 + 1} + \dfrac{1}{\alpha_4 + 1} + \dfrac{1}{\alpha_5 + 1} = \dfrac{1}{0+1} + \dfrac{1}{1+1} + \dfrac{7}{2} = 5$ 이다.

i) $n = 1$ 일 때,

$$\int_0^1 x^m (1-x)\,dx = \int_0^1 x^m\,dx - \int_0^1 x^{m+1}\,dx$$

$$= \frac{1}{m+1} - \frac{1}{m+2} = \frac{1}{(m+1)(m+2)} = \frac{m! \cdot 1!}{(m+2)!}$$

이므로 성립한다.

ii) $n = k$ 일 때 성립한다고 가정하면

$$\int_0^1 x^m (1-x)^{k+1}\,dx = \int_0^1 x^m (1-x)^k (1-x)\,dx$$

$$= \int_0^1 x^m (1-x)^k\,dx - \int_0^1 x^{m+1} (1-x)^k\,dx$$

$$= \frac{m! \cdot k!}{(m+k+1)!} - \frac{(m+1)! \cdot k!}{(m+k+2)!}$$

$$= \frac{m! \cdot k!}{(m+k+2)!}(m+k+2-m-1) = \frac{m! \cdot (k+1)!}{(m+k+2)!}$$

이므로 $n = k+1$ 일 때도 성립한다. 따라서 모든 자연수 n 에 대하여 성립한다.

[1] 점 P, Q, X를 각각 $(t, f(t))$, (a, b) (단, $b \neq f(a)$), $(x, f(x))$라 하면

$\overline{PQ} \leq \overline{XQ} \Rightarrow (t-a)^2 + (f(t)-b)^2 \leq (x-a)^2 + (f(x)-b)^2$ 이므로

함수 $g(x) = (x-a)^2 + (f(x)-b)^2$ 는 $x = t$에서 극소가 된다. (극소의 정의)

또한 $f(x)$는 미분가능한 함수이므로, $g'(t) = 0$임을 알 수 있고

$g'(t) = 2(t-a) + 2f'(t)(f(t)-b) = 0 \cdots$ ⓐ, $f'(t) \times \dfrac{f(t)-b}{t-a} = -1$ (단, $t \neq a$)임을 알 수 있다.

이때, $f'(t)$는 점 P에서의 접선의 기울기이며 $\dfrac{f(t)-b}{t-a}$는 직선 PQ의 기울기에 해당하므로 두 직선이 수직임을 알 수 있다.

한편, $t = a$일 때 ⓐ를 만족시키려면 $f'(t) = 0$ ($\because f(t) = f(a) \neq b$) 이어야 한다.
점 P에서의 접선이 x축과 평행하며, 직선 PQ의 방정식은 $x = a$로 y축과 평행하므로 이 경우에도 두 직선이 수직관계에 있음을 알 수 있다.

[2] 곡선 $y = x^2$를 x축 대칭시킨 후 x축의 양의 방향으로 6만큼 평행이동시키면 곡선 $y = -(x-6)^2$이 나오므로, 두 곡선은 점 $R(3, 0)$에 대한 점대칭관계이다.

점 $P(t_1, t_1{}^2)$와 점 $R(3, 0)$에 대하여 $2t_1 \times \dfrac{t_1{}^2 - 0}{t_1 - 3} = -1$일 때 선분 PR의 길이가 최소일 수 있고, 이때의 t_1의 값은 1, 점 P는 $(1, 1)$이다.

점 $Q(t_2, -(t_2-6)^2)$와 점 $R(3, 0)$에 대하여 $-2(t_2-6) \times \dfrac{-(t_2-6)^2 - 0}{t_2 - 3} = -1$일 때 선분 PQ의 길이가 최소일 수 있고, 이 때의 t_2의 값은 5, 점 Q는 $(5, -1)$이다.

이때, 점 $P(1, 1)$, $R(3, 0)$, $Q(5, -1)$은 모두 어떤 한 직선 위에 동시에 있음을 확인할 수 있으므로 선분 PQ의 최솟값은 $\sqrt{(1-5)^2 + (1-(-1))^2} = 2\sqrt{5}$ 이다.

+ 기대T comment)
서술에서의 감점이 심할 것으로 예상되는 문제로, 논술을 준비한 학생들과 준비하지 않은 학생들의 격차가 제일 많이 벌어질 문제로 판단된다. 감점의 대표적 예시로는
① 1번을 극소 또는 최소 등의 워딩 없이 무지성 미분하거나 그래프로 설명한 경우[1]
② 2번 문제에서 점 (3, 0)을 이용한 논리를 이어나갈 경우, 세 점이 한 직선 위에 있음을 미언급[2] 등이 있다.

---

[1] 원을 그리며 거리를 관찰하는 것 역시 수리논술에선 저격가능한 감점포인트.

[2] 최소+최소=최소 의 논리를 쓸 때, 좌변의 두 최소가 동시에 벌어질 수 있음을 설명하는 장치에 해당하기 때문

[1] 곡선 $y = f(x)$ 위의 점 $F(t, f(t))$에서의 접선과 x축이 이루는 예각의 크기를 θ라 하자.

$x = t$에서 함수 $f(x)$의 접선의 기울기는 $f'(t)$이므로, $\tan\theta = f'(t)$가 된다.

원점과 점 G 까지의 기울기는 $\dfrac{g(t)}{t}$이며, $\tan\left(\dfrac{\pi}{2} - \theta\right) = \dfrac{1}{\tan\theta} = \dfrac{g(t)}{t}$이므로 $f'(t) = \dfrac{t}{g(t)}$가 성립한다.

따라서 임의의 양수 x에 대하여 $f'(x) = \dfrac{x}{g(x)}$이다. $g(x) = 1$이면 $f'(x) = x$이므로

$f(x) = \dfrac{x^2}{2} + C$ (단, C는 상수) 이다.

[2] 직선 AB가 x축의 양의 방향과 이루는 예각을 θ_1, 직선 BC가 x축의 양의 방향과 이루는 예각을 θ_2라 하자.

그림 2의 상황이 $f(x) = \dfrac{1}{2}x^2$, $g(x) = 1$ 일 때이므로 논제 [1]의 결과에 부합한다.

따라서 이 두 함수는 제시문 〈가〉의 밑줄 친 부분을 만족시키므로 $\alpha = \theta_2 - \theta_1$이다.

또한 계산을 통해 $\tan\theta_1$과 $\tan\theta_2$를 알아보면

$$\tan\theta_1 = \frac{f(b) - f(a)}{b - a} = \frac{\frac{1}{2}(b^2 - a^2)}{b - a} = \frac{a + b}{2} = d = f'(d) \; (\because f'(x) = x),$$

$$\tan\theta_2 = \frac{f(c) - f(b)}{c - b} = \frac{\frac{1}{2}(c^2 - b^2)}{c - b} = \frac{b + c}{2} = e = f'(e) \text{ 이다.}^{[3]}$$

따라서 제시문 〈가〉의 성질에 의하여 직선 OD가 y축과 이루는 예각의 크기는 θ_1, 직선 OE가 y축과 이루는 예각의 크기는 θ_2가 된다. 즉, $\beta = \theta_2 - \theta_1$ 이므로 $\alpha = \beta$ 임을 알 수 있다.

---

[3] 우리는 이전페이지에서 이미 증명해서 알고 있는 성질이지만, 실전답안에선 이렇게 증명을 한 후 사용해야 한다. 앞으로 배울 여러 다항 함수 성질들도 마찬가지.

극한과 연속

예제가 아닌 논제 해설들은 뒤에 있어요 :)

해설 1

> "분모가 0 으로 가니까 분자도 0 으로 가고, 뭐야 그냥 $f(2)=0$ 이네 ㅋㅋ"

라고 생각한다면, 완벽히 틀린 풀이이다.

'분모가 0 으로 가니까 분자도 0 으로 가서' 알 수 있는 사실은 $\lim\limits_{x \to 2} f(x) = 0$ 이라는 사실 뿐이다.

$f(x)$ 의 $x=2$ 에서의 '연속성'이 보장되지 않았기 때문에 $f(2)$ 의 값은 알 수 없다.

따라서 $f(2)$ 의 값을 알 수 없다. 가 정답이다.

(만약 $f(x)$ 의 $x=2$ 에서의 연속성이 보장된 상태였다면 $\lim\limits_{x \to 2} f(x) = f(2) = 0$ 이 되어 $f(2)=0$ 이다.)

해설 2

$a_n - 4 = b_n$ 이라 두면[4] $a_{n+1} = \dfrac{1}{2}a_n + 2 \Leftrightarrow b_{n+1} = \dfrac{1}{2}b_n$ 에서 수열 $\{b_n\}$ 은 공비가 $\dfrac{1}{2}$ 인 등비수열이다.

(cf. 1편에서 학습했던 테크닉인데, 이것이 낯설다면 반드시 1편→2편→3편 순으로 학습하기 바란다.)

따라서 $b_n = 1 \times \left(\dfrac{1}{2}\right)^{n-1}$, $a_n = 4 + \left(\dfrac{1}{2}\right)^{n-1}$ 이므로 $\lim\limits_{n \to \infty} a_n = 4$ 이다.

---

[4] 1편 수열 편에서 배운 Idea를 활용했다.

$0 < a_1 < \pi, \ \pi < a_2 < 2\pi, \ \cdots, \ (n-1)\pi < a_n < n\pi$ 이므로

샌드위치 정리에 의하여 $\pi = \lim\limits_{n \to \infty} \dfrac{(n-1)\pi}{n} \leq \lim\limits_{n \to \infty} \dfrac{a_n}{n} \leq \lim\limits_{n \to \infty} \dfrac{n\pi}{n} = \pi$ 이다.

따라서 $\lim\limits_{n \to \infty} \dfrac{a_n}{n} = \pi$ 이다.

[1] 수학적 귀납법으로 증명하자

  (i) $n = 1$일 때, $a_1 = 4 > 2$이므로 성립한다.

  (ii) $n = k$일 때, $a_k > 2$가 성립한다고 가정하면, 산술기하평균부등식에 의하여

$a_{k+1} = \dfrac{1}{2}\left(a_k + \dfrac{4}{a_k}\right) > \sqrt{a_k \times \dfrac{4}{a_k}} = 2$ 이므로 $n = k+1$일 때에도 성립한다.

(등호성립조건이 $a_k = \dfrac{4}{a_k}$, $a_k{}^2 = 4$인데 $a_k > 2$이므로 등호성립 불가능)

따라서 수학적 귀납법에 의하여 모든 자연수 n에 대하여 $a_n > 2$이다.

[2] $a_n > 2$가 성립하므로 $a_{n+1} = \dfrac{1}{2}\left(a_n + \dfrac{4}{a_n}\right) = \dfrac{1}{2}a_n + \dfrac{2}{a_n} < \dfrac{1}{2}a_n + \dfrac{2}{2}$ 이다.

이 부등식에서 양변에 -2를 하면 $a_{n+1} - 2 < \dfrac{1}{2}(a_n - 2)$임을 알 수 있다.

[3] 앞의 [1]에 의하여 $a_n > 2$ 이고, [2]에 의하여 $a_n - 2 < \left(\dfrac{1}{2}\right)^{n-1}(a_1 - 2)$임을 알 수 있다.

따라서 $0 < a_n - 2 < \left(\dfrac{1}{2}\right)^{n-1}(4-2) = \left(\dfrac{1}{2}\right)^{n-2}$ 이고, 모든 변에 극한을 취하면

$0 \leq \lim\limits_{n \to \infty}(a_n - 2) \leq \lim\limits_{n \to \infty}\left(\dfrac{1}{2}\right)^{n-2} = 0$ 이다. 따라서 샌드위치 정리에 의하여

$\lim\limits_{n \to \infty}(a_n - 2) = 0, \ \lim\limits_{n \to \infty} a_n = 2$ 이다.

$$\overline{AB}^2 = (t-s)^2 + (t^2-s^2)^2 = 1$$

$$\therefore (t-s)^2\{1+(t+s)^2\} = 1, \ (t-s)^2 = \frac{1}{1+(t+s)^2}$$

또한 직선 AB의 방정식은

$$y = (t+s)(x-s) + s^2 = (t+s)x - st \text{ 이므로}$$

$$F(s) = \int_s^t -(x-s)(x-t)dx = \frac{1}{6}(t-s)^{3\,5)}$$

$$\therefore \lim_{s\to\infty} s^3 F(s) = \lim_{s\to\infty} \frac{s^3(t-s)^3}{6}$$

$$= \frac{1}{6}\lim_{s\to\infty}\left\{s^2(t-s)^2\right\}^{\frac{3}{2}}$$

$$= \frac{1}{6}\lim_{s\to\infty}\left\{\frac{s^2}{1+(t+s)^2}\right\}^{\frac{3}{2}}$$

한편, $s\to\infty$ 일 때 $0 < s < t$이므로 $0 < s^2 < t^2$ $\therefore t^2 - s^2 > 0$

$\overline{AB}^2 = (t-s)^2 + (t^2-s^2)^2 = 1$에서 $(t^2-s^2)^2 > 0$이므로 $(t-s)^2 < 1$

$$\therefore t - s < 1 \ \therefore s < t < s+1$$

양변을 s로 나누면 $1 < \dfrac{t}{s} < 1 + \dfrac{1}{s}$ 이고, $\displaystyle\lim_{s\to\infty}\left(1+\frac{1}{s}\right) = 1$이므로 샌드위치 정리에 의하여

$\displaystyle\lim_{s\to\infty}\frac{t}{s} = 1$ 이다. 따라서 구하는 극한값은

$$\lim_{s\to\infty} s^3 F(s) = \frac{1}{6}\lim_{s\to\infty}\left\{\frac{s^2}{1+(t+s)^2}\right\}^{\frac{3}{2}} = \frac{1}{6}\lim_{s\to\infty}\left\{\frac{1}{\frac{1}{s^2}+\left(\frac{t}{s}+1\right)^2}\right\}^{\frac{3}{2}} = \frac{1}{6}\times\left(\frac{1}{2^2}\right)^{\frac{3}{2}} = \frac{1}{48}$$

5) 문제에서 해당 적분이 차지하는 볼륨이 작기 때문에, 계산을 생략 후 바로 써도 괜찮다.

$\theta \to \dfrac{\pi}{2}-$ 일 때 $\alpha \to \dfrac{\pi}{2}-$ 이므로 $\displaystyle\lim_{\theta\to\frac{\pi}{2}-}\dfrac{\dfrac{\pi}{2}-\theta}{\tan\left(\dfrac{\pi}{2}-\theta\right)}=1$, $\displaystyle\lim_{\theta\to\frac{\pi}{2}-}\dfrac{\dfrac{\pi}{2}-\alpha}{\tan\left(\dfrac{\pi}{2}-\alpha\right)}=1$ 이다.

$$\therefore \lim_{\theta\to\frac{\pi}{2}-}\dfrac{\dfrac{\pi}{2}-\theta}{\dfrac{\pi}{2}-\alpha}=\lim_{\theta\to\frac{\pi}{2}-}\dfrac{\dfrac{\dfrac{\pi}{2}-\theta}{\tan\left(\dfrac{\pi}{2}-\theta\right)}}{\dfrac{\dfrac{\pi}{2}-\alpha}{\tan\left(\dfrac{\pi}{2}-\alpha\right)}}\cdot\dfrac{\tan\left(\dfrac{\pi}{2}-\theta\right)}{\tan\left(\dfrac{\pi}{2}-\alpha\right)}=\lim_{\theta\to\frac{\pi}{2}-}\dfrac{\dfrac{\dfrac{\pi}{2}-\theta}{\tan\left(\dfrac{\pi}{2}-\theta\right)}}{\dfrac{\dfrac{\pi}{2}-\alpha}{\tan\left(\dfrac{\pi}{2}-\alpha\right)}}\cdot\dfrac{\tan\alpha}{\tan\theta}$$

$$=1\times k=k$$

곡선 $y=f(x)$ 위의 점 $\mathrm{P}(s,f(s))$ 에서의 접선에 수직이므로 기울기는 $-\dfrac{1}{f'(s)}$ 이다.

$y=f(x)$ 위의 점 $\mathrm{P}(s,f(s))$ 에서의 접선에 수직인 직선의 방정식은

$$y-f(s)=-\dfrac{1}{f'(s)}(x-s)\cdots①$$

이다. $(t,\ t)$ 가 ①위의 점이므로 $t-f(s)=-\dfrac{1}{f'(s)}(t-s)\cdots②$

$$\left(1+\dfrac{1}{f'(s)}\right)t=f(s)+\dfrac{s}{f'(s)}$$

$\left(\dfrac{f'(s)+1}{f'(s)}\right)t=\dfrac{f(s)f'(s)+s}{f'(s)}$ 그런데, $f'(x)\neq-1$ 이므로

$$t=\dfrac{f(s)f'(s)+s}{f'(s)+1}$$

이다.

$$\lim_{s\to1}\dfrac{t-1}{s-1}=\lim_{s\to1}\dfrac{\dfrac{f(s)f'(s)+s}{f'(s)+1}-1}{s-1}=\lim_{s\to1}\dfrac{f(s)f'(s)+s-(f'(s)+1)}{(s-1)(f'(s)+1)}$$

$$=\lim_{s\to1}\dfrac{(f(s)-1)f'(s)+s-1}{(s-1)(f'(s)+1)}=\lim_{s\to1}\dfrac{(f(s)-1)f'(s)}{(s-1)(f'(s)+1)}+\lim_{s\to1}\dfrac{s-1}{(s-1)(f'(s)+1)}$$

이다. $f(x)$ 는 구간 $(-\infty,\infty)$ 에서 미분가능하고 $f'(x)$ 가 $(-\infty,\infty)$ 에서 연속이므로

$$\lim_{s\to1}\dfrac{t-1}{s-1}=\dfrac{f'(1)f'(1)}{f'(1)+1}+\dfrac{1}{(f'(1)+1)}=\dfrac{\alpha^2}{\alpha+1}+\dfrac{1}{\alpha+1}=\dfrac{\alpha^2+1}{\alpha+1}$$

오개념, 이제는 고쳐져야 한다. 수능에서 하던 것처럼 윗식과 아래식에 $x = 1$ 대입하고서 $f(1) = 1^2 - 1 = 0$ 이라 답하면 안된다. 항상 연속의 세 조건을 잘 따져서 판단하는 습관을 기르자.

우리는 본 문제에서 $f(1)$을 알 수 없고, 오직 $\lim\limits_{x \to 1-} f(x) = 1^2 - 1 = 0$ 이라는 사실만 알 수 있다.[6]

[1] (i) 식에 $y = 1$을 대입 후 $x \to 0$ 극한을 취해주면

$\lim\limits_{x \to 0} f(x+1) = \lim\limits_{x \to 0} f(x) + f(1)$ 이다. (ii)에 의하여 $\lim\limits_{x \to 0} f(1+x) = f(1)$ 이므로 $\lim\limits_{x \to 0} f(x) = 0$ 이다.

한편 (i) 식에 $x = y = 0$을 대입하면 $f(0) = f(0) + f(0)$ 이므로 $f(0) = 0$ 이다.

따라서 $f(0) = 0 = \lim\limits_{x \to 0} f(x)$ 이므로 함수 $f(x)$는 $x = 0$에서 연속이다.

[2] (i) 식에 $y = a$을 대입 후 $x \to 0$ 극한을 취해주면

$\lim\limits_{x \to 0} f(x+a) = \lim\limits_{x \to 0} f(x) + f(a)$이다. [9-1]에서 $\lim\limits_{x \to 0} f(x) = 0$임을 알았으므로 $\lim\limits_{x \to 0} f(x+a) = f(a)$ 이다.

따라서 함수 $f(x)$는 임의의 실수 $x = a$에서 연속이다.

---

[6] 수능에서는 사고가 안났던 이유는, 대부분 수능문제에 있는 연속 조건 덕분이다. 그냥 함수 $f(x)$가 아닌 연속함수 $f(x)$ 였다면 $\lim\limits_{x \to 1-} f(x) = f(1)$가 보장되므로 $f(1)$도 0임을 알 수 있다.

(i) $n = 1$ 인 경우: 함수 $f(x)$가 닫힌구간 $\left[\dfrac{2}{3\pi}, \dfrac{2}{\pi}\right]$에서 연속이므로, 최대·최소 정리에 의하여 $\left[\dfrac{2}{3\pi}, \dfrac{2}{\pi}\right]$에서 최댓값과 최솟값을 가진다. 그런데, 구간의 양 끝점에서 함숫값이 $f\left(\dfrac{2}{3\pi}\right) = 0 = f\left(\dfrac{2}{\pi}\right)$로 같고 이 구간에서 $f(x) < 0$이므로, 열린구간 $\left(\dfrac{2}{3\pi}, \dfrac{2}{\pi}\right)$에 속하는 어떤 $x = c$ 에서 최솟값을 갖는다. 따라서, $f(x)$는 $x = c$ 에서 극값을 가진다. 따라서 함수 $f(x)$는 열린구간 $\left(\dfrac{2}{3\pi}, \dfrac{2}{\pi}\right)$의 적어도 한 점에서 극값을 가진다.

(ii) $n = 2$ 인 경우: (i)에 의하여, 함수 $f(x)$는 열린구간 $\left(\dfrac{2}{3\pi}, \dfrac{2}{\pi}\right)$의 적어도 한 점에서 극값을 가진다.

또한 함수 $f(x)$가 닫힌구간 $\left[\dfrac{2}{5\pi}, \dfrac{2}{3\pi}\right]$에서 연속이므로, 최대·최소 정리에 의하여 $\left[\dfrac{2}{5\pi}, \dfrac{2}{3\pi}\right]$에서 최댓값과 최솟값을 가진다. 그런데, 구간의 양 끝점에서 함숫값이 $f\left(\dfrac{2}{5\pi}\right) = 0 = f\left(\dfrac{2}{3\pi}\right)$로 같고 이 구간에서 $f(x) > 0$이므로, 열린구간 $\left(\dfrac{2}{5\pi}, \dfrac{2}{3\pi}\right)$에 속하는 어떤 $x = c$ 에서 최댓값을 갖는다. 따라서 $f(x)$는 $x = c$ 에서 극값을 가진다.

따라서 함수 $f(x)$는 열린구간 $\left(\dfrac{2}{5\pi}, \dfrac{2}{3\pi}\right)$의 적어도 한 점에서 극값을 가지며, 함수 $f(x)$는 구간 $\left(\dfrac{2}{5\pi}, \dfrac{2}{\pi}\right)$의 적어도 두 점에서 극값을 가진다.

위 과정을 반복하면, 함수 $f(x)$는 각 구간 $\left(\dfrac{2}{(2n+1)\pi}, \dfrac{2}{(2n-1)\pi}\right), \cdots, \left(\dfrac{2}{5\pi}, \dfrac{2}{3\pi}\right), \left(\dfrac{2}{3\pi}, \dfrac{2}{\pi}\right)$에서 적어도 하나의 극점씩을 가지므로, 열린구간 $\left(\dfrac{2}{(2n+1)\pi}, \dfrac{2}{\pi}\right)$에서 적어도 n개의 점에서 극값을 가진다.

▽ **TIP**

대부분의 학생들이 '극값이기 위해선 $f'(x) = 0$이어야 함'에 익숙해져있기 때문에, $f\left(\dfrac{2}{(2k+1)\pi}\right) = 0, \ f\left(\dfrac{2}{(2k-1)\pi}\right) = 0$임을 이용하여 롤의 정리를 통한 접근을 할 가능성이 매우 높다.
하지만 롤의 정리만으로는 $f'(x) = 0$인 x에서 이 함수가 극값을 가짐을 보여낼 수 없다.
(논리가 보충되려면 x 좌우에서 f'의 부호변화가 있다던지 f''의 부호 관찰 등의 추가 논의가 필요)

진짜 극값의 정의인 제시문 [가]와 이 문제의 킬링포인트인 최대최소정리를 첨가해야 완벽한 논리가 완성됨을 해설을 통해 확인하자.

$m \leq f(a) \leq M \Leftrightarrow -M \leq -f(a) \leq -m \Leftrightarrow 1-M \leq 1-f(a) \leq 1-m$ 이다.

한편 $1 = M+m$ 이므로 $1-M=m$, $1-m=M$ 이므로 $m \leq 1-f(a) \leq M$ 임을 알 수 있다.

따라서 $k = 1-f(a)$는 연속함수 $f(x)$의 최솟값과 최댓값 사이의 값이므로, 사잇값 정리에 의하여
$f(b) = k \,(=1-f(a))$ 를 만족시키는 $x=b$가 구간 $[0, 1]$에 적어도 하나 존재한다.

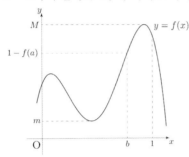

따라서 $f(a)+f(b)=1$를 만족시키는 b가 구간 $(0, 1)$에 적어도 하나 존재한다.

최고차항의 계수가 음수인 삼차함수 $g(x)$에 대하여 $f(x) = (x-2)(x-4)g(x)$라 하면
$\lim\limits_{x \to 2} \dfrac{f(x)}{x-2} = 4$ 로부터 $\lim\limits_{x \to 2} g(x) = -2$ 이고 $\lim\limits_{x \to 4} \dfrac{f(x)}{x-4} = 2$ 로부터 $\lim\limits_{x \to 4} g(x) = 1$ 이다.

한편, 최고차항의 계수가 음수이므로 $\lim\limits_{x \to -\infty} g(x) = \infty$, $\lim\limits_{x \to \infty} g(x) = -\infty$ 이므로

$$\lim_{x \to -\infty} g(x) \times \lim_{x \to 2} g(x) < 0, \quad \lim_{x \to 2} g(x) \times \lim_{x \to 4} g(x) < 0, \quad \lim_{x \to 4} g(x) \times \lim_{x \to \infty} g(x) < 0$$

이다. 따라서 세 구간 $(-\infty, 2)$, $(2, 4)$, $(4, \infty)$에서 각각 $g(x)=0$의 실근이 적어도 하나씩 존재하므로
$g(x)=0$의 실근은 적어도 3개 이상이다.

또한 $g(x)=0$은 삼차방정식이므로 실근은 3개 이하이다.

이 두 사실로부터 방정식 $g(x)=0$의 실근은 정확히 3개임을 알 수 있다.

따라서 $f(x)=0$의 실근은 $x=2, 4$를 포함하여 총 5개이다.

+ 기대T comment

참고로 함숫값의 곱의 부호로 사잇값 정리를 적용하는게 일반적이지만, 극한값의 곱의 부호로 적용시켜도 무방하다.
(어차피 함수가 연속인 구간에서 적용시키는 정리니까)

$f(-1)=1$, $f(2)=1$ 이니까 부호가 똑같네~ 그럼 구간 $(-1, 2)$에서 $f(x)=0$의 실근이 없겠어!
라고 푸는 것이 1st 오개념에 해당한다.

$f(0)=-1$이므로 $f(-1)\times f(0)<0$, $f(0)\times f(2)<0$ 이고, 사잇값 정리에 의하여
구간 $(-1, 0)$, $(0, 2)$ 사이에 $f(x)=0$의 실근이 적어도 각각 하나씩 존재한다.

(가)를 읽고 $f(0)\times f(2)<0$으로 바로 해석해선 안된다. 아래 그림 같은 케이스가 있을 수 있다.

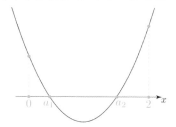

따라서

i) $f(0)>0$ and $f(2)>0$
ii) $f(0)\times f(2)<0$

인 케이스로 나눠서 풀어줘야 한다.[7]

물~론 문제를 다 풀고 나면 결론적으로 혹은 우연적으로 $f(0)\times f(2)<0$가 정답케이스일 순 있다.
하지만 처음부터 이 조건을 확정하면 안된다는 뜻이다.

이후 해설은 생략한다.

---

[7] 당연히 일반적인 문제에선 $f(0)<0$ and $f(2)<0$인 케이스도 다뤄야하지만, 이차함수인 $f(x)$ 특성상 이런 케이스는 (가) 조건을
만족못시키 때문에 생략한 것이다.

$f(x) = \dfrac{1}{x-1} + \dfrac{1}{x-2} + \cdots + \dfrac{1}{x-n}$ 에 대하여

$x < 1$일 때 $f(x) < 0$, $x > n$일 때 $f(x) > 0$ 이다.

또한 구간 $(1, 2)$에서 연속인 함수이고 $\displaystyle\lim_{x \to 1+} f(x) = \infty$, $\displaystyle\lim_{x \to 2-} f(x) = -\infty$ 이므로 사잇값 정리에 의하여

$f(x) = 0$인 x가 구간 $(1, 2)$에 적어도 하나 존재한다.

마찬가지 방법으로 구간 $(2, 3)$, $(3, 4)$, $\cdots$, $(n-1, n)$에서 각각 $f(x) = 0$인 x가 적어도 하나씩 존재하므로

$f(x) = 0$의 실근은 적어도 $(n-1)$개 존재한다. $\cdots$ ①

$\dfrac{1}{x-1} + \dfrac{1}{x-2} + \cdots + \dfrac{1}{x-n}$ 을 통분하면 분자에 $(n-1)$차 함수인 $g(x)$가 만들어진다.

(단, $x = 1, 2, \cdots, n$ 일 때 $g(x) \neq 0$)

따라서 방정식 $\dfrac{1}{x-1} + \dfrac{1}{x-2} + \cdots + \dfrac{1}{x-n} = 0$의 실근은 많아야 $(n-1)$개 이하이다. $\cdots$ ②

①, ②에 의하여 $\dfrac{1}{x-1} + \dfrac{1}{x-2} + \cdots + \dfrac{1}{x-n} = 0$의 실근은 정확히 $(n-1)$개 이다.

+기대T Comment

각 구간 $(1, 2)$, $(2, 3)$, $\cdots$, $(n-1, n)$에서 $f'(x) = -\left\{ \dfrac{1}{(x-1)^2} + \cdots + \dfrac{1}{(x-n)^2} \right\} < 0$ $(x \neq 1, 2, \cdots, n)$

로부터, 미분가능한 구간에서는 $f(x)$가 감소함수임을 설명하면 ②의 사실을 대체설명할 수 있다.

미분

예제가 아닌 논제 해설들은 뒤에 있어요 :)

아무 과정 없이 $f'(2) = 3$이라고 바로 했다면, 이 교재 극한부터 다시 복습하고 와야한다.

$\lim\limits_{x \to 2} \dfrac{f(x) - 1}{x - 2} = 3$에서 알 수 있는 사실은 $f(2) = 1$이 아니라 $\lim\limits_{x \to 2} f(x) = 1$ 라고 분명히 얘기했다.

지금 문제에선 $f'(2)$는 존재하지 않는다. 왜냐하면 $\lim\limits_{x \to 2} \dfrac{f(x) - 1}{x - 2}$이 미분계수 정의에 맞으려면

$\lim\limits_{x \to 2} \dfrac{f(x) - f(2)}{x - 2}$ 형태가 완성돼야만 하기 때문이다.

따라서 $\lim\limits_{x \to 2} f(x) = 1$ 로부터 $f(2) = 1$을 이끌어내기 위해서는 함수 $f(x)$는 $x = 2$에서 연속이라는 조건이 추가로

필요하다.

이 조건이 있다면 $f(2) = 1$ 이므로 $\lim\limits_{x \to 2} \dfrac{f(x) - 1}{x - 2} = \lim\limits_{x \to 2} \dfrac{f(x) - f(2)}{x - 2} = 3$ 이다.

연속조건을 추가했더니 $f'(2) = 3$임을 알 수 있는 논리가 비로소 완성된 것이다.

[1] $\left| \sin \dfrac{1}{x} \right| \le 1$ 이므로 $|x| \left| \sin \dfrac{1}{x} \right| = \left| x \sin \dfrac{1}{x} \right| \le |x|$ 이다.

따라서 $\lim\limits_{x \to 0} \left| x \sin \dfrac{1}{x} \right| \le \lim\limits_{x \to 0} |x| = 0$ 에서 $\lim\limits_{x \to 0} \left| x \sin \dfrac{1}{x} \right| = 0$, $\lim\limits_{x \to 0} x \sin \dfrac{1}{x} = 0 \ \cdots$ ① 임을 알 수 있다.

$$\lim_{x \to 0} \frac{f(x) - f(0)}{x - 0} = \lim_{x \to 0} \frac{x^2 \sin \dfrac{1}{x}}{x} = \lim_{x \to 0} x \sin \frac{1}{x}$$
$$= 0 \qquad\qquad (\because ①)$$

이므로 $f'(0) = 0$ 이다. 따라서 $x = 0$ 에서 미분가능하다.

[2] $f'(x) = \begin{cases} 2x \sin \dfrac{1}{x} - \cos \dfrac{1}{x} & (x \neq 0) \\ 0 & (x = 0) \end{cases}$ 이므로 $\lim\limits_{x \to 0} f'(x) = \lim\limits_{x \to 0} \left(2x \sin \dfrac{1}{x} - \cos \dfrac{1}{x} \right)$ 인데

①에 의해 $\lim\limits_{x \to 0} 2x \sin \dfrac{1}{x} = 0$ 이고 $\lim\limits_{x \to 0} \cos \dfrac{1}{x}$ 가 발산 (진동) 하므로, $\lim\limits_{x \to 0} f'(x)$ 의 값은 존재하지 않는다.

[3] $\lim\limits_{x \to 0} f'(x) \neq f'(0)$ 이므로 $f'(x)$ 는 $x = 0$ 에서 불연속이다.

$a < b$ 라 해도 일반성을 잃지 않는다. $f(x) = \dfrac{\ln x}{x}$ 라 하면 $f'(x) = \dfrac{1 - \ln x}{x^2}$ 를 얻는다.

따라서 $f(x)$ 는 $x < e$ 에서는 증가, $x > e$ 에서는 감소하므로, $x = e$ 에서 극댓값이자 최댓값을 갖는다. $\cdots$ ①

$a^b = b^a \Leftrightarrow f(a) = f(b)$ 이려면 ①에 의하여 $a < e < b$ 여야 하는데, $e = 2.71 \cdots$ 이므로 이보다 작은 자연수 a 는 1 또는 2 만 가능하다.

i) $a = 1$ 이면, 항상 $f(1) = 0 < f(b)$ 이므로 $f(a) = f(b)$ 일 수 없다.

ii) $a = 2$ 이면, 자연수 b 또한 2 의 제곱꼴이 돼야하고 $b = 4$ 일 때, $a^b = b^a$ 를 만족함을 알 수 있다.

4 보다 큰 값 b' 에 대해서는 $f(2) = f(4) > f(b')$ 임을 $y = \dfrac{\ln x}{x}$ 그래프로 확인할 수 있으므로,

$(a, b) = (2, 4)$ 가 유일한 순서쌍이다.

마찬가지 방식으로, $b < a$ 일 때 (a, b) 는 $(4, 2)$ 뿐임을 알 수 있다.

따라서 $a^b = b^a$ 을 만족시키는 서로 다른 양의 정수 a, b 의 순서쌍 (a, b) 는 $(2, 4)$, $(4, 2)$ 뿐이다.

[1] $y = e^x$ 를 미분하면 $y' = e^x$ 이므로 점 $(0, 1)$ 에서 접선의 기울기는 1 이다.

따라서 $f(x) = x + 1$ 이다.

$g(x) = e^x - x - 1$ 이라고 하자. $g(x)$ 를 미분하면 $g'(x) = e^x - 1$ 이므로 $g(x)$ 의 증가와 감소를 표로 나타내면 다음과 같다.

x	$\cdots$	0	$\cdots$
$g'(x)$	$-$	0	$+$
$g(x)$	$\searrow$	0 (극소)	$\nearrow$

따라서 $g(0) = 0$ 은 극솟값이자 최솟값이다.

[2] $h(x) = 2x^2 + x + 1 - e^x$ 이라고 하면 $h'(x) = 4x + 1 - e^x$, $h''(x) = 4 - e^x$ 이다.

열린 구간 $(0, 1)$ 에서 $h''(x) > 0$ 이므로 $h'(x)$ 는 구간 $(0, 1)$ 에서 증가한다.

한편 $h'(0) = 0$ 이므로 $0 < x < 1$ 에서 $h'(x) > 0$ 이다.

따라서 $h(x)$ 는 열린 구간 $(0, 1)$ 에서 극값을 가지지 않으므로, $h(x)$ 는 경계에서 최대, 최소를 가진다.

여기서 $h(0) = 0$, $h(1) > 0$ 이므로 함수 $h(x)$ 의 최솟값은 0 이다.

[3] 문항 **[2]** 에 의해서 $0 \le x \le 1$ 에서 $2x^2 + x + 1 - e^x \ge 0$ 이므로 부등식

$$e^x \le 1 + x + 2x^2$$

이 성립한다. 모든 자연수 n 에 대하여 $0 < \dfrac{1}{n} \le 1$ 이므로 $x = \dfrac{1}{n}$ 을 위 부등식에 대입하면

$$\sqrt[n]{e} \le 1 + \frac{1}{n} + \frac{2}{n^2}$$ 가 성립한다.

[4] 문항 **[1]** 에 의해서 $e^x \ge 1 + x$ 가 성립한다. 여기서 $x = \dfrac{1}{n}$ 을 대입하면, 모든 자연수 n 에 대하여

$$\frac{1}{n} \le \sqrt[n]{e} - 1$$ 이 성립함을 알 수 있다. 또 문항 **[3]** 에 의하여

$$\sqrt[n]{e} - 1 \le \frac{1}{n} + \frac{2}{n^2}$$

가 모든 자연수 n 에 대하여 성립한다. $c_n = n(\sqrt[n]{e} - 1)$ 이라고 하면 모든 자연수 n 에 대하여

$1 \le c_n \le 1 + \dfrac{2}{n}$ 가 성립한다. $a_n = 1$, $b_n = 1 + \dfrac{2}{n}$ 라고 하면 $\displaystyle\lim_{n \to \infty} a_n = \lim_{n \to \infty} b_n = 1$ 이므로 제시문 (나)에

의하여 $\displaystyle\lim_{n \to \infty} n(\sqrt[n]{e} - 1) = 1$ 이다.

[1] 함수 $g(x)$를 미분하면 $g'(x) = \cos x - \dfrac{1 \cdot (1+x^2) - x \cdot 2x}{(1+x^2)^2} = \cos x - \dfrac{1-x^2}{(1+x^2)^2}$ 이다.

제시문 (가)를 이용하면, $0 < x < 1$ 일 때

$$g'(x) = \cos x - \frac{1-x^2}{(1+x^2)^2} > \sqrt{1-x^2} - \frac{1-x^2}{(1+x^2)^2} = \sqrt{1-x^2}\left(1 - \frac{\sqrt{1-x^2}}{(1+x^2)^2}\right) > 0$$

이므로 $g(x)$는 증가한다.

[2] 함수 $h(x) = \sin x - \dfrac{1}{x+n}$ 에 대하여 제시문 (가)의 $\sin x < x \, (0 < x < 1)$ 을 이용하면

$$h\left(\frac{1}{n+\sqrt{n}}\right) = \sin\left(\frac{1}{n+\sqrt{n}}\right) - \frac{1}{\dfrac{1}{n+\sqrt{n}}+n} < \frac{1}{n+\sqrt{n}} - \frac{1}{\dfrac{1}{n+\sqrt{n}}+n} < 0 \text{ 임을 알 수 있다.}$$

문제 **[5-1]** 번의 결과와 $g(0) = 0$ 인 사실을 이용하면, $0 < x \le 1$ 일 때 $g(x) > 0$ 이므로

$\sin x > \dfrac{x}{1+x^2}$ 이다. 이 부등식을 이용하면

$$h\left(\frac{1}{n}\right) = \sin\left(\frac{1}{n}\right) - \frac{1}{\dfrac{1}{n}+n} > \frac{\dfrac{1}{n}}{1+\left(\dfrac{1}{n}\right)^2} - \frac{1}{\dfrac{1}{n}+n} = 0$$

이다. 따라서 제시문 (나)에 의해 $\dfrac{1}{n+\sqrt{n}} < a_n < \dfrac{1}{n}$ 임을 알 수 있다.

[3] 문제 **[2]** 의 결과와 $\displaystyle\lim_{n\to\infty}\frac{1}{n} = \lim_{n\to\infty}\frac{1}{n+\sqrt{n}} = 0$, $\displaystyle\lim_{n\to\infty}\frac{n}{n+\sqrt{n}} = 1$ 를 이용하여

$\displaystyle\lim_{n\to\infty} a_n = 0$, $\displaystyle\lim_{n\to\infty} n a_n = 1$ 임을 알 수 있다. 따라서

$$\lim_{n\to\infty} n^2 \int_0^{a_n} \sin x \, dx = \lim_{n\to\infty} n^2 (1 - \cos a_n) = \lim_{n\to\infty} n^2 a_n^2 \cdot \frac{\sin^2 a_n}{a_n^2} \cdot \frac{1}{1+\cos a_n} = \frac{1}{2} \text{ 이다.}$$

[1] 사용되는 직사각형의 넓이를 A라 하면, $A = 2\pi r(2r + h)$이고, 부피가 1이므로 $1 = \pi r^2 h$이다.

따라서 $A = 4\pi r^2 + 2\pi r\left(\dfrac{1}{\pi r}\right) = 4\pi r^2 + \dfrac{2}{r}$ 이다. 즉, A는 변수 r에 대한 함수이다.

$A(r) = 4\pi r^2 + \dfrac{2}{r}$ 라 하고, 미분을 이용하여 $A(r)$이 최소가 되는 r의 값을 구하자.

$A'(r) = 8\pi r - \dfrac{2}{r^2}, \ A''(r) = 8\pi + \dfrac{4}{r^3}$

이므로, $A(r) = 0$이 되는 양수 r을 구하면 $r = \sqrt[3]{\dfrac{1}{4\pi}}$ 이고, $A''\left(\sqrt[3]{\dfrac{1}{4\pi}}\right) = 8\pi + 4(4\pi) = 24\pi > 0$이다.

따라서 '이계도함수를 이용한 극대와 극소의 판정' 에 의하여, 넓이 A는 $r = \sqrt[3]{\dfrac{1}{4\pi}}$ 일 때 최소가 된다.

[2] 사용되는 직사각형의 넓이를 $B(r)$라 하면, $B(r) = (2\pi r + 2r)h$이고, 부피가 1이므로 $1 = \pi r^2 h$이다.

따라서 $B(r) = \dfrac{2\pi r + 2r}{\pi r^2} = \dfrac{2\pi + 2}{\pi r}$ 이다.

한편 세로의 길이가 상수 h인 판에서 반지름의 길이가 r이 원 2개를 세로로 잘라내야 하므로 $4r \le h$ 이다.
(이 부등식이 히든조건에 해당)

이 결과와 $h = \dfrac{1}{\pi r^2}$ 로부터 $4r \le h = \dfrac{1}{\pi r^2}$ 을 풀면 $r \le \sqrt[3]{\dfrac{1}{4\pi}}$ 임을 알 수 있고,

$B(r)$는 r의 감소함수이므로 r이 최대인 $\sqrt[3]{\dfrac{1}{4\pi}}$ 일 때 넓이 $B(r)$은 최소가 된다.

[1] 오른쪽 그림과 같이 원 S_1과 원 S_2의 중점을 각각 O_1과 O_2라 하고, 점 T를 지나고 선분 AB에 평행한 직선이 원 S_1과 S_2와 만나는 점을 각각 G와 H라 하자. 삼각형 O_1ET는 선분 O_1E와 O_1T의 길이가 같은 이등변 삼각형이다. 따라서 O_1을 지나고 선분 AB에 평행한 직선은 선분 ET를 이등분한다. 마찬가지로 O_1을 지나고 선분 BC에 평행한 직선은 선분 GT를 이등분하고, O_2를 지나고 선분 AB에 평행한 직선은 선분 FT를 이등분하며, O_2를 지나고 선분 BC에 평행한 직선은 선분 HT를 이등분한다.

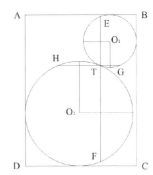

원 S_1과 원 S_2의 반지름을 각각 r_1과 r_2라 하고, $\dfrac{\overline{GH}}{2} = k$라 하면,

$\overline{AB} = r_1 + r_2 + \dfrac{\overline{GH}}{2}$이므로

$$100 = r_1 + r_2 + k \cdots ①$$

이고,

$$\overline{BC} = r_1 + r_2 + \dfrac{\overline{EF}}{2} = r_1 + r_2 + 60 \cdots ②$$

이다. ①에 의해 두 원의 중심사이의 거리는 $\overline{O_1O_2} = r_1 + r_2 = 100 - k$이고,

$\overline{O_1O_2}^2 = \left(\dfrac{\overline{GH}}{2}\right)^2 + \left(\dfrac{\overline{EF}}{2}\right)^2$이므로, $(100-k)^2 = k^2 + 60^2$이다. 따라서 $\dfrac{\overline{GH}}{2} = k = 32 \cdots ③$

이다. ①과 ③으로부터 $r_1 + r_2 = 68$이므로, ②에 의해 $\overline{BC} = r_1 + r_2 + 60 = 128$이다. 따라서 사각형 ABCD의 넓이는 12800이다.

[2] 원 S_1과 원 S_2가 사각형 ABCD의 내부에 있으므로, $0 \le r_1 \le 50$이고 $0 \le r_2 \le 50$이다. 또한 **[1]** 에서 $r_1 + r_2 = 68$이므로 $18 \le r_1 \le 50$이고 $18 \le r_2 \le 50$이다. (히든조건에 해당)

두 원의 넓이의 합은 $\pi(r_1{}^2 + r_2{}^2) = \pi\{r_1{}^2 + (68-r_1)^2\} = \pi(2r_1^2 - 136r_1 + 4624)$이므로, 두 원의 넓이의 합의 최댓값과 최솟값은 $18 \le r_1 \le 50$에서 함수 $f(r_1) = \pi(2r_1{}^2 - 136r_1 + 4624)$의 최댓값과 최솟값이다.

$f'(r_1) = \pi(4r_1 - 136)$이므로, $f'(34) = 0$이다. $18 < r_1 < 34$일 때 $f'(r_1) < 0$이고, $34 < r_1 < 50$일 때 $f'(r_1) > 0$이므로, $f(r_1)$일 때 최솟값 $f(34) = 2312\pi$를 가진다. 따라서 두 원의 넓이의 합의 최솟값은 2312π이며, 이때 두 원의 반지름은 34로 서로 같다.

$f(r_1)$은 $f(18) = f(50) = 2824\pi$일 때 최대이므로, 두 원의 넓이의 합의 최댓값은 2824π이며, 이때 두 원의 반지름은 각각 18과 50이다.

$f(x)$가 닫힌 구간 $[a,b]$에서 연속이고, 열린구간 (a,b)에서 미분가능하므로, 평균값 성리에 의해 이 구간에 속하는 임의의 실수 x_1, x_2 $(x_1 < x_2)$에 대하여, $\dfrac{f(x_1) - f(x_2)}{x_1 - x_2} = f'(c)$을 만족시키는 c $(x_1 < c < x_2)$ 가 존재한다.

그런데, 항상 $f'(c) = 0$ 이므로, $\dfrac{f(x_1) - f(x_2)}{x_1 - x_2} = 0$ 이다. 따라서 $f(x_1) = f(x_2)$이고, 결국 $f(x)$는 상수함수임을 알 수 있다.

+ 기대T Comment

위 명제를 이용하여 '미분가능한 함수 $f(x)$, $g(x)$에 대하여 $f'(x) = g'(x)$이면 $f(x) = g(x) + c$이다.' 증명

pf) $h(x) = f(x) - g(x)$로 두면, $h'(x) = 0$이다. 위 명제에 의해, $h(x)$는 상수함수이므로, $h(x) = c$이다. (c는 상수)
따라서, $h(x) = f(x) - g(x) = c$ 이므로, $f(x) = g(x) + c$이다.

직선과 곡선 $y = f(x)$ 사이의 교점이 3개 이상이라고 가정하자.
그 교점들을 각각 $A(x_1, y_1)$, $B(x_2, y_2)$, $C(x_3, y_3)$ (단, $x_1 < x_2 < x_3$) 라 하면 두 선분 AB, BC의 기울기는 모두 같고 이 값을 m이라 하자.
열린구간 (x_1, x_2)에서 $m = f'(c_1)$, 열린구간 (x_2, x_3)에서 $m = f'(c_2)$ (by 평균값 정리)인 c_1, c_2가 존재하므로 $f'(c_1) = m = f'(c_2)$이다.
하지만 $f''(x) > 0$이므로 $f'(x)$는 증가함수가 되어 $f'(c_1) = f'(c_2)$인 c_1, c_2가 존재한다는 것은 모순이다.

따라서 교점은 많아야 2개다. ($f''(x) < 0$인 곡선에 대해서도 마찬가지 논리로 증명 가능)

닫힌구간 $[x, x+a]$에서 평균값의 정리를 적용하면
$\dfrac{f(x+a) - f(x)}{(x+a) - x} = f'(c)$ $(x < c < x+a)$인 c가 존재한다. (즉, $f(x+a) - f(x) = af'(c)$인 c가 존재)

$\therefore \lim_{x \to \infty} \{f(x+a) - f(x)\} = \lim_{c \to \infty} af'(c) = \lim_{x \to \infty} af'(x) = ak$

[1] $h(a) = h(b)$ 이므로, 롤의 정리에 의하여 $h'(d) = 0$인 d가 구간 (a, b) 사이에 적어도 하나 존재한다.

$h(b) = h(c)$ 이므로, 롤의 정리에 의하여 $h'(e) = 0$인 e가 구간 (b, c) 사이에 적어도 하나 존재한다.

$h'(d) = h'(e)$ 이므로, 롤의 정리에 의하여 $h''(t) = 0$인 t가 구간 (d, e) 사이에 적어도 하나 존재한다.

[2] $f(x) - g(x) = h(x)$라 하면, $h(b_i) = 0$이므로 $h'(d) = h'(e) = 0$인 두 실수 d, e가 각각 구간 (b_0, b_1), (b_1, b_2)에 적어도 하나 존재한다. ($\because$ 롤의 정리)

다시 $h'(x)$에 대한 롤의 정리에 의하여 $h''(c) = 0$인 c가 구간 (d, e)에 존재한다.

귀류법으로 증명하자. n차 다항방정식 $f(x) = 0$의 실근의 개수가 $n+1$개 이상이라고 가정하고,

그 근을 $x = a_1, a_2, \cdots, a_{n+1}, \cdots$라 하자.

$f(a_1) = 0$, $f(a_2) = 0$ 이므로 롤의 정리에 의하여 $f'(b_1) = 0$인 b_1이 구간 (a_1, a_2)에 적어도 하나 존재한다. 이와

같이 구간 (a_2, a_3), (a_3, a_4), $\cdots$, (a_n, a_{n+1})에서도 롤의 정리를 적용시켜주면

$f'(x) = 0$의 실근은 $x = b_1, b_2, \cdots, b_n, \cdots$로 최소한 n개 이상 존재함을 알 수 있다.

(단, n 이하의 모든 자연수 $m = 1, 2, \cdots, n$에 대하여 $a_m < b_m < a_{m+1}$이 성립)

$f'(b_1) = 0$, $f'(b_2) = 0$ 이므로, 롤의 정리에 의하여 $f''(c_1) = 0$인 c_1이 구간 (b_1, b_2)에 적어도 하나 존재한다.

이후 마찬가지 논리에 의하여 $f''(x) = 0$의 실근은 최소한 $n-1$개 이상 존재함을 알 수 있고, 이를 일반화면

$g(x) = 0$ (단, $g(x)$는 $f(x)$를 $n-1$번 미분하여 만든 일차식)의 실근은 최소한 2개 존재함을 알 수 있다.

하지만 이는 자명한 모순이므로, 귀류법에 의하여 n차 다항방정식 $f(x) = 0$의 실근의 개수는 n개 이하이다.

함수 $f(x) = \sin x$ 는 미분가능한 함수이므로, 평균값 정리에 의해

$$\underline{\sin b - \sin x = \cos\{\alpha(x)\} \times (b-x) \text{인 } \alpha(x) \text{가 } x \text{와 } b \text{ 사이에 항상 존재한다.}}$$

또한 $f'(x) = \cos x$ 는 구간 $[0, \pi]$ 에서 감소하므로, $0 \le a \le x \le b \le \pi$ 일 때

$$\cos b \le \cos\{\alpha(x)\} \le \cos a$$

가 성립한다.

따라서 $(b-x)\cos b \le (b-x)\cos\{\alpha(x)\} = \sin b - \sin x \le (b-x)\cos a$ 이고, 각 변을 a 부터 b 까지 적분하면

$$\int_a^b (b-x)\cos b\, dx \le \int_a^b (\sin b - \sin x)dx \le \int_a^b (b-x)\cos a\, dx$$

이다. 그러므로 $\dfrac{1}{2}(b-a)^2\cos b \le \displaystyle\int_a^b (\sin b - \sin x)dx \le \dfrac{1}{2}(b-a)^2\cos a$ 이다.

[1] 함수 $f(x)=\dfrac{1}{\sqrt{x}}$ 의 그래프를 생각하면, 다음 부등식이 성립한다.

$$\int_1^{n+1} \frac{1}{\sqrt{x}}\,dx \le \sum_{k=1}^{n}\frac{1}{\sqrt{k}} \le 1+\int_1^{n}\frac{1}{\sqrt{x}}\,dx$$

이를 정리하면 $2\left(\sqrt{n+1}-1\right) \le \displaystyle\sum_{k=1}^{n}\frac{1}{\sqrt{k}} \le 1+2\left(\sqrt{n}-1\right)$ 이고, 각 변에 $\dfrac{1}{\sqrt{n}}$ 을 곱한 후에 극한 $\displaystyle\lim_{n\to\infty}$ 을

취하면, $2=\displaystyle\lim_{n\to\infty}\frac{2\left(\sqrt{n+1}-1\right)}{\sqrt{n}} \le \lim_{n\to\infty}\frac{1}{\sqrt{n}}\sum_{k=1}^{n}\frac{1}{\sqrt{k}} \le \lim_{n\to\infty}\frac{1+2\left(\sqrt{n}-1\right)}{\sqrt{n}}=2$ 임을 알 수 있다.

그러므로 $\displaystyle\lim_{n\to\infty}\frac{1}{\sqrt{n}}\sum_{k=1}^{n}\frac{1}{\sqrt{k}}=2$ 이다.

[2] 첫 번째로 주어진 급수를 다음과 같이 정리할 수 있다.

$$\sum_{k=1}^{n}\int_{\frac{k-1}{n}}^{\frac{k}{n}} n\left(\frac{k-1}{n}\right)^4\left(\frac{k}{n}-x\right)dx = \sum_{k=1}^{n}n\left(\frac{k-1}{n}\right)^4\left(\frac{1}{2n^2}\right)=\frac{1}{2}\sum_{k=1}^{n}\left(\frac{k-1}{n}\right)^4\left(\frac{1}{n}\right)$$

따라서 제시문 (나)에 의해 구하고자 하는 극한값은 아래와 같이 계산할 수 있다.

$$\lim_{n\to\infty}\left[\sum_{k=1}^{n}\int_{\frac{k-1}{n}}^{\frac{k}{n}} n\left(\frac{k-1}{n}\right)^4\left(\frac{k}{n}-x\right)dx\right] = \frac{1}{2}\lim_{n\to\infty}\sum_{k=1}^{n}\left(\frac{k-1}{n}\right)^4\left(\frac{1}{n}\right)=\frac{1}{2}\int_0^1 x^4\,dx=\frac{1}{10}$$

동일한 방식으로 두 번째 극한값을 아래와 같이 계산 가능하다.

$$\lim_{n\to\infty}\left[\sum_{k=1}^{n}\int_{\frac{k-1}{n}}^{\frac{k}{n}} n\left(\frac{k}{n}\right)^4\left(\frac{k}{n}-x\right)dx\right] = \lim_{n\to\infty}\left[\sum_{k=1}^{n}n\left(\frac{k}{n}\right)^4\left(\frac{1}{2n^2}\right)\right]$$

$$= \frac{1}{2}\lim_{n\to\infty}\left[\sum_{k=1}^{n}\left(\frac{k}{n}\right)^4\left(\frac{1}{n}\right)\right]=\frac{1}{2}\int_0^1 x^4\,dx=\frac{1}{10}$$

[3] 제시문 (다)에 의해 아래의 등식이 성립함을 알 수 있다.

$$\sum_{k=1}^{n}f\left(\frac{k}{n}\right)-n\int_0^1 f(x)\,dx = n\sum_{k=1}^{n}\frac{1}{n}f\left(\frac{k}{n}\right)-n\sum_{k=1}^{n}\int_{\frac{k-1}{n}}^{\frac{k}{n}}f(x)\,dx = n\sum_{k=1}^{n}\int_{\frac{k-1}{n}}^{\frac{k}{n}}\left(f\left(\frac{k}{n}\right)-f(x)\right)dx$$

한편, $f(x)$ 가 미분가능한 함수이고 $\dfrac{k-1}{n} \le x \le \dfrac{k}{n}$ (단, $k=1, 2, \cdots, n$) 인 x 에 대하여

$$f\left(\frac{k}{n}\right)-f(x)=f'(\theta_k(x))\left(\frac{k}{n}-x\right) \cdots \text{①} \text{(방금 교재에서 배운 평균값 정리 문법)}$$

을 만족시키는 $\theta_k(x)\in\left[x,\dfrac{k}{n}\right]\subset\left[\dfrac{k-1}{n},\dfrac{k}{n}\right]$ 가 항상 존재함을 평균값 정리를 통해 알 수 있다.

여기서 $f(x)=x^5$ 이라 하자. 도함수 $f'(x)=5x^4$ 은 $[0,1]$ 에서 증가함수이므로,

$\theta_k(x)\in\left[\dfrac{k-1}{n},\dfrac{k}{n}\right]\subset[0,1]$ 에 대하여 $f'\left(\dfrac{k-1}{n}\right) \le f'(\theta_k(x)) \le f'\left(\dfrac{k}{n}\right)$ 이다.

양변에 $\dfrac{k}{n}-x$를 곱하면 $5\left(\dfrac{k-1}{n}\right)^4\left(\dfrac{k}{n}-x\right) \le f'(\theta_k(x))\left(\dfrac{k}{n}-x\right) \le 5\left(\dfrac{k}{n}\right)^4\left(\dfrac{k}{n}-x\right)$임을 알 수 있고,

이 식에 ①식을 적용 후 양변에 적분 및 시그마를 걸어주면 아래와 같은 부등식을 얻을 수 있다.

$$n\sum_{k=1}^{n}\int_{\frac{k-1}{n}}^{\frac{k}{n}}5\left(\dfrac{k-1}{n}\right)^4\left(\dfrac{k}{n}-x\right)dx \le n\sum_{k=1}^{n}\int_{\frac{k-1}{n}}^{\frac{k}{n}}\left(\left(\dfrac{k}{n}\right)^5-x^5\right)dx \le n\sum_{k=1}^{n}\int_{\frac{k-1}{n}}^{\frac{k}{n}}5\left(\dfrac{k}{n}\right)^4\left(\dfrac{k}{n}-x\right)dx$$

[2]번 문제에서 계산한 결과를 활용하여, 위 부등식 양쪽 끝을 $n\to\infty$ 일 때의 극한값을 계산하면 $\dfrac{1}{2}$로 동일함을 알

수 있다. 따라서 제시문 (가)에 의해 문제에서 구하고자 하는 극한값은 $\displaystyle\lim_{n\to\infty}\left[\sum_{k=1}^{n}\left(\dfrac{k}{n}\right)^5-n\int_{0}^{1}x^5dx\right]=\dfrac{1}{2}$이다.

교토대 의대 문제 : 한양대 모의문제의 일반형 버전인 2020 교토대 의대 문제는 아래 사진 참고
(TMI : 20년부터 기대T의 일본 본고사 선별을 도와주고 계시는 분의 노트북 화면캡처 + 깨알 기대T 카톡)

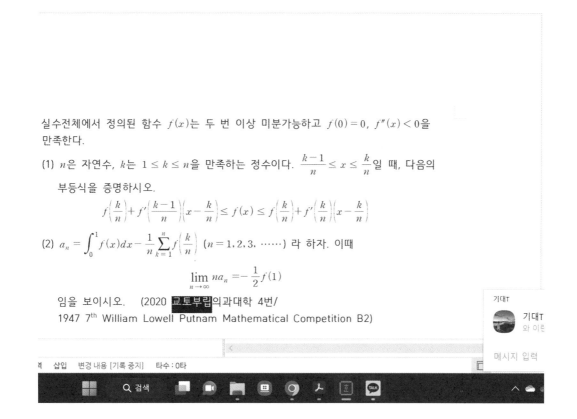

실수전체에서 정의된 함수 $f(x)$는 두 번 이상 미분가능하고 $f(0)=0$, $f''(x)<0$을
만족한다.

(1) n은 자연수, k는 $1\le k\le n$을 만족하는 정수이다. $\dfrac{k-1}{n}\le x\le\dfrac{k}{n}$일 때, 다음의

부등식을 증명하시오.

$$f\left(\dfrac{k}{n}\right)+f'\left(\dfrac{k-1}{n}\right)\left(x-\dfrac{k}{n}\right)\le f(x)\le f\left(\dfrac{k}{n}\right)+f'\left(\dfrac{k}{n}\right)\left(x-\dfrac{k}{n}\right)$$

(2) $a_n=\displaystyle\int_{0}^{1}f(x)dx-\dfrac{1}{n}\sum_{k=1}^{n}f\left(\dfrac{k}{n}\right)$ $(n=1,2,3,\cdots\cdots)$ 라 하자. 이때

$$\lim_{n\to\infty}na_n=-\dfrac{1}{2}f(1)$$

임을 보이시오. (2020 교토부립의과대학 4번/
1947 7th William Lowell Putnam Mathematical Competition B2)

기대T
기대T
와 이런
메시지 입력

삽입   변경 내용 [기록 중지]   타수 : 0타

[1] 함수 $f(x) = \sqrt{x}$ 에 대하여 열린구간 $(a^2 - b,\ a^2)$ 에서 평균값의 정리에 의하여

$$\frac{a - \sqrt{a^2 - b}}{b} = f'(c_1)$$

인 실수 c_1 이 열린구간 $(a^2 - b,\ a^2)$ 에서 존재한다. 열린구간 $(a^2,\ a^2 + b)$ 에서 평균값의 정리에 의하여

$$\frac{\sqrt{a^2 + b} - a}{b} = f'(c_2)$$

인 실수 c_2 가 열린구간 $(a^2,\ a^2 + b)$ 에서 존재한다. 양의 실수 x 에 대하여 함수 $f'(x)$ 는 감소함수이고 $c_1 < a^2 < c_2$ 이므로

$$f'(c_2) < f'(a^2) < f'(c_1) \Rightarrow \frac{\sqrt{a^2 + b} - a}{b} < \frac{1}{2a} < \frac{a - \sqrt{a^2 - b}}{b}$$

$$\Rightarrow \sqrt{a^2 + b} - a < \frac{b}{2a} < a - \sqrt{a^2 - b} \ \text{이다.}$$

[2] 함수 $g(x) = \sqrt[3]{x}$ 에 대하여 열린구간 $(a^3 - b,\ a^3)$ 에서 평균값의 정리에 의하여

$$\frac{a - \sqrt[3]{a^3 - b}}{b} = g'(c_1)$$

인 실수 c_1 이 열린구간 $(a^3 - b,\ a^3)$ 에서 존재한다. 열린구간 $(a^3,\ a^3 + b)$ 에서 평균값의 정리에 의하여

$$\frac{\sqrt[3]{a^3 + b} - a}{b} = g'(c_2)$$

인 실수 c_2 가 열린구간 $(a^3,\ a^3 + b)$ 에서 존재한다. 양의 실수 x 에 대하여 함수 $g'(x)$ 는 감소함수이고 $c_1 < a^3 < c_2$ 이므로

$$g'(c_2) < g'(a^3) < g'(c_1) \Rightarrow \frac{\sqrt[3]{a^3 + b} - a}{b} < \frac{1}{3a^2} < \frac{a - \sqrt[3]{a^3 - b}}{b}$$

$$\Rightarrow \sqrt[3]{a^3 + b} - a < \frac{b}{3a^2} < a - \sqrt[3]{a^3 - b} \ \text{이다.}$$

($\dfrac{b}{3a^2}$ 부분은 굳이 보일 필요 없었지만, **[3]**을 위하여 미리 보여둠)

[3] **[1]**에서 부등식

$$\sqrt{a^2 + b} - a < \frac{b}{2a} < a - \sqrt{a^2 - b} \ \cdots\cdots \ ①$$

이 성립함을 보였다. $75^2 = 5625$ 이므로, ①에 의해 부등식

$$\left| 75 - \sqrt{5627} \right| = \sqrt{5627} - 75 = \sqrt{75^2 + 2} - 75 < \frac{2}{2 \times 75} = \frac{1}{75}$$

이 성립한다. 또한 **[2]**의 증명으로부터 부등식

$$\sqrt[3]{a^3 + b} - a < \frac{b}{3a^2} < a - \sqrt[3]{a^3 - b}$$

이 성립함을 알 수 있다. $341 = 343 - 2 = 7^3 - 2$ 이므로 부등식 ②에 의해

$$\left| 7 - \sqrt[3]{341} \right| = 7 - \sqrt[3]{341} = 7 - \sqrt[3]{7^3 - 2} > \frac{2}{3 \times 7^2} = \frac{2}{147} = \frac{1}{73.5} > \frac{1}{75}$$

이 성립한다. 그러므로 $\left| 75 - \sqrt{5627} \right| < \left| 7 - \sqrt[3]{341} \right|$ 임을 알 수 있다.

치환하여 다음과 같이 정리한다.

$$I = \int_{-1}^{-b} \frac{f(a+x)}{x} dx + \int_{b}^{1} \frac{f(a+x)}{x} dx = \int_{b}^{1} \frac{f(a+x) - f(a-x)}{x} dx$$

이다.

평균값의 정리에 의해 함수 $f(x)$ 가 구간 $[a-x, \, a+x]$ 에서 연속이고 구간 $(a-x, \, a+x)$ 에서 미분가능하므로

$\dfrac{f(a+x) - f(a-x)}{2x} = f'(c)$ 인 c 가 구간 $(a-x, \, a+x)$ 에 존재한다.

$\dfrac{f(a+x) - f(a-x)}{x} = 2f'(c)$ 이므로 $-2 \leq \dfrac{f(a+x) - f(a-x)}{x} \leq 2$ 이다.

$$\int_{b}^{1} (-2) dx \leq \int_{b}^{1} \frac{f(a+x) - f(a-x)}{x} dx \leq \int_{b}^{1} 2 \, dx$$

$$-2(1-b) \leq \int_{b}^{1} \frac{f(a+x) - f(a-x)}{x} dx \leq 2(1-b)$$

따라서 $0 < b < 1$ 이므로 $-2 \leq \displaystyle\int_{b}^{1} \frac{f(a+x) - f(a-x)}{x} dx \leq 2$ 이다.

[1] 문제 정의에 의하여 $2n\pi < a_n < 2n\pi + \dfrac{\pi}{2}$ 이므로

$0 < a_n - 2n\pi < \dfrac{\pi}{2}$, $0 < (a_{n+1} - 2\pi) - 2n\pi < \dfrac{\pi}{2}$ ⋯ ① 이므로 뒷 부등식의 좌변으로부터

$2(n+1)\pi < a_{n+1}$ ⋯ ② 임을 알 수 있다. 그리고

$\sin(a_{n+1} - 2\pi) - \sin a_n = \sin a_{n+1} - \sin a_n = \dfrac{1}{a_{n+1}} - \dfrac{1}{a_n} < 0$ 이므로 $\sin(a_{n+1} - 2\pi) < \sin a_n$ 이다.

사인함수의 주기 성질에 의하여

$\sin(a_{n+1} - 2\pi) < \sin a_n \Leftrightarrow \sin(a_{n+1} - 2(n+1)\pi) < \sin(a_n - 2n\pi)$

$\Leftrightarrow a_{n+1} - 2(n+1)\pi < a_n - 2n\pi$ ($\because$ ①, $0 < x < \dfrac{\pi}{2}$ 에서 $y = \sin x$ 는 증가함수)

이므로 $a_{n+1} - 2\pi < a_n$ 이다. ⋯ ③ 따라서 ②, ③에 의하여 $2n\pi < a_{n+1} - 2\pi < a_n$ 임을 알 수 있다.

[2] 구간 $[a_{n+1} - 2\pi, a_n]$ 에서 함수 $f(x) = \sin x$ 에 평균값 정리를 적용하면

$$\frac{\sin a_n - \sin(a_{n+1} - 2\pi)}{a_n - a_{n+1} + 2\pi} = \cos b_n$$

인 b_n 이 $a_{n+1} - 2\pi$ 와 a_n 사이에 적어도 하나 존재한다. 즉,

$a_n - a_{n+1} + 2\pi = \dfrac{\sin a_n - \sin(a_{n+1} - 2\pi)}{\cos b_n} = \dfrac{\sin a_n - \sin a_{n+1}}{\cos b_n} = \dfrac{1}{\cos b_n}\left(\dfrac{1}{a_n} - \dfrac{1}{a_{n+1}}\right)$ 을 얻는다.

[3] $0 < a_n - (a_{n+1} - 2\pi) < \dfrac{\pi}{2}$ 이므로 제시문 (나)에 의하여

$\sin(a_n - (a_{n+1} - 2\pi)) < a_n - a_{n+1} + 2\pi$ 을 얻는다. **[1]** 과 **[2]** 의 결과를 이용하면

$\sin(a_n - a_{n+1}) < \dfrac{1}{\cos b_n}\left(\dfrac{1}{a_n} - \dfrac{1}{a_{n+1}}\right)$ 이고 $1 - \dfrac{2\pi}{a_{n+1}} < \dfrac{a_n}{a_{n+1}} < 1$ 임을 알 수 있다.

따라서 $0 < a_n \sin(a_n - a_{n+1}) < \dfrac{1 - \dfrac{a_n}{a_{n+1}}}{\cos b_n}$ 이고, $\lim\limits_{n \to \infty} \cos b_n = 1$ 이므로 $\lim\limits_{n \to \infty} \dfrac{1 - \dfrac{a_n}{a_{n+1}}}{\cos b_n} = 0$ 이다.

즉, 제시문 (다)에 의하여 $\lim\limits_{n \to \infty} a_n \sin(a_{n+1} - a_n) = 0$ 임을 알 수 있다.

TIP

$\lim\limits_{n\to\infty}\cos b_n = 1$ 인 이유

$0 < \dfrac{1}{a_n} < \dfrac{1}{2n\pi}$ 이므로 $0 \le \lim\limits_{n\to\infty}\sin a_n = \lim\limits_{n\to\infty}\dfrac{1}{a_n} \le 0$ 이며 $\lim\limits_{n\to\infty}\sin a_n = 0$ 이다. $\sin^2 a_n + \cos^2 a_n = 1$ 이므로

$\lim\limits_{n\to\infty}\cos a_n = 1$ $\left(\because 2n\pi < a_n < 2n\pi + \dfrac{\pi}{2}\right)$ 임을 알 수 있다.

$2n\pi < a_{n+1} - 2\pi < b_n < a_n < 2n\pi + \dfrac{\pi}{2}$ 이고 구간 $\left(2n\pi,\ 2n\pi + \dfrac{\pi}{2}\right)$ 에서 $y = \cos x$ 는 감소함수이므로

$\cos a_n < \cos b_n < \cos(a_{n+1} - 2\pi)$ 이고, 양변에 $\lim\limits_{n\to\infty}$ 을 취하면 제시문 (다)에 의하여

$1 \le \lim\limits_{n\to\infty}\cos b_n \le 1$ 에 의해 $\lim\limits_{n\to\infty}\cos b_n = 1$ 임을 알 수 있다.

해설 18

$f(x) = a_0 x + \dfrac{a_1}{3}x^3 + \dfrac{a_2}{5}x^5 + \cdots + \dfrac{a_n}{2n+1}x^{2n+1}$ 이라 하면 $f(0) = 0$ 이고 문제조건에 의하여 $f(1) = 0$ 이다.

따라서 롤의 정리에 의하여 방정식 $f'(x) = 0$ 의 해 $x = c$ 가 0과 1 사이에 존재한다.

한편 $f'(x) = a_0 + a_1 x^2 + a_2 x^4 + \cdots + a_n x^{2n}$ 에 대하여 $f'(c) = f'(-c)$ 이므로 $x = -c$ 역시 방정식 $f'(x) = 0$ 의 해이다.

따라서 방정식 $a_0 + a_1 x^2 + a_2 x^4 + \cdots + a_n x^{2n} = 0$ 의 실근의 개수는 2 이상이다.

해설 19

구간 $[0, \pi]$ 에서 $e^x \times 0 < e^x \times \sin x < e^x \times 1$ 이므로 $0 \times \displaystyle\int_0^\pi e^x dx < \int_0^\pi e^x \sin x\, dx < 1 \times \int_0^\pi e^x dx$ 이다.

따라서 0과 1 사이의 어떤 실수 k 에 대하여 $\displaystyle\int_0^\pi e^x \sin x\, dx = k \times \int_0^\pi e^x dx$ 이 성립하고 $\sin c = k$ 인 c 가 구간

반드시 존재하므로, $\displaystyle\int_0^\pi e^x \sin x\, dx = \sin c \times \int_0^\pi e^x dx$ 인 c 가 구간 $(0, \pi)$ 에 존재한다.

(이 답안은, 첫 번째 줄에서 $\sin x$ 함수의 최대/최소를 알고 있어서 이렇게 풀었지만, 최대/최소의 값을 모르는 함수가 나오는 경우엔 최대최소정리를 이용하여 증명해야 한다)

[1] $[a, b]$ 에 속하는 x 에 대하여 $F(x) = \displaystyle\int_a^x e^t \sin t\, dt$ 는 미분가능하고 $F'(x) = e^x \sin x$ 로 주어진다.

그러므로 $\displaystyle\int_a^b f(x)dx = F(b) - F(a)$ 이고 평균값의 정리에 의하여

$$\frac{F(b) - F(a)}{b - a} = F'(c) = e^c \sin c$$

가 성립하는 c 가 (a, b) 에 적어도 하나 존재한다.

[2] 부분적분에 의하여 $\displaystyle\int e^x \sin x\, dx = \frac{1}{2}e^x(\sin x - \cos x) + C$ 이므로

$$\int_{-\pi}^{\pi} e^x \sin x\, dx = \left[\frac{1}{2}e^x(\sin x - \cos x) \right]_{-\pi}^{\pi} = \frac{-e^\pi \cos \pi + e^{-\pi}\cos(-\pi)}{2} = \frac{1}{2}\left(e^\pi - e^{-\pi}\right)$$

이고,

$$\sin c = \frac{\displaystyle\int_{-\pi}^{\pi} e^x \sin x\, dx}{\displaystyle\int_{-\pi}^{\pi} e^x\, dx} = \frac{1}{2}\frac{e^\pi - e^{-\pi}}{e^\pi - e^{-\pi}} = \frac{1}{2}$$

이다. 그러므로 $c = \dfrac{1}{6}\pi,\ \dfrac{5}{6}\pi$ 이고 그 합은 π 이다.

즉, 이 문제는 사실 c가 구체적으로 나오는 문제이기 때문에 평균값의 정리를 쓸 필요가 없었던 문제였다.

적분

예제가 아닌 논제 해설들은 뒤에 있어요 :)

해설 1

합성함수 미분법에 의하여

$$\frac{d}{dx}f^{<n-1>} = \frac{d}{dx}\ln(\ln \cdots (\ln(\ln x)) \cdots)$$

$$= \frac{1}{\ln(\ln \cdots (\ln(\ln x)) \cdots)} \times \cdots \times \frac{1}{\ln x} \times \frac{1}{x}$$

$$= \frac{1}{f^{<n-2>} \cdots f^{<1>}f^{<0>}}$$

이를 이용하여 직접 치환적분을 할 수 있다.

$$\text{구하는 식} = \int f\left(f^{<n-1>}\right)\frac{d}{dx}\left(f^{<n-1>}\right)dx = \int f(y)\,dy$$

$$= y(\ln y - 1) + C$$

$$= f^{<n-1>}\left(\ln\left(f^{<n-1>}\right) - 1\right) + C$$

$$= f^{<n-1>}\left(f^{<n>} - 1\right) + C \text{ [8)}$$

따라서 $\displaystyle\int \frac{f^{<n>}}{f^{<0>}f^{<1>}f^{<2>} \cdots f^{<n-2>}}\,dx = f^{<n-1>}\left[f^{<n>} - 1\right] + C$ (단, C 는 적분상수)

---

8) 이 등식까지 안가고 전 등식에서 끝냈어도 충분합니다~

* $\int_0^1 \dfrac{1}{e^x + 1}dx$

$e^x + 1 = t$ 라 하면 $e^x dx = dt$, $dx = \dfrac{1}{t-1}dt$ 이므로

$$\int_0^1 \frac{1}{e^x+1}dx = \int_2^{e+1} \frac{1}{t(t-1)}dt = \int_2^{e+1}\left(\frac{1}{t-1} - \frac{1}{t}\right)dt$$
$$= \left[\ln|t-1| - \ln|t|\right]_2^{e+1} = 1 + \ln 2 - \ln(e+1) \text{ 이다.}$$

* $\int_{\frac{1}{2}}^2 \dfrac{1}{\sqrt{2x}+1}dx$

$\sqrt{2x} + 1 = t$ 라 하면 $\dfrac{\sqrt{2}}{2\sqrt{x}}dx = dt$, $dx = (t-1)dt$ 이므로

$$\int_{\frac{1}{2}}^2 \frac{1}{\sqrt{2x}+1}dx = \int_2^3 \frac{t-1}{t}dt = \left[t - \ln t\right]_2^3 = 1 + \ln\frac{2}{3} \text{ 이다.}$$

* $\int_0^{\frac{\pi}{6}} \dfrac{\tan^3 x}{1 - \tan^2 x}dx$

$\tan x = t$ 라 하면 $\sec^2 x\,dx = dt$, $dx = \dfrac{1}{1+t^2}dt$ 이므로

$$\int_0^{\frac{\pi}{6}} \frac{\tan^3 x}{1-\tan^2 x}dx = \int_0^{\frac{1}{\sqrt{3}}} \frac{t^3}{1-t^2} \times \frac{1}{1+t^2}dt = \int_0^{\frac{1}{\sqrt{3}}} \frac{t^3}{1-t^4}dt$$
$$= \left[-\frac{1}{4}\ln|t^4 - 1|\right]_0^{\frac{1}{\sqrt{3}}} = -\frac{1}{4}\ln\frac{8}{9} \text{ 이다.}$$

[1] 부분적분을 하면 $\int_0^1 2x\,e^{x+x^2}dx = \int_0^1 e^x \times 2x\,e^{x^2}dx = \left[e^x \times e^{x^2}\right]_0^1 - \int_0^1 e^x \times e^{x^2}dx = e^2 - 1 - A$

[2] $\int_0^1 e^{x+\sqrt{x}}dx$에서 $u = \sqrt{x}$ 로 치환하면 $u^2 = x$이고 $dx = 2u\,du$이므로,

$\int_0^1 e^{x+\sqrt{x}}dx = \int_0^1 2u\,e^{u+u^2}du = e^2 - 1 - A$이다. 그러므로

$\int_0^1 f(x)dx = \int_0^1 e^x \times e^{x^2}dx + \int_0^1 e^x \times e^{\sqrt{x}}dx = A + e^2 - 1 - A = e^2 - 1$이 된다.

[3] $\int_2^{2e^2} g(x)dx$에서 $x = f(y)$로 치환하면 $dx = f'(y)dy$ 이므로,

$\int_2^{2e^2} g(x)dx = \int_0^1 y f'(y)dy = \left[yf(y)\right]_0^1 - \int_0^1 f(y)dy = e^2 + 1$ 이다.

$\int_0^{\frac{\pi}{2}} x f(\cos x)dx = \int_0^{\frac{\pi}{2}}\left(\frac{\pi}{2}+0-x\right)f\left(\cos\left(\frac{\pi}{2}+0-x\right)\right)dx$

$= \int_0^{\frac{\pi}{2}}\left(\frac{\pi}{2}-x\right)f(\sin x)dx$ 이므로

$\int_0^{\frac{\pi}{2}} x f(\cos x)dx + \int_0^{\frac{\pi}{2}} x f(\sin x)dx = \int_0^{\frac{\pi}{2}} \frac{\pi}{2} \times f(\sin x)dx = \frac{\pi^2}{4}$ 이다.

[1] $f(x) = \dfrac{x^2}{1+e^x}$ 라 하면 $f(1+(-1)-x) = f(-x) = \dfrac{x^2}{1+e^{-x}} = \dfrac{e^x \times x^2}{e^x+1}$ 이다.

따라서 $\int_{-1}^1 \dfrac{x^2}{1+e^x}dx = \dfrac{1}{2}\int_{-1}^1\left(\dfrac{x^2}{1+e^x}+\dfrac{e^x \times x^2}{1+e^x}\right)dx = \dfrac{1}{2}\int_{-1}^1 x^2 dx = \dfrac{1}{3}$ 이다.

[2] $g(x) = \dfrac{\sin x}{\sin x + \cos x}$ 라 하면 $g\left(\dfrac{\pi}{2}+0-x\right) = \dfrac{\cos x}{\cos x + \sin x}$ 이다.

따라서 $\int_0^{\frac{\pi}{2}} \dfrac{\sin x}{\sin x + \cos x}dx = \dfrac{1}{2}\int_0^{\frac{\pi}{2}}\left(\dfrac{\sin x}{\sin x + \cos x}+\dfrac{\cos x}{\sin x + \cos x}\right)dx = \dfrac{\pi}{4}$ 이다.

[1] $t = \pi - x$로 치환하면, 치환적분법에 의하여

$$\int_0^\pi \frac{e^{\cos t}}{1 + e^{\cos t}} dt = \int_0^\pi \frac{e^{\cos(\pi - x)}}{1 + e^{\cos(\pi - x)}} dx = \int_0^\pi \frac{e^{-\cos x}}{1 + e^{-\cos x}} dx = \int_0^\pi \frac{1}{e^{\cos x} + 1} dx \cdots ① \text{ 이므로}$$

$$\int_0^\pi \frac{e^{\cos t}}{1 + e^{\cos t}} dt = \int_0^\pi \frac{e^{\cos t}}{1 + e^{\cos t}} dt \text{ (항등식)}$$

$$\int_0^\pi \frac{e^{\cos t}}{1 + e^{\cos t}} dt = \int_0^\pi \frac{1}{e^{\cos x} + 1} dx \text{ (①)}$$

위 두 식을 더하면 $2 \times \int_0^\pi \frac{e^{\cos t}}{1 + e^{\cos t}} dt = \int_0^\pi \frac{e^{\cos x} + 1}{e^{\cos x} + 1} dx = \int_0^\pi 1\, dx = \pi$ 이므로

$$\int_0^\pi \frac{e^{\cos t}}{1 + e^{\cos t}} dt = \frac{1}{2} \times \pi = \frac{\pi}{2} \text{ 임을 알 수 있다.}$$

[2] 마찬가지로, $t = \pi - x$로 치환하면, 치환적분법에 의하여

$$\int_0^\pi \sin(\pi \cos t) dt = \int_0^\pi \sin(\pi \cos(\pi - x)) dx$$

$$= \int_0^\pi \sin(-\pi \cos x) dx = -\int_0^\pi \sin(\pi \cos x) dx \cdots ② \text{ 이므로}$$

$$\int_0^\pi \sin(\pi \cos t) dt = \int_0^\pi \sin(\pi \cos t) dt \text{ (항등식)}$$

$$\int_0^\pi \sin(\pi \cos t) dt = -\int_0^\pi \sin(\pi \cos t) dt \text{ (②)}$$

위 두 식을 더하면 $2 \times \int_0^\pi \sin(\pi \cos t) dt = 0$ 이므로 $\int_0^\pi \sin(\pi \cos t) dt = \frac{1}{2} \times 0 = 0$ 이다.

[1] $t = -x$로 치환하면, 치환적분법에 의하여

$$\int_{-\frac{\pi}{2}}^{\frac{\pi}{2}} \sin t \times \ln(1+e^t)\,dt = \int_{-\frac{\pi}{2}}^{\frac{\pi}{2}} (-\sin x) \times \ln(1+e^{-x})(-dx) = \int_{-\frac{\pi}{2}}^{\frac{\pi}{2}} \sin x \times \ln\left(\frac{e^x}{e^x+1}\right)dx \cdots ③$$

이므로

$$\int_{-\frac{\pi}{2}}^{\frac{\pi}{2}} \sin t \times \ln(1+e^t)\,dt = \int_{-\frac{\pi}{2}}^{\frac{\pi}{2}} \sin t \times \ln(1+e^t)\,dt \text{ (항등식)}$$

$$\int_{-\frac{\pi}{2}}^{\frac{\pi}{2}} \sin t \times \ln(1+e^t)\,dt = \int_{-\frac{\pi}{2}}^{\frac{\pi}{2}} \sin t \times \ln\left(\frac{e^t}{e^t+1}\right)dx \text{ (③)}$$

위 두 식을 더한 후 정리하면 $\int_{-\frac{\pi}{2}}^{\frac{\pi}{2}} \sin t \times \ln(1+e^t)\,dt = \frac{1}{2} \times \int_{-\frac{\pi}{2}}^{\frac{\pi}{2}} t\sin t\,dt = 1$ 임을 알 수 있다.

(cf. $\int_{-\frac{\pi}{2}}^{\frac{\pi}{2}} t\sin t\,dt = 2$임은 부분적분으로 계산 가능하다.)

[2] $t = \frac{1}{x}$로 치환하면, 치환적분법에 의하여

$$\int_{\frac{1}{e}}^{e} \frac{\ln t}{1+t^2}\,dt = \int_{\frac{1}{e}}^{e} \frac{\ln\frac{1}{x}}{1+\frac{1}{x^2}} \times \frac{1}{x^2}\,dx = \int_{\frac{1}{e}}^{e} \frac{-\ln x}{x^2+1}\,dx \text{ 이므로, } \int_{\frac{1}{e}}^{e} \frac{\ln t}{1+t^2}\,dt = 0 \text{ 이다.}$$

$$\int_1^2 \frac{1}{x^2-2x+2}\,dx = \int_1^2 \frac{1}{(x-1)^2+1}\,dx$$

$$= \int_0^{\frac{\pi}{4}} \frac{1}{\tan^2\theta+1} \times \sec^2\theta\,d\theta \ (x-1 = \tan\theta \text{ 치환적분})$$

$$= \int_0^{\frac{\pi}{4}} 1\,d\theta = \frac{\pi}{4}$$

$$\frac{3x^4 + 4x^3\ln x - 4x^3 - 8x^2\ln x + 3x^2 + 8x\ln x + 4x + 4}{x^2 - 2x + 2}$$

$$= 4x\ln x + \frac{3x^4 - 4x^3 + 3x^2 + 4x + 4}{x^2 - 2x + 2}$$

$$= (4x\ln x + 3x^2 + 2x + 1) + 1 \times \frac{2x - 2}{x^2 - 2x + 2} + \frac{4}{x^2 - 2x + 2}$$

이다.

(cf. 앞 설명에서 $f(x) = x^2 - 2x + 2$, $q(x) = 4x\ln x + 3x^2 + 2x + 1$, $a = 1$, $r(x) = 4$에 해당)

한편,

$$\int_1^2 4x\ln x \, dx = \left[2x^2\ln x \right]_1^2 - \int_1^2 2x \, dx = 8\ln 2 - 3 \ \cdots \ ①,$$

$$\int_1^2 \left(3x^2 + 2x + 1 + \frac{2x - 2}{x^2 - 2x + 2} \right) dx = \left[x^3 + x^2 + x + \ln\left| x^2 - 2x + 2 \right| \right]_1^2 = 11 + \ln 2 \ \cdots \ ②,$$

$$\int_1^2 \frac{4}{x^2 - 2x + 2} \, dx = 4\int_1^2 \frac{1}{(x-1)^2 + 1} \, dx$$

$$= 4\int_0^{\frac{\pi}{4}} \frac{\sec^2\theta}{\tan^2\theta + 1} \, d\theta \ \ (x - 1 = \tan\theta \ \text{치환})$$

$$= 4\int_0^1 1 \, d\theta = \pi \ \cdots \ ③$$

이므로, ①, ②, ③에 의하여

$$\int_1^2 \frac{3x^4 + 4x^3\ln x - 4x^3 - 8x^2\ln x + 3x^2 + 8x\ln x + 4x + 4}{x^2 - 2x + 2} \, dx = 9\ln 2 + \pi + 8$$

이다.

[1] 두배각공식 $\cos 2x = 2\cos^2 x - 1$에 의하여 $\cos^2 x = \dfrac{1 + \cos 2x}{2}$ 이므로

$$\int_0^{\frac{\pi}{2}} \cos^2 x \, dx = \int_0^{\frac{\pi}{2}} \frac{1 + \cos 2x}{2} dx = \frac{1}{2}\left[x + \frac{1}{2}\sin 2x \right]_0^{\frac{\pi}{2}} = \frac{\pi}{4} \text{이다.}$$

별해)

$I = \displaystyle\int_0^{\frac{\pi}{2}} \cos^2 x \, dx$에서 $x = \dfrac{\pi}{2} - t$ 으로 치환하면[9]

$I = \displaystyle\int_0^{\frac{\pi}{2}} \sin^2 t \, dt$가 나온다. 따라서 $2I = \displaystyle\int_0^{\frac{\pi}{2}} \cos^2 x \, dx + \int_0^{\frac{\pi}{2}} \sin^2 t \, dt = \int_0^{\frac{\pi}{2}} (\cos^2 t + \sin^2 t) dt = \dfrac{\pi}{2}$ 이므로

$I = \dfrac{\pi}{4}$ 임을 알 수 있다.

[2] 세배각공식 $\sin 3x = 3\sin x - 4\sin^3 x$에 의하여 $\sin^3 x = \dfrac{3\sin x - \sin 3x}{4}$ 이므로

$$\int_0^{\frac{\pi}{2}} \sin^3 x \, dx = \int_0^{\frac{\pi}{2}} \frac{3\sin x - \sin 3x}{4} dx = \frac{1}{4}\left[-3\cos x + \frac{1}{3}\cos 3x \right]_0^{\frac{\pi}{2}} = \frac{8}{3} \text{이다.}$$

[3] 삼각함수 합성에 의해 $\sin x + \cos x = \sqrt{2} \times \cos\left(x - \dfrac{\pi}{4}\right)$ 이므로

$$\int_{\frac{\pi}{4}}^{\frac{\pi}{2}} \frac{1}{\sin x + \cos x} dx = \int_{\frac{\pi}{4}}^{\frac{\pi}{2}} \frac{1}{\sqrt{2}} \times \sec\left(x - \frac{\pi}{4}\right)$$

$$= \left[\frac{1}{\sqrt{2}}\ln\left(\sec\left(x - \frac{\pi}{4}\right) + \tan\left(x - \frac{\pi}{4}\right)\right) \right]_{\frac{\pi}{4}}^{\frac{\pi}{2}}$$

$$= \frac{1}{\sqrt{2}}\ln\left(\sqrt{2} + 1\right) \text{이다.}$$

[9] 앞에서 배웠던 선형치환

[1] 구간 $\left[0, \dfrac{\pi}{2}\right]$ 에서 $0 \leq \sin x \leq 1$ 이기 때문에 $\sin^{n+1}x \leq \sin^n x$ 이다. 그러므로

$$I_{n+1} = \int_0^{\frac{\pi}{2}} \sin^{n+1}x\, dx \leq \int_0^{\frac{\pi}{2}} \sin^n x\, dx = I_n$$

이 성립한다.

[2] 교재에서 이미 다룸. 생략

[3] **[2]**에 의하여 $\dfrac{2n}{2n+1} = \dfrac{I_{2n+1}}{I_{2n-1}}$ 이 성립하고, (1)에 의하여 $I_{2n} \leq I_{2n-1}$ 이므로 $\dfrac{I_{2n+1}}{I_{2n-1}} \leq \dfrac{I_{2n+1}}{I_{2n}}$ 이 되고,

또 **[1]**에 의하여 $I_{2n+1} \leq I_{2n}$ 이므로 $\dfrac{I_{2n+1}}{I_{2n}} \leq 1$ 이다.

[4] **[3]**에 의하여 $\dfrac{2n}{2n+1} = \dfrac{I_{2n+1}}{I_{2n}} \leq 1$ 이 성립하므로 샌드위치 정리에 의하여

$1 = \lim_{n \to \infty} \dfrac{2n}{2n+1} \leq \lim_{n \to \infty} \dfrac{I_{2n+1}}{I_{2n}} \leq 1$ 이므로 $\lim_{n \to \infty} \dfrac{I_{2n+1}}{I_{2n}} = 1$ 이다.

Show
and
Prove

2

수리논술을 위한 수학 2 & 미적분

실전논제 해설 모음

$ax^2 + bx + c = a(x-2020)^2 + (4040a+b)(x-2020) + a(2020)^2 + b(2020) + c$

$b' = b + 4040a$, $c' = (2020)^2 a + 2020b + c$ 라 하자.

$t = x - 2020$ 라 하고 $p(t) = at^2 + b't + c'$ 이라 하면,

닫힌구간 $[-1, 1]$ 에서 $|p(t)|$ 의 최댓값이 1 이다.

따라서, $-1 \le p(-1) = a - b' + c' \le 1$, $-1 \le p(1) = a + b' + c' \le 1$, $-1 \le p(0) = c' \le 1$ 이어야 하므로 $-2 \le 2a + 2c' \le 2$, $-2 \le 2b' \le 2$ 이다.

그러므로, $-2 \le a \le 2$, $-1 \le b' \le 1$, $-1 \le c' \le 1$ 이 닫힌구간 $[-1, 1]$ 에서 $|p(t)|$ 의 최댓값이 1 이기 위한 필요조건이다. a, b', c' 가 정수이므로, $a = -2, -1, 0, 1, 2$, $b' = -1, 0, 1$, $c' = -1, 0, 1$ 이 가능한 모든 경우이다.

1. $a = -2$ 인 경우

    $b' = -1$ 이면 $p(t) = -2t^2 - t + c'$ 은 구간 $[-1, 1]$ 에서 최댓값 $\frac{1}{8} + c'$ 와 최솟값 $-3 + c'$ 를 가지므로 $|p(t)|$ 의 최댓값이 1 일 수 없다. 마찬가지로 $b' = 1$ 도 불가능하다.

    $b' = 0$ 이면 $p(t) = -2t^2 + 1$ 이 조건을 만족한다. (1개)

2. $a = -1$ 인 경우

    $b' = -1$ 이면 $p(t) = -t^2 - t + c'$ 는 구간 $[-1, 1]$ 에서 최댓값 $\frac{1}{4} + c'$ 와 최솟값 $-2 + c'$ 를 가지므로 $|p(t)|$ 의 최댓값이 1 일 수 없다. 마찬가지로 $b' = 1$ 도 불가능하다.

    $b' = 0$ 이면 $p(t) = -t^2 + 1$ 과 $p(t) = -t^2$ 이 조건을 만족한다. (2개)

3. $a = 0$ 인 경우

    $b' = -1$ 이면 $p(t) = -t$ 가 조건을 만족한다. (1개)
    $b' = 0$ 이면 $p(t) = -1$ 과 $p(t) = 1$ 이 조건을 만족한다. (2개)
    $b' = 1$ 이면 $p(t) = t$ 가 조건을 만족한다. (1개)

4. $a = 1$ 또는 $a = 2$ 인 경우

    1, 2의 경우와 마찬가지로, $p(t) = t^2 - 1$, $p(t) = 2t^2 - 1$, $p(t) = t^2$ 이 각각 조건을 만족한다. 따라서 $p(t) = -2t^2 + 1, -t^2 + 1, -t^2, -t, -1, 1, t, t^2 - 1, t^2, 2t^2 - 1$ 로 10 개이고, 주어진 조건을 만족하는 함수 $f(x)$ 는 총 10 개다.

[1] 점 $(1, 7)$ 을 이차함수에 대입하면 $7 = (1-p)^2 + p^2 + 2$ 이다. 이 식을 정리하면
$p^2 - p - 2 = 0$, $(p-2)(p+1) = 0$ 이므로 $p = 2$ 또는 $p = -1$ 이다.

[2] 이차함수 $y = (x-p)^2 + p^2 + 2$ 의 그래프가 점 (a, b) 를 지나면 $b = (a-p)^2 + p^2 + 2$ 를 만족하는
실수 p 가 존재한다.
p 에 대해서 정리하면 $2p^2 - 2ap + a^2 - b + 2 = 0$ 이고 $D/4 = a^2 - 2(a^2 - b + 2) \geq 0$ 이다.
따라서 $b \geq \dfrac{a^2 + 4}{2}$ 이다.

[3] 구하고자 하는 최솟값은 점 (a, b) 를 지나는 이차함수 $y = (x-p)^2 + p^2 + 2$ 의 그래프가 존재하는 모든
점 (a, b) 에 대하여 $(-12, -1)$ 로부터의 거리 $\sqrt{(a+12)^2 + (b+1)^2}$ 중 최솟값을 구하면 된다.
이를 만족하는 a, b 의 조건은 문제 **[2]**에서와 같이 $b \geq \dfrac{a^2 + 4}{2}$ 를 만족한다. 따라서

$b + 1 \geq \dfrac{a^2 + 4}{2} + 1 > 0$ 이므로

$$\sqrt{(a+12)^2 + (b+1)^2} \geq \sqrt{(a+12)^2 + \left(\dfrac{a^2 + 4}{2} + 1\right)^2}$$

가 성립하고 따라서 $\sqrt{(a+12)^2 + \left(\dfrac{a^2 + 4}{2} + 1\right)^2}$ 의 최솟값을 구하면 된다.

함수 $g(a) = (a+12)^2 + \left(\dfrac{a^2 + 4}{2} + 1\right)^2$ 라 하면, $g(x)$ 의 도함수는

$g'(a) = a^3 + 8a + 24 = (a^2 - 2a + 12)(a + 2)$ 이고 $a^2 - 2a + 12 = (a-1)^2 + 11 > 0$ 이므로
$a < -2$ 에서는 $g'(a) < 0$ 이고 $a > -2$ 에서는 $g'(a) > 0$ 이므로 $a = -2$ 에서 최솟값을 갖는다.
그러므로 구하고자 하는 거리는 $\sqrt{10^2 + 25} = 5\sqrt{5}$ 가 된다.

[1] $f'(x) = 3x^2 + 2ax + b$이고 함수 $f(x)$가 서로 다른 두 개의 극값을 가지므로, $a^2 > 3b$이다.

또한, $\alpha + \beta = -\dfrac{2a}{3}$, $\alpha\beta = \dfrac{b}{3}$이다. $\dfrac{f(\beta) - f(\alpha)}{\beta - \alpha} > -\dfrac{2}{9}$ 라고 하면,

$$\dfrac{f(\beta) - f(\alpha)}{\beta - \alpha} = (\beta^2 + \beta\alpha + \alpha^2) + a(\beta + \alpha) + b$$

$$= (\alpha + \beta)^2 - \alpha\beta + a(\alpha + \beta) + b = \left(-\dfrac{2a}{3}\right)^2 - \dfrac{b}{3} - \dfrac{2a^2}{3} + b > -\dfrac{2}{9} \text{ 이다.}$$

이를 정리하면, $b > \dfrac{a^2 - 1}{3}$이다. 즉, $3b + 1 > a^2$이다.

따라서, $3b + 1 > a^2 > 3b$를 얻게 되고, 이를 만족하는 정수 a와 b는 존재하지 않는다.

[2] $f'(x) = 3x^2 + 2ax + b$이고 함수 $f(x)$가 서로 다른 두 개의 극값을 가지므로, $a^2 > 3b$이다.
선분 AB가 x축과 만나지 않으므로, $f(\alpha)f(\beta) > 0$이 성립한다.

여기서 $f(\alpha)f(\beta) = (\alpha^3 + a\alpha^2 + b\alpha)(\beta^3 + a\beta^2 + b\beta)$, $\alpha + \beta = -\dfrac{2a}{3}$, $\alpha\beta = \dfrac{b}{3}$이므로,

$$f(\alpha)f(\beta) = \dfrac{b^2(4b - a^2)}{27} > 0 \text{ 이다. 즉, } b > \dfrac{a^2}{4} \text{ 이다.}$$

$a^2 > 3b$이므로 $\dfrac{a^2}{4} < b < \dfrac{a^2}{3}$이고, $-5 \le a \le 5$, $-5 \le b \le 5$를 만족하는 (a, b)는 $(-4, 5)$, $(4, 5)$이다.

[3] $f'(x) = 3x^2 + 2ax + b$이고 함수 $f(x)$가 서로 다른 두 개의 극값을 가지므로,

$$a^2 > 3b \text{ 이고 } \alpha + \beta = -\dfrac{2a}{3}, \ \alpha\beta = \dfrac{b}{3}$$

이다.

선분 AB를 삼등분 하는 두 점의 x좌표는 각각 $\dfrac{2\alpha + \beta}{3}$과 $\dfrac{\alpha + 2\beta}{3}$이다.

선분 CD가 y축과 만나지 않기 위해서는 두 점의 x좌표 값의 곱이 양수여야 한다.

$$\left(\dfrac{2\alpha + \beta}{3}\right)\left(\dfrac{\alpha + 2\beta}{3}\right) = \dfrac{1}{9}(2\alpha^2 + 2\beta^2 + 5\alpha\beta) = \dfrac{1}{9}\{2(\alpha + \beta)^2 + \alpha\beta\} = \dfrac{1}{9}\left\{2\left(-\dfrac{2a}{3}\right)^2 + \dfrac{b}{3}\right\} > 0 \text{ 이고,}$$

$b > -\dfrac{8}{3}a^2$이다. $a^2 > 3b$이므로 $-\dfrac{8}{3}a^2 < b < \dfrac{a^2}{3}$이다. 이를 만족하는 순서쌍 (a, b)는

$a = 1$일 때, $b = 0, -1, -2$

$a = 2$일 때, $b = 1, 0, -1, -2, -3$

$a = 3$일 때, $b = 2, 1, 0, -1, -2, -3$

이다. 따라서 가능한 모든 쌍의 개수는 $2 \times (3 + 5 + 6) = 28$개다.

[1] 포물선 $y = x^2 + 9$ 의 점 $C\left(c, c^2 + 9\right)$ 에서의 접선의 기울기는 $f'(c) = 2c$ 이다.

(ⅰ) $2c = 0$ 이면, 점 $C\left(0, 9\right)$ 에서의 접선은 x 축과 평행하고 선분 AC 는 y 축과 평행하므로 서로 수직이다.

(ⅱ) $2c \neq 0$ 이면, 선분 AC 는 기울기가 $\dfrac{(c^2 + 9) - 0}{c - 0} = \dfrac{c^2 + 9}{c}$ 이므로, 기울기 $f'(c) = 2c$ 인 접선과

수직이려면 $2c \times \dfrac{c^2 + 9}{c} = -1$ 이어야 한다. 하지만 $2(c^2 + 9) \geq 2 \times 9 > 0$ 이므로 성립하지 않는다.

따라서 구하는 점은 $C\left(0, 9\right)$ 로 유일하다.

[2] 포물선 $y = x^2 + 9$ 의 점 $D\left(d, d^2 + 9\right)$ 에서의 접선의 기울기는 $f'(d) = 2d$ 이다.

(ⅰ) $2d = 0$ 이면, 점 $D\left(0, 9\right)$ 에서의 접선은 x 축과 평행하다. 하지만 두 점 $B\left(3, 9\right)$, $D\left(0, 9\right)$ 를 이은 선분 BD 는 y 축과 평행하지 않으므로 $D\left(0, 9\right)$ 에서의 접선과 수직이 아니다.

(ⅱ) $d = 3$ 이면, 점 $D\left(3, 18\right)$ 에서의 접선의 기울기는 $f'(3) = 6$ 이다. 그런데 두 점 $B\left(3, 9\right)$, $D\left(3, 18\right)$ 을 이은 선분 BD 는 y 축과 평행하므로 $D\left(3, 18\right)$ 에서의 접선은 선분 BD 와 수직이 아니다.

(ⅲ) $2d \neq 0$, $d \neq 3$ 이면, 선분 BD 는 기울기가 $\dfrac{(d^2 + 9) - 9}{d - 3} = \dfrac{d^2}{d - 3}$ 이므로, 점 D 에서의 접선과

수직이려면 $2d \times \dfrac{d^2}{d - 3} = -1$ 이어야 한다. 정리하면

$0 = 2d^3 + d - 3 = (d - 1)(2d^2 + 2d + 3)$ 이고, 이차방정식 $2d^2 + 2d + 3 = 0$ 은 판별식이

$2^2 - 4 \times 2 \times 3 = -20 < 0$ 이어서 실수해가 없으므로, $2d^3 + d - 3 = 0$ 의 실수해는 $d = 1$ 뿐이다.

따라서 구하는 점은 $D\left(1, 10\right)$ 으로 유일하다.

[3] 선분 AC 는 y 축의 일부이다. 직선 $x = 1$ 의 왼쪽 부분은 $0 \leq x \leq 1$, $x^2 \leq y \leq x^2 + 9$ 로 나타내어진다. 직선 $x = 1$ 의 오른쪽 부분은 $1 \leq x \leq 3$ 이며 선분 BD 아래에 있고 포물선 $y = x^2$ 위에 있는 영역이다.

$B\left(3, 9\right)$ 와 $D\left(1, 10\right)$ 을 잇는 선분 BD 는 기울기가 $\dfrac{10 - 9}{1 - 3} = -\dfrac{1}{2}$ 이므로, 해당 부분은 $1 \leq x \leq 3$,

$x^2 \leq y \leq -\dfrac{x}{2} + \dfrac{21}{2}$ 로 나타내어진다. 따라서 구하는 도형의 넓이는

$$\int_0^1 \left\{(x^2 + 9) - x^2\right\}dx + \int_1^3 \left\{\left(-\dfrac{x}{2} + \dfrac{21}{2}\right) - x^2\right\}dx = \left[9x\right]_0^1 + \left[-\dfrac{x^2}{4} + \dfrac{21x}{2} - \dfrac{x^3}{3}\right]_1^3 = 9 + \dfrac{31}{3} = \dfrac{58}{3}$$

이다.

[1] P_1에서의 접선의 방정식은 $y - \left(a_1^2 + 1\right) = 2a_1\left(x - a_1\right)$ $\therefore$ $y = 2a_1x - a_1^2 + 1$

마찬가지로 P_2에서의 접선의 방정식은 $y = 2a_2x - a_2^2 + 1$이다.

두 접선의 교점의 x좌표를 구해보면, $2a_1x - a_1^2 + 1 = 2a_2x - a_2^2 + 1$

$$\therefore \ x = \frac{a_1 + a_2}{2}$$

따라서 구하는 넓이는 다음과 같이 정적분을 이용하여 구할 수 있다.

$$S = \int_{a_1}^{\frac{a_1 + a_2}{2}} \left(x^2 + 1 - 2a_1x + a_1^2 - 1\right)dx + \int_{\frac{a_1 + a_2}{2}}^{a_2} \left(x^2 + 1 - 2a_2x + a_2^2 - 1\right)dx$$

$$= \int_{a_1}^{\frac{a_1 + a_2}{2}} (x - a_1)^2 dx + \int_{\frac{a_1 + a_2}{2}}^{a_2} (x - a_2)^2 dx$$

$$= \left[\frac{1}{3}(x - a_1)^3\right]_{a_1}^{\frac{a_1 + a_2}{2}} + \left[\frac{1}{3}(x - a_2)^3\right]_{\frac{a_1 + a_2}{2}}^{a_2} = \frac{1}{3}\left(\frac{a_2 - a_1}{2}\right)^3 + \frac{1}{3}\left(\frac{a_2 - a_1}{2}\right)^3 = \frac{1}{12}(a_2 - a_1)^3$$

[2] $P_n\left(a_n, a_n^2 + 1\right)$, $P_{n+1}\left(a_{n+1}, a_{n+1}^2 + 1\right)$이라 하면, 직선 P_nP_{n+1}의 기울기는 다음과 같다.

$$\frac{\left(a_{n+1}^2 + 1\right) - \left(a_n^2 + 1\right)}{a_{n+1} - a_n} = a_{n+1} + a_n$$

또한 $P_{n+2}\left(a_{n+2}, a_{n+2}^2 + 1\right)$에서의 접선의 기울기(=순간변화율)은 $2a_{n+2}$이므로 직선 P_nP_{n+1}과 접선이

평행이라는 조건에서 다음이 성립한다. $a_{n+2} = \dfrac{a_n + a_{n+1}}{2}$ … ①

$\triangle P_nP_{n+1}P_{n+2}$의 넓이를 구해보자. 오른쪽 그림과 같이 직선 P_nP_{n+1} 위의 점 중 P_{n+2}와 x좌표가 같은

점을 T_n이라 하자. 또한 선분 $\overline{T_nP_{n+2}}$으로부터 점 P_n까지의 거리를 h_n, 점 P_{n+1}까지의 거리를 $h_n{}'$이라

하면, 넓이는 다음과 같이 표현할 수 있다.

$A_n = \dfrac{1}{2}\overline{T_nP_{n+2}} \times h_n + \dfrac{1}{2}\overline{T_nP_{n+2}} \times h_n{}'$ (1편에서 배운 삼각형 넓이 구하는 방법을 활용)

$\quad = \dfrac{1}{2}\overline{T_nP_{n+2}} \times \left(h_n + h_n{}'\right)$

$\quad = \dfrac{1}{2}\overline{T_nP_{n+2}} \times \left|a_{n+1} - a_n\right|$ … ②

이때, T_n은 P_n과 P_{n+1}의 중점임을 밝혔으므로 T_n의 y좌표도 P_n의 y좌표와 P_{n+1}의 y좌표의 산술평균이다.

따라서 선분 $\overline{T_nP_{n+2}}$의 길이는 다음과 같다.

$$\overline{T_nP_{n+2}} = \frac{\left(a_n^2 + 1\right) + \left(a_{n+1}^2 + 1\right)}{2} - \left\{\left(\frac{a_n + a_{n+1}}{2}\right)^2 + 1\right\}$$

$$= \frac{a_n^2 + a_{n+1}^2 - 2a_na_{n+1}}{4} = \left(\frac{a_{n+1} - a_n}{2}\right)^2$$

이를 ② 식에 대입하면 다음과 같은 결과를 얻는다.

$$A_n = \frac{1}{2}\left(\frac{a_{n+1} - a_n}{2}\right)^2 \times \left|a_{n+1} - a_n\right| = \frac{1}{8}\left|a_{n+1} - a_n\right|^3 \text{ … ③}$$

한편 ① 점화식을 변형하면 다음 식을 알 수 있다. $a_{n+2} - a_{n+1} = -\dfrac{1}{2}(a_{n+1} - a_n)$

$$\therefore \ a_{n+1} - a_n = (a_2 - a_1)\left(-\frac{1}{2}\right)^{n-1} \ \cdots \ ④$$

④에서 얻은 일반항을 ③식에 대입하면

$$A_n = \frac{1}{8}\left|(a_2 - a_1)\left(-\frac{1}{2}\right)^{n-1}\right|^3$$

$$= \frac{1}{8}(a_2 - a_1)^3\left(\frac{1}{2}\right)^{3n-3} = \frac{(a_2 - a_1)^3}{8^n} \ \text{임을 알 수 있다.}$$

[3] 직선 $P_n P_{n+1}$의 기울기를 $\tan\alpha$라 하면 $\tan\alpha = a_n + a_{n+1}$ 이고

직선 $P_{n+1} P_{n+2}$의 기울기를 $\tan\beta$라 하면 $\tan\beta = a_{n+1} + a_{n+2}$ 이므로 $\tan\theta_n$은 다음과 같이 표현된다.

$$\tan\theta_n = |\tan(\alpha - \beta)|$$

$$= \left|\frac{\tan\alpha - \tan\beta}{1 + \tan\alpha\,\tan\beta}\right|$$

$$= \left|\frac{(a_n + a_{n+1}) - (a_{n+1} + a_{n+2})}{1 + (a_n + a_{n+1})(a_{n+1} + a_{n+2})}\right|$$

$$= \left|\frac{a_n - a_{n+2}}{1 + (a_n + a_{n+1})(a_{n+1} + a_{n+2})}\right| = \left|\frac{\frac{1}{2}(a_{n+1} - a_n)}{1 + (a_n + a_{n+1})(a_{n+1} + a_{n+2})}\right|$$

$$\therefore \ \lim_{n\to\infty}\left|\frac{\tan\theta_n}{a_{n+1} - a_n}\right| = \lim_{n\to\infty}\frac{1}{2}\left|\frac{1}{1 + (a_n + a_{n+1})(a_{n+1} + a_{n+2})}\right|$$

$$= \frac{1}{2} \times \frac{1}{1 + 4a^2} \ \left(\because \lim_{n\to\infty} a_n = \lim_{n\to\infty} a_{n+1} = \lim_{n\to\infty} a_{n+2} = a\right)$$

함수 $y = \dfrac{1}{5}x - 1$ 의 역함수는 $y = 5x + 5$ 이다. 그러므로 구하는 교점의 y 좌표는 곡선 $y = f(x)$ 와 직선 $y = 5x + 5$ 의 교점의 x 좌표와 같다.

i) $x \leq -2$ 일 때

$x^3 - 2x + 11 = 5x + 5$ 를 정리하면 $(x-1)(x-2)(x+3) = 0$ 이다.

그러므로 $x \leq -2$ 일 때의 근은 -3 뿐이다.

ii) $x > -2$ 일 때

$\dfrac{5}{2}x - 2\cos\left(\dfrac{\pi}{3}x\right) + 11 = 5x + 5$ 를 정리하면 $\dfrac{5}{2}x + 2\cos\left(\dfrac{\pi}{3}x\right) - 6 = 0$ 이다.

$h(x) = \dfrac{5}{2}x + 2\cos\left(\dfrac{\pi}{3}x\right) - 6$ 이라 하자. $h'(x) = \dfrac{5}{2} - \dfrac{2\pi}{3}\sin\left(\dfrac{\pi}{3}x\right) \geq \dfrac{5}{2} - \dfrac{2\pi}{3} = \dfrac{15 - 4\pi}{6} > 0$ 이므로

$h(x)$ 는 증가함수이다. 따라서 방정식 $h(x) = 0$ 의 근의 개수는 0 또는 1 이다. $h(x)$ 는 연속함수이고,

$h(3) = -\dfrac{1}{2} < 0$ 이고 $h(4) = 3 > 0$ 이므로, 사잇값 정리에 의해 주어진 방정식은 열린구간 $(3, 4)$ 에서 오직

한 개의 근을 갖는다.

(i), (ii)에 의해 a 의 정수부분은 0 이다.

$y = h(x)$의 그래프는 다음과 같다.

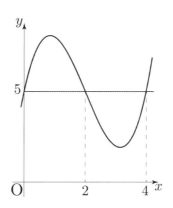

$h(g(1)) = 5$이므로 $g(1)$은 0, 2, 4 중 하나의 값이다.

그런데 $0 \leq a < 1$이면 $h(g(a)) = a^2 - 4a + 8 > 5$이고, $0 \leq g(a) \leq 4$이므로 아래 그래프로부터

$0 \leq g(a) \leq 2$이다. 따라서 $0 \leq \lim\limits_{a \to 1-} g(a) \leq 2$이다.

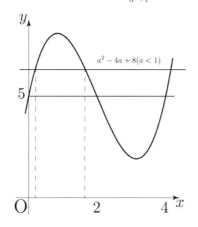 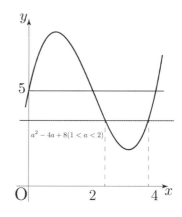

또한, $1 < a \leq 2$이면 $h(g(a)) = a^2 - 4a + 8 < 5$이고, $0 \leq g(a) \leq 4$이므로 위 그래프로부터

$2 \leq g(a) \leq 4$이다. 따라서 $2 \leq \lim\limits_{a \to 1+} g(a) \leq 4$이다.

그런데 $g(x)$는 $x = 1$에서 연속이므로 $g(1) = \lim\limits_{a \to 1+} g(a) = \lim\limits_{a \to 1-} g(a)$이고, 따라서 $g(1) \leq 2$, $g(1) \geq 2$이다.

그러므로 $g(1) = 2$이다.

[1] 조건에 의해 수열 $\{a_n\}$이 $\dfrac{1}{(a_n)^2} < 1 + \dfrac{1}{(a_n)^2} \leq \dfrac{1}{(a_{n+1})^2}$ 이므로 $a_n > a_{n+1}$ 이다. (cf. $a_n > 0$)

$f(x) = \ln(1+x) - \dfrac{1}{a_{n+1}}\sqrt{x^2 - (a_{n+1})^2}$ 이라 하면 $f(a_{n+1}) = \ln(1 + a_{n+1}) > 0$ 이고,

제시문 **1**에 의해

$$f(a_n) = \ln(1+a_n) - \frac{1}{a_{n+1}}\sqrt{(a_n)^2 - (a_{n+1})^2} < a_n - \sqrt{\frac{(a_n)^2}{(a_{n+1})^2} - 1} \leq 0 \quad \left(\because \ 1 + \frac{1}{(a_n)^2} \leq \frac{1}{(a_{n+1})^2} \right)$$

함수 $f(x)$는 닫힌구간 $[a_{n+1},\ a_n]$에서 연속이고 $f(a_n) < 0 < f(a_{n+1})$ 이므로 사잇값 정리와 그림에 의하여
$f(x) = 0$ 의 한 개의 근 b_n 이 열린 구간 $(a_{n+1},\ a_n)$에 존재한다.

따라서 $a_{n+1} < b_n < a_n$ 이다.

[2] 제시문 **2**에 의해

$$1 + \frac{1}{(a_n)^2} = 1 + n\left(1 + \frac{1}{n}\right)^n \leq 1 + n\left(1 + \frac{1}{n+1}\right)^{n+1}$$

$$= 1 + (n+1)\left(1 + \frac{1}{n+1}\right)^{n+1} - \left(1 + \frac{1}{n+1}\right)^{n+1}$$

$$= 1 + \frac{1}{(a_{n+1})^2} - \left(1 + \frac{1}{n+1}\right)^{n+1} < \frac{1}{(a_{n+1})^2}$$

이므로 수열 $\{a_n\}$은 **[1]**의 조건을 만족한다. 따라서 **[1]**에 의해
$a_{n+1} < b_n < a_n$ 이다.

$\displaystyle\lim_{n \to \infty}\left(1 + \frac{1}{n}\right)^{-\frac{n}{2}} = \frac{1}{\sqrt{e}}$ 이므로 $\displaystyle\lim_{n \to \infty} a_n = 0$, $\displaystyle\lim_{n \to \infty}\sqrt{n}\,a_n = \frac{1}{\sqrt{e}}$ 이고

수열의 극한의 성질에 의해 $\displaystyle\lim_{n \to \infty} b_n = 0$, $\displaystyle\lim_{n \to \infty}\sqrt{n}\,b_n = \frac{1}{\sqrt{e}}$ 이다.

따라서 $\displaystyle\lim_{n \to \infty}\sqrt{n}\,\ln(1 + b_n) = \lim_{n \to \infty}\sqrt{n}\,b_n \times \frac{\ln(1 + b_n)}{b_n} = \frac{1}{\sqrt{e}}$ (단, e는 자연상수)이다.

[1] 출발 후 t 시간에서의 성균이와 지점 A 사이의 최단거리를 $f(t)$, 명륜이와 지점 A 사이의 최단거리를 $g(t)$ 라 하면 $f(t)$ 와 $g(t)$ 는 모두 연속함수이므로 $f(t) - g(t)$ 도 연속함수이고, $0 \leq f(t) \leq 30$, $0 \leq g(t) \leq 18$ 이다.

$h(t) = f(t) - g(t)$ 라 하면 함수 $h(t)$ 는 닫힌 구간 $[0, 2]$ 에서 연속이고
$h(0) = 30 - g(0) > 0$, $h(2) = 0 - g(2) < 0$
이므로 사잇값 정리에 의해 $h(t) = 0$ 인 t 가 열린 구간 $(0, 2)$ 에 적어도 하나 존재한다.

즉, 출발 후 2시간 이내에 $f(t)$ 와 $g(t)$ 가 같아지는 순간이 적어도 한 번 존재한다.

[2] 두 도로가 모두 곧은 도로이면 $f(t) = 30 - 15t$, $g(t) = 18 - 6t$ 이므로 $h(t) = f(t) - g(t) = 12 - 9t$ 이다.

따라서 $f(t) = g(t)$, 즉 $h(t) = 0$ 인 순간은 $t = \dfrac{4}{3}$ 일 때 한 번뿐이다.

[1] $f\left(\dfrac{1}{2^n}\right) = \dfrac{n}{n+1} \times \dfrac{n+2}{n+1} \times f\left(\dfrac{1}{2^{n-1}}\right)$ 이므로

$$f\left(\frac{1}{2}\right) = \frac{1}{2} \times \frac{3}{2} \times f(1)$$

$$f\left(\frac{1}{2^2}\right) = \frac{2}{3} \times \frac{4}{3} \times f\left(\frac{1}{2}\right)$$

$$\vdots$$

$$f\left(\frac{1}{2^{n-1}}\right) = \frac{n-1}{n} \times \frac{n+1}{n} \times f\left(\frac{1}{2^{n-2}}\right)$$

$$f\left(\frac{1}{2^n}\right) = \frac{n}{n+1} \times \frac{n+2}{n+1} \times f\left(\frac{1}{2^{n-1}}\right)$$

이고 모든 식을 변변 곱하면

$$f\left(\frac{1}{2^n}\right) = \frac{1}{2} \times \frac{n+2}{n+1} \times f(1)$$

이다. 따라서 $f(0) = \lim\limits_{n \to \infty} f\left(\dfrac{1}{2^n}\right) = \dfrac{1}{2} f(1) = \dfrac{k}{2}$ 이다.

[2] $g\left(\dfrac{1}{2^n}\right) \le \dfrac{n}{2(n+1)} g\left(\dfrac{1}{2^{n-1}}\right)$ 이므로 $(n+1)g\left(\dfrac{1}{2^n}\right) \le \dfrac{n}{2} g\left(\dfrac{1}{2^{n-1}}\right)$ 이다. 그러므로

$h(n) = (n+1)g\left(\dfrac{1}{2^n}\right)$ 이라 두면, 모든 자연수 n 에 대하여 $0 \le h(n) \le \dfrac{1}{2} h(n-1)$ 이다.

따라서 $0 \le h(n) \le \dfrac{1}{2} h(n-1) \le \left(\dfrac{1}{2}\right)^2 h(n-2) \le \cdots \le \left(\dfrac{1}{2}\right)^n h(0)$ 이고, 그러므로

$0 \le \lim\limits_{n \to \infty} h(n) \le \lim\limits_{n \to \infty} \left\{ \left(\dfrac{1}{2}\right)^n h(0) \right\} = 0$, $\lim\limits_{n \to \infty} h(n) = 0$ 이다.

따라서 $\lim\limits_{n \to \infty} g\left(\dfrac{1}{2^n}\right) = \lim\limits_{n \to \infty} \dfrac{1}{n+1} h(n) = 0$ 임을 알 수 있다.

한편, 모든 자연수 n 에 대하여, $0 < \dfrac{1}{2^n}$ 이므로 $0 \le g(0) \le g\left(\dfrac{1}{2^n}\right)$ 이다.

그러므로 $0 \le g(0) = \lim\limits_{n \to \infty} g(0) \le \lim\limits_{n \to \infty} g\left(\dfrac{1}{2^n}\right) = 0$ 이다. 따라서 $g(0) = 0$ 이다.

모든 자연수 n 에 대하여

$$0 \le g(0) \le g\left(\frac{1}{2^n}\right) \le \frac{1}{2} \times \frac{n}{n+1} g\left(\frac{1}{2^{n-1}}\right)$$

$$\le \frac{1}{2^2} \times \frac{n}{n+1} \times \frac{n-1}{n} g\left(\frac{1}{2^{n-2}}\right)$$

$$\le \frac{1}{2^3} \times \frac{n}{n+1} \times \frac{n-1}{n} \times \frac{n-2}{n-1} g\left(\frac{1}{2^{n-3}}\right)$$

$$\vdots$$

$$\le \frac{1}{2^n} \times \frac{n}{n+1} \times \frac{n-1}{n} \times \frac{n-2}{n-1} \times \ \cdots \ \times \frac{2}{3} \times \frac{1}{2} \times g\left(\frac{1}{2^0}\right)$$

$$= \frac{1}{2^n} \times \frac{1}{n+1} \times g(1)$$

이고

$$0 \le g(0) \le \frac{1}{2^n} \times \frac{1}{n+1} \times g(1)$$

이다. 여기서 $\displaystyle\lim_{n \to \infty} \frac{1}{2^n} \times \frac{1}{n+1} \times g(1) = 0$ 이므로 [제시문]에 의해 $g(0) = 0$ 이다.

[3] 임의의 자연수 m 에 대하여 $2^{n-1} \le m \le 2^n$ 인 자연수 n 이 항상 존재하므로

$$0 \le g\left(\frac{1}{2^n}\right) \le g\left(\frac{1}{m}\right) \le g\left(\frac{1}{2^{n-1}}\right) \ \cdots \ ①$$

이다. 또한 자연수 n 에 대하여

$$0 \le g\left(\frac{1}{2^{n-1}}\right) \le \frac{1}{2^{n-1}} \times \frac{1}{n} \times g(1) \ \cdots \ ②$$

이므로, **[2]** 에서 $g(0) = 0$ 인 사실과 ①, ② 에 의해

$$0 \le \frac{g\left(\frac{1}{m}\right) - g(0)}{\frac{1}{m}} = m \times g\left(\frac{1}{m}\right) \le m \times g\left(\frac{1}{2^{n-1}}\right) \le 2^n g\left(\frac{1}{2^{n-1}}\right) \le \frac{2^n}{2^{n-1}} \times \frac{1}{n} \times g(1)$$

이 성립한다.

$2^{n-1} \le m \le 2^n$ 에서 $m \to \infty$ 일 때, $n \to \infty$ 이고, $\displaystyle\lim_{n \to \infty} \frac{2^n}{2^{n-1}} \times \frac{1}{n} \times g(1) = 0$ 이므로

$$\lim_{m \to \infty} \frac{g\left(\frac{1}{m}\right) - g(0)}{\frac{1}{m}} = 0 \ \ \text{이다.}$$

[1] 방정식 $f(x)=0$ 의 서로 다른 m 개의 실근을 $s_1, s_2, \cdots, s_m$ $(s_1 < s_2 < \cdots < s_m)$이라 하자. 함수 $f(x)$가 미분가능하고 $f(s_1)=f(s_2)=0$이므로 롤의 정리에 의하여 s_1과 s_2 사이에 $f'(t_1)=0$인 실수 t_1이 적어도 하나 존재한다. 이와 같은 방법으로 $j=2, \cdots, m-1$에 대하여 $f'(t_j)=0$인 t_j가 s_j와 s_{j+1} 사이에 적어도 하나 존재한다. 즉, 방정식 $f'(x)=0$의 근 $t_1, t_2, \cdots, t_{m-1}$이 $s_1 < t_1 < s_2 < t_2 < \cdots < t_{m-1} < s_m$을 만족하므로 $f'(x)=0$의 서로 다른 실근은 적어도 $m-1$개 존재한다. 위와 같은 과정을 반복하면, $f'(x)$가 미분가능하고 방정식 $f'(x)=0$의 서로 다른 실근이 적어도 $m-1$개이므로 방정식 $f''(x)=0$은 적어도 $m-2$개의 서로 다른 실근을 가진다.

[2] 함수 $g(x)$를 두 번 미분하면

$$g''(x) = e^x \{ f(x) + 2f'(x) + f''(x) \}$$

인데 $g''(0)=0$이고 $f''(0)=0$이므로 $0 = f(0) + 2f'(0)$이다.
만약 $f(0)=0$이면 $f'(0)=0$이다. 즉 삼차방정식 $f(x)=0$가 중근을 가짐을 의미하는데, 이것은 $f(x)=0$이 서로 다른 세 실근을 가진다는 조건에 모순이 된다.

[3] 방정식 $f(x)=0$의 서로 다른 세 실근이 세 개이므로 $g(x)=e^{\frac{x}{3}}f(x)=0$도 서로 다른 세 실근을 가진다. 따라서 문항 **[1]**에 의하여 $g''(x)=0$의 실근을 적어도 하나 존재한다. 그런데 함수 $g(x)$를 두 번 미분하여 얻은 방정식은 다음과 같다.

$$g''(x) = \frac{1}{9} e^{\frac{x}{3}} \{ f(x) + 6f'(x) + 9f''(x) \} = 0$$

위의 방정식이 적어도 하나의 실근을 가지므로 방정식 $f(x) + 6f'(x) + 9f''(x) = 0$은 실근을 가진다.

[1] 함수 $f(x)$ 는 $[0, 1]$ 에서 연속이고 $f(0) = 0$, $f(1) = 1$ 이므로 사잇값 정리에 의해 $f(c) = \dfrac{1}{2}$ 인 실수 c 가 열린 구간 $(0, 1)$ 에서 존재한다.

[2] 함수 $f(x)$ 가 **[1]** 에서의 c에 대하여 닫힌 구간 $[0, c]$ 에서 연속이고 열린 구간 $(0, c)$ 에서 미분가능하므로, 평균값의 정리에 의해 $\dfrac{f(c) - f(0)}{c - 0} = \dfrac{1}{2c} = f'(c_1)$ 인 실수 c_1 이 0 과 c 사이에 존재한다. 마찬가지로 함수 $f(x)$ 가 닫힌 구간 $[c, 1]$ 에서 연속이고 열린 구간 $(c, 1)$ 에서 미분가능하므로 평균값의 정리에 의해

$$\frac{f(1) - f(c)}{1 - c} = \frac{1}{2(1 - c)} = f'(c_2)$$

인 실수 c_2 가 c 와 1 사이에 존재한다. 따라서

$$\frac{1}{f'(c_1)} + \frac{1}{f'(c_2)} = 2$$

이고 $0 \le c_1 < c_2 \le 1$ 인 c_1, c_2가 존재한다.

[3] (i) $n = 1$ 인 경우

함수 $f(x)$ 가 닫힌 구간 $[0, 1]$ 에서 연속이고 열린 구간 $(0, 1)$ 에서 미분가능하므로 평균값의 정리에 의해 $\dfrac{f(1) - f(0)}{1 - 0} = 1 = f'(c_1)$ 인 실수 c_1 이 0 과 1 사이에 존재한다.

(ii) $n \ge 2$ 인 경우

함수 $f(x)$ 는 $[0, 1]$ 에서 연속이고 $f(0) = 0$, $f(1) = 1$ 이므로 사잇값 정리에 의해 $f(x) = \dfrac{k}{n}$ 인 실수 x 가 열린 구간 $(0, 1)$ 에서 적어도 하나 존재한다. (단, k 는 자연수, $1 \le k \le n - 1$). 집합 $A_k = \left\{ x \,\middle|\, f(x) = \dfrac{k}{n} \right\}$ 의 원소 중 가장 작은 원소를 a_k 라 하자. 이때 $a_0 = 1$, $a_n = 1$ 이라 하면 $0 = a_0 < a_1 < a_2 < \cdots < a_{n-1} < a_n = 1$ 이다.

함수 $f(x)$ 는 닫힌 구간 $[a_{k-1}, a_k]$ 에서 연속이고 열린 구간 (a_{k-1}, a_k) 에서 미분가능하므로

$$\frac{f(a_k) - f(a_{k-1})}{a_k - a_{k-1}} = \frac{\dfrac{k}{n} - \dfrac{k-1}{n}}{a_k - a_{k-1}} = \frac{1}{n(a_k - a_{k-1})} = f'(c_k)$$

인 실수 c_k 가 a_{k-1} 과 a_k 사이에 존재한다. 따라서

$$\frac{1}{f'(c_1)} + \cdots + \frac{1}{f'(c_n)} = n(a_1 - a_0) + n(a_2 - a_1) + \cdots + n(a_n - a_{n-1}) = n(a_n - a_0) = n$$

이고 $0 \le c_1 < \cdots < c_n \le 1$ 인 $c_1, \cdots, c_n$ 이 존재한다.

[1] 정적분의 성질에 따라 다음을 얻는다.

$$B + D = \int_0^1 \left(x^{2022}(1-x)^{2022} + x^{2023}(1-x)^{2021} \right) dx$$

$$= \int_0^1 x^{2022}(1-x)^{2021}((1-x)+x)\, dx$$

$$= \int_0^1 x^{2022}(1-x)^{2021}\, dx$$

$$= C$$

[2] 정적분 $B = \int_0^1 x^{2022}(1-x)^{2022}\, dx$ 에 x^{2022} 을 적분하고 $(1-x)^{2022}$ 을 미분하여 부분적분법을 적용하면 다음을 얻는다.

$$B = \left[\frac{x^{2023}}{2023}(1-x)^{2022} \right]_0^1 - \int_0^1 \frac{x^{2023}}{2023} 2022(1-x)^{2021}(-1)\, dx$$

$$= \frac{2022}{2023} \int_0^1 x^{2023}(1-x)^{2021}\, dx = \frac{2022}{2023} D$$

[3] 정적분의 성질에 따라 정적분 $A - B - C$를 다음과 같이 나타낸다.

$$A - B - C = \int_0^1 \left(x^{2021}(1-x)^{2021} - x^{2022}(1-x)^{2022} - x^{2022}(1-x)^{2021} \right) dx$$

$$= \int_0^1 x^{2021}(1-x)^{2021}(1 - x(1-x) - x)\, dx$$

$$= \int_0^1 x^{2021}(1-x)^{2021}(1-x)^2 dx = \int_0^1 x^{2021}(1-x)^{2023}\, dx$$

이제 $t = 1 - x$ 로 놓으면 $\dfrac{dt}{dx} = -1$ 이고, $x = 0$ 일 때 $t = 1$, $x = 1$ 일 때 $t = 0$ 이므로

$$\int_0^1 x^{2021}(1-x)^{2023}\, dx = \int_0^1 (1-t)^{2021} t^{2023}(-dt) = \int_0^1 t^{2023}(1-t)^{2021}\, dt = D \text{ 이다.}$$

따라서 $A - B - C = D$ 이다.

문항 **[2]**의 $B = \dfrac{2022}{2023} D$에서 $D = \dfrac{2023}{2022} B$를 얻고,

문항 **[1]** 의 $B + D = C$에 대입하면 $C = B + \dfrac{2023}{2022} B = \dfrac{4045}{2022} B$ 를 얻는다.

이제 $A - B - C = D$로부터 $A = B + C + D = B + \dfrac{4045}{2022} B + \dfrac{2023}{2022} B = \dfrac{2 \cdot 4045}{2022} B$ 이며,

정리하면 $B = \dfrac{1011}{4045} A$ 를 얻는다.

[1] $f'(x) = \dfrac{2x\left(x + \sqrt{a^2 - x^2}\right) - x^2\left(1 - \dfrac{x}{\sqrt{a^2 - x^2}}\right)}{\left(x + \sqrt{a^2 - x^2}\right)^2} = \dfrac{x\left(x\sqrt{a^2 - x^2} + 2a^2 - x^2\right)}{\left(x + \sqrt{a^2 - x^2}\right)^2\sqrt{a^2 - x^2}}$

이므로 $f'(0) = 0$ 이다. 또한 모든 $0 \le x \le a$ 에 대하여 $x\sqrt{a^2 - x^2} + 2a^2 - x^2 > 0$ 이므로

임의의 $0 < x < a$ 에 대하여 $f'(x) > 0$ 이고 $f(x)$ 는 $[0,\,a]$ 에서 연속이므로, 함수 $f(x)$ 는 증가함수이고

일대일 함수이다.

[2] $\displaystyle\int_0^{\pi} x f(a\sin x)\,dx = \int_0^{\frac{\pi}{2}} x f(a\sin x)\,dx + \int_{\frac{\pi}{2}}^{\pi} x f(a\sin x)\,dx$

$\displaystyle \qquad = \int_0^{\frac{\pi}{2}} x f(a\sin x)\,dx + \int_{\frac{\pi}{2}}^{0} (\pi - t) f(a\sin(\pi - t))(-dt)$

$\displaystyle \qquad = \int_0^{\frac{\pi}{2}} x f(a\sin x)\,dx + \int_0^{\frac{\pi}{2}} (\pi - t) f(a\sin t)\,dt$

$\displaystyle \qquad = \int_0^{\frac{\pi}{2}} x f(a\sin x)\,dx + \int_0^{\frac{\pi}{2}} \pi f(a\sin t)\,dt - \int_0^{\frac{\pi}{2}} t f(a\sin t)\,dt$

$\displaystyle \qquad = \pi \int_0^{\frac{\pi}{2}} f(a\sin x)\,dx$

[3] **[2]**의 결과로부터

$$I = \pi \int_0^{\frac{\pi}{2}} f(a\sin x)\,dx = \pi \int_0^{\frac{\pi}{2}} \frac{a^2 \sin^2 x}{a\sin x + a\cos x}\,dx = a\pi \int_0^{\frac{\pi}{2}} \frac{\sin^2 x}{\sin x + \cos x}\,dx$$

이고 다시 $t = \dfrac{\pi}{2} - x$ 로 치환하여 적분하면

$$I = a\pi \int_0^{\frac{\pi}{2}} \frac{\sin^2 x}{\sin x + \cos x}\,dx = a\pi \int_{\frac{\pi}{2}}^{0} \frac{\sin^2\left(\dfrac{\pi}{2} - t\right)}{\sin\left(\dfrac{\pi}{2} - t\right) + \cos\left(\dfrac{\pi}{2} - t\right)}\,(-dt)$$

$$\qquad = a\pi \int_0^{\frac{\pi}{2}} \frac{\cos^2 t}{\cos t + \sin t}\,dt$$

따라서 $2I = a\pi \displaystyle\int_0^{\frac{\pi}{2}} \frac{\sin^2 t + \cos^2 t}{\sin t + \cos t}\,dt = a\pi \int_0^{\frac{\pi}{2}} \frac{1}{\sin t + \cos t}\,dt$ 이고,

$2I = a\pi \displaystyle\int_0^{\frac{\pi}{2}} \frac{\sin^2 t}{\sin t + \cos t}\,dt + a\pi \int_0^{\frac{\pi}{2}} \frac{\cos^2 t}{\cos t + \sin t}\,dt$

$\qquad = a\pi \displaystyle\int_0^{\frac{\pi}{2}} \frac{1}{\sin t + \cos t}\,dt = a\pi \int_0^{\frac{\pi}{2}} \frac{1}{\sqrt{2}\,\sin\left(t + \dfrac{\pi}{4}\right)}\,dt$

이므로 $\displaystyle\int \csc x\,dx = \int \frac{\csc x(\csc x + \cot x)}{\csc x + \cot x}\,dx = -\ln(\cot x + \csc x) + C$ (C 는 적분상수)임을 이용하면

$$I = \frac{a\pi}{2\sqrt{2}} \int_0^{\frac{\pi}{2}} \frac{1}{\sin\left(t + \frac{\pi}{4}\right)}\, dt = \frac{a\pi}{2\sqrt{2}} \int_0^{\frac{\pi}{2}} \csc\left(t + \frac{\pi}{4}\right) dt$$

$$= -\frac{a\pi}{2\sqrt{2}} \left[\ln\left\{ \cot\left(t + \frac{\pi}{4}\right) + \csc\left(t + \frac{\pi}{4}\right) \right\} \right]_0^{\frac{\pi}{2}}$$

$$= -\frac{a\pi}{2\sqrt{2}} \left\{ \ln\left(-1 + \sqrt{2}\right) - \ln\left(1 + \sqrt{2}\right) \right\}$$

$$= \frac{a\pi}{2\sqrt{2}} \ln\left(\frac{1 + \sqrt{2}}{-1 + \sqrt{2}} \right) = \frac{a\pi}{\sqrt{2}} \ln\left(1 + \sqrt{2}\right)$$

[1] $f(\theta) = \cos^9\theta\sin\theta$ 라 두면 $f(-\theta) = \cos^9(-\theta)\sin(-\theta) = -\cos^9\theta\sin\theta = -f(\theta)$ 이므로 $f(\theta)$ 는 원점에 대하여 대칭인 함수이다. 따라서 $\displaystyle\int_{-\pi}^{\pi}\cos^9\theta\sin\theta\,d\theta = 0$ 이다.

[2] $A = \displaystyle\int_{-\pi}^{\pi}(\cos t\cos\theta + \sin t\sin\theta)^9(\cos\theta + \sin\theta)d\theta$ 를 먼저 계산하자.

$$A = \int_{-\pi}^{\pi}\cos^9(t-\theta)(\cos\theta + \sin\theta)d\theta$$

$\phi = t - \theta$ 로 치환하면

$$A = -\int_{t+\pi}^{t-\pi}\cos^9\phi(\cos(t-\phi) + \sin(t-\phi))d\phi$$

을 얻는다. $g(\phi) = \cos^9\phi(\cos(t-\phi) + \sin(t-\phi))$ 라 놓으면

$$A = \int_{t-\pi}^{-\pi}g(\phi)d\phi + \int_{-\pi}^{t+\pi}g(\phi)d\phi$$

으로 나타낼 수 있다. $g(\phi) = g(2\pi + \phi)$ 이므로

$$\int_{t-\pi}^{-\pi}g(\phi)d\phi = \int_{t-\pi}^{-\pi}g(\phi + 2\pi)d\phi = \int_{t+\pi}^{\pi}g(\phi)d\phi$$

이다. 따라서

$$A = \int_{-\pi}^{\pi}\cos^9\phi(\cos(t-\phi) + \sin(t-\phi))d\phi$$

이다. 제시문 (가) (삼각함수의 덧셈정리)와 **[1]** 에 의하여

$$A = \int_{-\pi}^{\pi}\cos^{10}\phi\,d\phi(\cos t + \sin t) + \int_{-\pi}^{\pi}\cos^9\phi\sin\phi\,d\phi\,(\sin t - \cos t)$$

$$= \int_{-\pi}^{\pi}\cos^{10}\phi\,d\phi(\cos t + \sin t)$$

이다. 부분적분을 두 번 적용하면 $\displaystyle\int_{-\pi}^{\pi}\cos^{10}\phi\,d\phi = \frac{63}{80}\int_{-\pi}^{\pi}\cos^6\phi\,d\phi$ 이다.

따라서 $h(t) = \dfrac{63}{80}(\cos t + \sin t)$ 이다.

$h(t) = \dfrac{21}{80}$ 을 만족하는 t 에 대하여 $\dfrac{21^2}{80^2} = h(t)^2 = \dfrac{63^2}{80^2}(1 + 2\cos t\sin t)$ 이므로

$\cos t\sin t = -\dfrac{4}{9}$ 이다.

$f'(x) = \dfrac{1}{(x+e)\ln(x+e)}$ 이고 이를 한 번 더 미분하면

$$f''(x) = -\frac{1+\ln(x+e)}{(x+e)^2\{\ln(x+e)\}^2}$$

이므로 모든 $x > 0$ 에 대해 $f''(x) < 0$ 이다. 즉, f' 은 감소한다.

일반성을 잃지 않고 $a \geq b$ 라 가정하자.

그러면 평균값 정리에 의해 $\dfrac{f(a+b)-f(a)}{b} = f'(z)$ 인 z 가 열린 구간 $(a,\, a+b)$ 에서 항상 존재하고,

$\dfrac{f(b)}{b} = \dfrac{f(b)-f(0)}{b-0} = f'(w)$ 인 w 가 열린 구간 $(0,\, b)$ 에서 항상 존재한다.

그런데 $0 < w < b \leq a < z < a+b$ 이므로 $w < z$ 이다. 따라서 $f'(w) > f'(z)$ 임을 알 수 있다.

이를 정리하면 $f(a+b) < f(a) + f(b)$ 를 얻는다.

[1] $f(x)$ 를 $3(x-\pi)^2 + A(x-\pi) + B$ 꼴로 표현할 수 있다. (cf. 함수 새로 쓰기 Skill 사용)

$$h(x) = \int_0^x \left(3\cos^2 t + A\cos t + B\right)dt$$

$$= \int_0^x \left\{\frac{3}{2}(1+\cos 2t) + A\cos t + B\right\}dt = \frac{3}{4}\sin 2x + A\sin x + \frac{3+2B}{2}x \text{ 이다.}$$

직선 $y = \left(\dfrac{3+2B}{2}\right)x$ 은 증가 형태 또는 감소 형태이므로 함수 $h(x)$ 는 실수 전체의 집합에서 최솟값을 가질 수

없다. 따라서 $\dfrac{3+2B}{2} = 0$ 이고 함수 $h(x)$ 는 $\dfrac{3}{4}\sin 2x + A\sin x$ 이다.

사인함수의 주기가 2π 이므로, $h(x+2\pi) = \dfrac{3}{4}\sin(2x+4\pi) + A\sin(x+2\pi) = h(x)$ 이다.

따라서 $h(x)$ 도 주기함수이다.

[2] $x = \dfrac{2}{3}\pi$ 에서 최솟값을 가지므로 $h'\left(\dfrac{2}{3}\pi\right) = 0$ 이다. 이로부터 $3\cos^2 \dfrac{2}{3}\pi + A\cos\dfrac{2}{3}\pi - \dfrac{3}{2} = 0$, $A = -\dfrac{3}{2}$ 이다.

한편 $f(x) = 0$ 의 두 근의 차 $|\alpha - \beta|$ 는 $f(x)$ 를 x 축으로 π 만큼 평행이동시킨 방정식의 두 근의 차와 같다.

따라서 $3X^2 - \dfrac{3}{2}X - \dfrac{3}{2} = 0$ 의 두 근의 차를 구하면 정답이고, 그 값은 $\dfrac{3}{2}$ 이다.

(실제 답안에서는 계산과정 작성 권고) 따라서 $|\alpha - \beta| = \dfrac{3}{2}$ 이다.

[1] $x \neq 0$ 일 때 $-|x| \leq x\sin\dfrac{1}{x} \leq |x|$ 이고 $\displaystyle\lim_{x\to 0}|x| = 0$ 이므로 $\displaystyle\lim_{x\to 0} x\sin\dfrac{1}{x} = 0$ 이다.

따라서 $f'(0) = \displaystyle\lim_{x\to 0}\dfrac{f(x)-f(0)}{x-0} = \lim_{x\to 0}\dfrac{2x+3x^2\sin\dfrac{1}{x}}{x} = \lim_{x\to 0}\left(2+3x\sin\dfrac{1}{x}\right) = 2$ 이다.

[2] $a_n = \dfrac{1}{2\pi n}$ 일 때, $\displaystyle\lim_{n\to\infty}a_n = 0$ 이고 모든 자연수 n 에 대하여 $\cos\dfrac{1}{a_n} = 1$ 을 만족한다.

[3] $x \neq 0$ 일 때 $f'(x) = 2+6x\sin\dfrac{1}{x}-3\cos\dfrac{1}{x}$ 이고, $a_n = \dfrac{1}{2\pi n}$ 일 때 $\sin\dfrac{1}{a_n} = 0$, $\cos\dfrac{1}{a_n} = 1$ 이므로,

모든 자연수 n 에 대하여

$$f'\left(\dfrac{1}{2n\pi}\right) = f'\left(-\dfrac{1}{2n\pi}\right) = 2+0-3 = -1$$

이다. $\displaystyle\lim_{n\to\infty}\dfrac{1}{2\pi n} = 0$ 이므로 $x=0$ 을 포함하는 열린 구간은 $f'(a) = -1$ 을 만족하는 점 $x=a$ 를 항상

포함한다. 따라서 함수 $f(x)$ 는 $x=0$ 을 포함하는 어떤 열린 구간에서도 증가하지 않는다.

[4] $f(x) = x$ 그리고 $g'(x) = 2x^3\sqrt{1-x^4}$ 라 놓으면 $f'(x) = 1$ 이고 $g(x) = -\dfrac{1}{3}\left(1-x^4\right)^{\frac{3}{2}}$ 이다.

$$\int_0^1 2x^4\sqrt{1-x^4}\,dx = \left[-\dfrac{1}{3}x(1-x^4)^{\frac{3}{2}}\right]_0^1 - \int_0^1\left\{-\dfrac{1}{3}(1-x^4)^{\frac{3}{2}}\right\}dx = \dfrac{1}{3}\int_0^1(1-x^4)^{\frac{3}{2}}\,dx$$ 이다.

[5] $\displaystyle\int_0^\pi p(x)\cos x\,dx = \left[p(x)\sin x\right]_0^\pi - \int_0^\pi p'(x)\sin x\,dx = -\int_0^\pi p'(x)\sin x\,dx$

그리고

$$\int_0^\pi p''(x)\cos x\,dx = \left[p'(x)\cos x\right]_0^\pi - \int_0^\pi p'(x)(-\sin x)\,dx$$
$$= -p'(\pi)-p'(0)+\int_0^\pi p'(x)\sin x\,dx$$

이다. 그러므로 $3 = \displaystyle\int_0^\pi\left[p(x)+p''(x)\right]\cos x\,dx = -p'(\pi)-p'(0) = -p'(\pi)-5$ 가 성립한다.

따라서 $p'(\pi) = -8$ 이고 $p'(\pi)$ 가 갖는 유일한 값은 -8 이다.

[1] 제시문 (나)의 (4)에 의해

$$\int_0^{\frac{\pi}{2}} f(x)\sin x\,dx = \frac{1}{2}\left\{\int_0^{\frac{\pi}{2}} f(x)\sin x\,dx - \int_0^{\frac{\pi}{2}} f(x)\cos x\,dx\right\} = \frac{1}{2}\int_0^{\frac{\pi}{2}} f(x)(\sin x - \cos x)\,dx$$

그런데 $\cos\dfrac{\pi}{4} = \sin\dfrac{\pi}{4} = \dfrac{1}{\sqrt{2}}$ 이므로 $\displaystyle\int_0^{\frac{\pi}{2}} f(x)\sin x\,dx = \frac{1}{\sqrt{2}}\int_0^{\frac{\pi}{2}} f(x)\left(\frac{1}{\sqrt{2}}\sin x - \frac{1}{\sqrt{2}}\cos x\right)dx$

이고, 삼각함수의 덧셈정리에 의하여 $\displaystyle\int_0^{\frac{\pi}{2}} f(x)\sin x\,dx = \frac{1}{\sqrt{2}}\int_0^{\frac{\pi}{2}} f(x)\sin\left(x - \frac{\pi}{4}\right)dx$ 이다.

[2] 정적분의 성질에 의하여

$$\int_0^{\frac{\pi}{2}} f(x)\sin\left(x - \frac{\pi}{4}\right)dx = \int_0^{\frac{\pi}{4}} f(x)\sin\left(x - \frac{\pi}{4}\right)dx + \int_{\frac{\pi}{4}}^{\frac{\pi}{2}} f(x)\sin\left(x - \frac{\pi}{4}\right)dx$$

이다. 우변의 첫 번째 정적분에서는 $\dfrac{\pi}{4} - x = y$ 로 치환하고, 두 번째 정적분에서는 $x - \dfrac{\pi}{4} = y$ 로 치환하면

$$\int_0^{\frac{\pi}{2}} f(x)\sin\left(x - \frac{\pi}{4}\right)dx = \int_{\frac{\pi}{4}}^{0} f\left(\frac{\pi}{4} - y\right)\sin(-y)(-dy) + \int_0^{\frac{\pi}{4}} f\left(\frac{\pi}{4} + y\right)\sin y\,dy$$

$$= -\int_0^{\frac{\pi}{4}} f\left(\frac{\pi}{4} - y\right)\sin y\,dy + \int_0^{\frac{\pi}{4}} f\left(\frac{\pi}{4} + y\right)\sin y\,dy$$

이므로 $\displaystyle\int_0^{\frac{\pi}{2}} f(x)\sin\left(x - \frac{\pi}{4}\right)dx = \int_0^{\frac{\pi}{4}}\left\{f\left(\frac{\pi}{4} + x\right) - f\left(\frac{\pi}{4} - x\right)\right\}\sin x\,dx$ 이다.

따라서 $\boxed{A} = \dfrac{\pi}{4} + x$, $\boxed{B} = \dfrac{\pi}{4} - x$ 이다.

[3] 문항 **[1]**과 **[2]**의 결과에 의하여

$$\int_0^{\frac{\pi}{2}} f(x)\sin x\,dx = \frac{1}{\sqrt{2}}\int_0^{\frac{\pi}{4}}\left\{f\left(\frac{\pi}{4} + x\right) - f\left(\frac{\pi}{4} - x\right)\right\}\sin x\,dx$$

이다. 평균값의 정리에 의하여 $f\left(\dfrac{\pi}{4} + x\right) - f\left(\dfrac{\pi}{4} - x\right) = 2xf'(c)$ 를 만족하는

$c \in \left(\dfrac{\pi}{4} - x, \dfrac{\pi}{4} + x\right) \subset \left(0, \dfrac{\pi}{2}\right)$ 가 적어도 하나 존재한다.

(cf. 뜬금없이 평균값의 정리 왜 쓰냐고 투덜대면 안된다. 앞에서 학습했듯이, 평균값의 정리 실전활용 Tip.2에 해당하는 과정. 문제에 제시된 도함수의 성질 $m \leq f'(c) \leq M$을 써먹기 위한 빌드업이라고 생각하면 된다.)

또 제시문 (나)의 (3)에 의하여 $m \leq f'(c) \leq M$이다. 따라서 제시문 (가)에 의하여

$$\sqrt{2}\,m\int_0^{\frac{\pi}{4}} x\sin x\,dx \leq \int_0^{\frac{\pi}{2}} f(x)\sin x\,dx \leq \sqrt{2}\,M\int_0^{\frac{\pi}{4}} x\sin x\,dx$$

이제 부분적분법을 이용하여 계산하면 $\displaystyle\int_0^{\frac{\pi}{4}} x\sin x\,dx = \left[-x\cos x + \sin x\right]_0^{\frac{\pi}{4}} = \frac{1}{\sqrt{2}}\left(1 - \frac{\pi}{4}\right)$ 이다.

위의 식을 이용하면 최종적으로 $\left(1 - \dfrac{\pi}{4}\right)m \leq \displaystyle\int_0^{\frac{\pi}{2}} f(x)\sin x\,dx \leq \left(1 - \dfrac{\pi}{4}\right)M$ 를 얻는다.

[1] $f(x) = \sqrt{1+x}$ 에 대하여 닫힌구간 $[a, b]$ 에 제시문 [가]의 평균값 정리를 적용하면 $x < c < 0$ 인 적당한 c 가 존재하여

$$\frac{1 - \sqrt{1+x}}{-x} = \frac{f(0) - f(x)}{0 - x} = f'(c) = \frac{1}{2\sqrt{1+c}} > \frac{1}{2}$$

가 성립하므로 $\sqrt{1+x} < 1 + \dfrac{x}{2}$ 이다.

[2] $g(x) = (x-a)(x-b)f(x)$ 라 놓으면 $g(x)$ 는 닫힌구간 $[a, b]$ 에서 연속이고 열린구간 (a, b) 에서 미분가능하며 $g(a) = g(b) = 0$ 이다. 따라서 제시문 [가]의 평균값 정리에 의하여 $g'(c) = 0$ 인 c 가 열린구간 (a, b) 에 존재한다. 또한 $g'(x) = (x-a)f(x) + (x-b)f(x) + (x-a)(x-b)f'(x)$ 로부터 $0 = (c-a)f(c) + (c-b)f(c) + (c-a)(c-b)f'(c)$ 를 얻는다. 등식의 양변을 $(c-a)(c-b)f(c)$ 로 나누면

$$\frac{1}{c-a} + \frac{1}{c-b} + \frac{f'(c)}{f(c)} = 0$$

이 성립하여

$$\frac{1}{a-c} + \frac{1}{b-c} = \frac{f'(c)}{f(c)}$$

을 얻는다.

[3] $u = x(2\pi - x)$, $v' = f''$ 이라 놓고 제시문 [나]의 부분적분을 사용하면

$$\int_0^{2\pi} x(2\pi - x)f''(x)\,dx = \left[x(2\pi - x)f'(x)\right]_0^{2\pi} - \int_0^{2\pi} (2\pi - 2x)f'(x)\,dx$$

$$= -\int_0^{2\pi} (2\pi - 2x)f'(x)\,dx$$

이다. 다시 한번 부분적분을 하고 $f(0) = f(2\pi) = 0$ 을 사용하면

$$-\int_0^{2\pi} (2\pi - 2x)f'(x)\,dx = -\left[(2\pi - 2x)f(x)\right]_0^{2\pi} - 2\int_0^{2\pi} f(x)\,dx = -2\int_0^{2\pi} f(x)\,dx = 6$$

이다. 그러므로 $\int_0^{2\pi} x(2\pi - x)f''(x)\,dx = 6$ 이다.

$f(x) = 3\sqrt{2}\sin^3 x - \cos x$ 라 하자. $-\dfrac{\pi}{2} \leq x \leq 0$ 일 때, $\sin x \leq 0$, $\cos x \geq 0$ 이므로 $f(x) \leq 0$ 이다.

닫힌구간 $\left[0, \dfrac{\pi}{2}\right]$ 에서 함수 $g(x) = 3\sqrt{2}\sin^3 x$ 는 증가함수이고, 함수 $h(x) = \cos x$ 는 감소함수이다.

$f(x) = g(x) - h(x)$ 는 연속인 증가함수이고, $f(0) = -1 < 0$, $f\left(\dfrac{\pi}{2}\right) = 3\sqrt{2} > 0$ 이므로 사잇값 정리에 의해

방정식 $f(x) = 0$ 은 구간 $\left[0, \dfrac{\pi}{2}\right]$ 에서 유일한 해를 갖는다. 이 해를 a 라 하자. $-\dfrac{\pi}{2} \leq x \leq a$ 이면 $f(x) \leq 0$ 이고

$a \leq x \leq \dfrac{\pi}{2}$ 이면 $f(x) \geq 0$ 이다. 또한

$$3\sqrt{2}\sin^3 a = \cos a, \quad 18\sin^6 a = \cos^2 a = 1 - \sin^2 a$$
$$18\sin^6 a + \sin^2 a - 1 = (3\sin^2 a - 1)(6\sin^4 a + 2\sin^2 a + 1) = 0$$

이므로 $3\sin^2 a = 1$, $\sin a = \dfrac{1}{\sqrt{3}}$ 이고 $\cos a = \sqrt{1 - \sin^2 a} = \dfrac{\sqrt{2}}{\sqrt{3}}$ 이다. $\left(\because 0 < a < \dfrac{\pi}{2}\right)$

$$\sin^3 x = \sin^2 x \sin x = (1 - \cos^2 x)\sin x = \sin x - \cos^2 x \sin x$$

이므로

$$\int (3\sqrt{2}\sin^3 x - \cos x)dx = \int 3\sqrt{2}\sin x\, dx - \int 3\sqrt{2}\cos^2 x \sin x\, dx - \int \cos x\, dx$$
$$= -3\sqrt{2}\cos x + \sqrt{2}\cos^3 x - \sin x + C$$

이다. $F(x) = \sqrt{2}\cos^3 x - 3\sqrt{2}\cos x - \sin x$ 라 하자.

이 때 $F'(x) = f(x)$ 이고 $F\left(-\dfrac{\pi}{2}\right) = 1$, $F\left(\dfrac{\pi}{2}\right) = -1$ 이며,

$$F(a) = \sqrt{2}\cos^3 a - 3\sqrt{2}\cos a - \sin a = \sqrt{2} \times \dfrac{2\sqrt{2}}{3\sqrt{3}} - 3\sqrt{2} \times \dfrac{\sqrt{2}}{\sqrt{3}} - \dfrac{1}{\sqrt{3}} = -\dfrac{17\sqrt{3}}{9} \text{ 이다.}$$

따라서 $\displaystyle\int_{-\frac{\pi}{2}}^{\frac{\pi}{2}} |3\sqrt{2}\sin^3 x - \cos x|\, dx = -\int_{-\frac{\pi}{2}}^{a} f(x)dx + \int_{a}^{\frac{\pi}{2}} f(x)dx$

$$= -F(a) + F\left(-\dfrac{\pi}{2}\right) + F\left(\dfrac{\pi}{2}\right) - F(a) = \dfrac{34\sqrt{3}}{9}$$

[1] 조건 (가)를 정리하년 이차방정식 $(f(x))^2(1-\sin x) - 2f(x)\cos x + (1+\sin x)\cos^2 x = 0$ 를 얻을 수 있고, 이를 인수분해하면 $(f(x)-\cos x)((1-\sin x)f(x)-(1+\sin x)\cos x)=0$ 이다.

함수 $f(x)$가 연속함수이면서 $f\left(\dfrac{\pi}{6}\right)=\dfrac{3\sqrt{3}}{2}$ 를 만족시키기 위해서는 함수 $f(x)$는 $0 \le x \le \dfrac{\pi}{3}$ 인 모든 x에 대하여 $f(x)=\dfrac{1+\sin x}{1-\sin x}\cos x$, $f(x)\cos x = (1+\sin x)^2$ 여야 함을 알 수 있다.

따라서 $\{f(x)\cos x\}' = 2\cos x \times (1+\sin x) \cdots$ ① 이므로

$$\int_0^{\frac{\pi}{6}} \{f'(x)\cos x - f(x)\sin x\}e^{\sin x}dx = \int_0^{\frac{\pi}{6}} \{f(x)\cos x\}'e^{\sin x}dx$$

$$= \int_0^{\frac{1}{2}} 2(1+t)e^t dt \ (\because ① \text{ 적용 후 } \sin x = t \text{ 로 치환적분})$$

$$= 2\left\{ \left[(1+t)e^t\right]_0^{\frac{1}{2}} - \int_0^{\frac{1}{2}} e^t dt \right\}$$

$$= 2\left\{ \frac{3}{2}e^{\frac{1}{2}} - 1 - \left[e^t\right]_0^{\frac{1}{2}} \right\}$$

$$= e^{\frac{1}{2}}$$

[2] 적분구간을 나누어 I_n 을 표현해 보면,

$$I_n = \sum_{k=0}^{n-1} \int_{k\pi}^{(k+1)\pi} \{|\sin x|\cos^2 x + \sin^5(2x)\cos x\}dx \text{ 이다. } u = x - k\pi \text{ 로 치환하면}$$

$$\int_{k\pi}^{(k+1)\pi} \{|\sin x|\cos^2 x + \sin^5(2x)\cos x\}dx$$

$$= \int_0^{\pi} \{|\sin(u+k\pi)|\cos^2(u+k\pi) + \sin^5(2(u+k\pi))\cos(u+k\pi)\}du$$

$$= \int_0^{\pi} \{\sin u\cos^2 u + \sin^5(2u)(-1)^k\cos u\}du$$

$t = \cos u$ 로 치환하면, $\displaystyle\int_0^{\pi} \sin u\cos^2 u\, du = \dfrac{2}{3}$ 이므로

$$\frac{I_n}{n} = \frac{1}{n}\sum_{k=0}^{n-1}\left\{\frac{2}{3} + (-1)^k \int_0^{\pi} \sin^5(2u)\cos u\, du\right\} = \frac{2}{3} + \frac{1}{n}\left\{\sum_{k=0}^{n-1}(-1)^k\right\}\int_0^{\pi} \sin^5(2u)\cos u\, du \text{ 이다.}$$

$\displaystyle 0 \le \frac{1}{n}\sum_{k=0}^{n-1}(-1)^k \le \frac{1}{n}$ [10) 이므로 $\displaystyle\lim_{n\to\infty}\frac{I_n}{n} = \frac{2}{3}$ 이다.

---

10) $\because \displaystyle\sum_{k=0}^{n-1}(-1)^k$ 는 0 또는 1

[1] $f(x)$는 구간 (x_0, x_1)에서 기울기 2인 일차함수이고 구간 (x_{2017}, x_{2018})에서 기울기 -3인 일차함수이다. 따라서 $f(x_1) = f(x_0) + 2 = \sqrt{2} + 2$, $f(x_{2017}) = f(x_{2018}) + 3 = \sqrt{3} + 3$이다.

[2] $f(x)$는 구간 (x_{1008}, x_{1009})에서 기울기 2인 일차함수이고 구간 (x_{1009}, x_{1010})에서 기울기 -3인 일차함수이다. 따라서 $\dfrac{f(x_{1009}) - f(x_{1008})}{x_{1009} - x_{1008}} = 2$, $\dfrac{f(x_{1010}) - f(x_{1009})}{x_{1010} - x_{1009}} = -3$이다. 연립방정식에서 x_{1009}을

소거하면 $f(x_{1009}) = \dfrac{3}{5}f(x_{1008}) + \dfrac{2}{5}f(x_{1010}) + \dfrac{6}{5}(x_{1010} - x_{1008})$을 얻는다. 주어진 값을 넣으면

$f(x_{1009}) = \dfrac{12 + 3\sqrt{5} + 2\sqrt{7}}{5}$ 을 얻고, 이를 통해 $x_{1009} = \dfrac{251 - \sqrt{5} + \sqrt{7}}{5}$ 을 얻는다.

[3] $\sum$의 성질에 의해 $\displaystyle\sum_{n=0}^{2018} (-1)^n f(x_n) = \sum_{m=0}^{1009} f(x_{2m}) - \sum_{m=0}^{1008} f(x_{2m+1})$로 나타낼 수 있다.

[2]의 문제 해결 과정에서 $f(x_{1009}) = \dfrac{3}{5}f(x_{1008}) + \dfrac{2}{5}f(x_{1010}) + \dfrac{6}{5}(x_{1010} - x_{1008})$이므로

$0 \le m \le 1008$을 만족하는 임의의 정수 m에 대하여

$$f(x_{2m+1}) = \frac{3}{5}f(x_{2m}) + \frac{2}{5}f(x_{2m+2}) + \frac{6}{5}(x_{2m+2} - x_{2m})$$

로 나타낼 수 있다. 따라서 $\sum$의 성질에 의해

$$\sum_{m=0}^{1008} f(x_{2m+1}) = \sum_{m=0}^{1008} \left\{ \frac{3}{5}f(x_{2m}) + \frac{2}{5}f(x_{2m+2}) + \frac{6}{5}(x_{2m+2} - x_{2m}) \right\}$$
$$= \sum_{m=0}^{1009} f(x_{2m}) - \frac{2}{5}f(x_0) - \frac{3}{5}f(x_{2018}) - \frac{6}{5}x_0 + \frac{6}{5}x_{2018}$$

이므로

$$\sum_{n=0}^{2018} (-1)^n f(x_n) = \sum_{m=0}^{1009} f(x_{2m}) - \sum_{m=0}^{1008} f(x_{2m+1}) = \frac{2}{5}\sqrt{2} + \frac{3}{5}\sqrt{3} - 120$$

을 얻는다.

[1] 함수 $f(x) = a\sqrt{1+e^x} + \ln\left(\sqrt{1+e^x}-b\right) - \ln\left(\sqrt{1+e^x}+b\right)$ 를 x 에 대해 미분하면

$$f'(x) = \frac{e^x}{2\sqrt{1+e^x}}\left(a + \frac{1}{\sqrt{1+e^x}-b} - \frac{1}{\sqrt{1+e^x}+b}\right) = \sqrt{1+e^x}$$

따라서

$$e^x\left\{a + \frac{2b}{(1+e^x)-b^2}\right\} = 2(1+e^x)$$

즉, $e^x\left[a\{(1+e^x)-b^2\}+2b\right] = 2(1+e^x)\{(1+e^x)-b^2\}$

전개하면 $ae^{2x} + \{a(1-b^2)+2b\}e^x = 2e^{2x} + 2(2-b^2)e^x + 2(1-b^2)$ 이고 양변의 계수를 비교하면
$a = 2$, $b = 1$ 이다. 따라서 $a+b = 3$ 이다.

[2] 제시문 〈나〉, 치환적분법 및 문제 **[1]**에 의하여

$$g(k) = \int_k^{k+e^{-k}} \sqrt{1+e^{2t}}\,dt = \frac{1}{2}\int_{2k}^{2k+2e^{-k}} \sqrt{1+e^x}\,dx \quad (\leftarrow x = 2t)$$

$$= \frac{1}{2}\left\{f(2k+2e^{-k}) - f(2k)\right\}$$

이다. 평균값 정리에 의하여

$$g(k) = \frac{1}{2}f'(c)2e^{-k} = e^{-k}f'(c) = e^{-k}\sqrt{1+e^c}$$

를 만족하는 c 가 열린구간 $(2k,\ 2k+e^{-k})$ 에 적어도 하나 존재한다. 구간 $(-\infty,\ \infty)$ 에서 $f''(x) > 0$ 이므로 $f'(x)$ 는 증가한다. 그러므로

$$e^{-k}\sqrt{1+e^{2k}} < g(k) = e^{-k}\sqrt{1+e^c} < e^{-k}\sqrt{1+e^{2k+2e^{-k}}}$$

이고 $\lim\limits_{k\to\infty} e^{-k}\sqrt{1+e^{2k}} = \lim\limits_{k\to\infty}\sqrt{1+e^{-2k}} = 1$, $\lim\limits_{k\to\infty} e^{-k}\sqrt{1+e^{2k+2e^{-k}}} = \lim\limits_{k\to\infty}\sqrt{e^{2e^{-k}}+e^{-2k}} = 1$ 이다.

따라서 제시문 〈다〉에 의하여 $\lim\limits_{k\to\infty} g(k) = 1$ 이다.

[3] $G(x) = \int_0^x f(t)dt$ 라 하면 $F(x) = G(x) + C$ (C 는 상수)가 성립한다. 따라서

$$\lim_{x\to\infty} e^{-x}F(2x) = \lim_{x\to\infty} e^{-\frac{x}{2}}F(x) = \lim_{x\to\infty} e^{-\frac{x}{2}}\{G(x)+C\} = \lim_{x\to\infty} e^{-\frac{x}{2}}G(x)$$

의 값을 구하면 된다. 문제 1에 의해

$$G(x) = 2\int_0^x \sqrt{1+e^t}\,dt + \int_0^x \ln\left(\frac{\sqrt{1+e^t}-1}{\sqrt{1+e^t}+1}\right)dt$$

$$= 2\{f(x)-f(0)\} + \int_0^x \ln\left(\frac{\sqrt{1+e^t}-1}{\sqrt{1+e^t}+1}\right)dt \quad \cdots\cdots(4)$$

이다. 한편 구간 $(-\infty,\ \infty)$ 에서 $f'(x)$ 가 증가하고, 구간 $(-1,\ \infty)$ 에서 $\dfrac{x-1}{x+1}$ 도 증가하므로 임의의 양수 t 에 대하여

$$\frac{\sqrt{2}-1}{\sqrt{2}+1} \leq \frac{\sqrt{1+e^t}-1}{\sqrt{1+e^t}+1} \leq 1$$

$$-\ln\left(\frac{\sqrt{2}+1}{\sqrt{2}-1}\right) \leq \ln\left(\frac{\sqrt{1+e^x}-1}{\sqrt{1+e^x}+1}\right) \leq 0 \quad \cdots\cdots(5)$$

제시문 〈라〉에 의하여, 임의의 양수 x 에 대하여

$$-\ln\left(\frac{\sqrt{2}+1}{\sqrt{2}-1}\right)x \le \int_0^x \ln\left(\frac{\sqrt{1+e^x}-1}{\sqrt{1+e^x}+1}\right)dt \le 0$$

제시문 〈다〉에 의하여

$$0 = -\ln\left(\frac{\sqrt{2}+1}{\sqrt{2}-1}\right)\lim_{x\to\infty}e^{-\frac{x}{2}}x \le \lim_{x\to\infty}e^{-\frac{x}{2}}\int_0^x \ln\left(\frac{\sqrt{1+e^t}-1}{\sqrt{1+e^t}+1}\right)dt \le 0$$

식 (4), (5)와 제시문 〈다〉에 의하여

$$\lim_{x\to\infty}e^{-\frac{x}{2}}G(x) = 2\lim_{x\to\infty}e^{-\frac{x}{2}}\{f(x)-f(0)\} + \lim_{x\to\infty}e^{-\frac{x}{2}}\int_0^x \ln\left(\frac{\sqrt{1+e^t}-1}{\sqrt{1+e^t}+1}\right)dt$$

$$= 2\lim_{x\to\infty}e^{-\frac{x}{2}}f(x) + 0 = 2\lim_{x\to\infty}e^{-\frac{x}{2}}f(x)$$

$$= 4\lim_{x\to\infty}e^{-\frac{x}{2}}\sqrt{1+e^x} + 2\lim_{x\to\infty}e^{-\frac{x}{2}}\ln\left(\frac{\sqrt{1+e^x}-1}{\sqrt{1+e^x}+1}\right)$$

$$= 4+0 = 4$$

이다.

논제 25

[1] 제시문 [나]의 평균값 정리에 의해서

$$f'(r) = \frac{f(2)-f(1)}{2-1} = \frac{3-3}{2-1} = 0$$

을 만족하는 r 이 열린구간 $(1, 2)$ 에 존재하며

$$f'(s) = \frac{f(3)-f(2)}{3-2} = \frac{5-3}{3-2} = 2$$

를 만족하는 s 가 열린구간 $(2, 3)$ 에 존재한다. 모든 실수 x 에 대해서 이계도함수 $f''(x)$ 가 존재하므로 $f'(x)$ 는 닫힌구간 $[r, s]$ 에서 연속이다.

$$f'(r) = 0, \ f'(s) = 2, \ 0 < \frac{3}{2} < 2$$

이므로 제시문 [가]에 주어진 사잇값 정리에 의하여 $f'(a) = \frac{3}{2}$ 을 만족하는 a 가 열린구간 (r, s) 에 존재한다.

또한 평균값 정리를 닫힌구간 $[r, s]$ 와 미분가능한 함수 $f'(x)$ 에 적용하면

$$f''(b) = \frac{f'(s)-f'(r)}{s-r} = \frac{2}{s-r}$$

을 만족하는 b 가 열린구간 (r, s) 에 존재한다. 구간 (r, s) 는 구간 $(1, 3)$ 에 포함되므로 $s-r < 2$ 가 성립하고 따라서 $f''(b) > 1$ 이다.

[2] 구간 $[2, \infty)$ 에서 임의의 x 를 택하자. $x = 2n+c$ 를 만족하는 자연수 n 과 $0 \le c < 2$ 가 존재하므로

$$\int_{-x}^x f(t)dt = \int_{-2n-c}^{2n+c}f(t)dt = \int_{-2n-c}^{-2n}f(t)dt + \int_{-2n}^{2n}f(t)dt + \int_{2n}^{2n+c}f(t)dt$$

이고, $f(x)$ 가 모든 x 에 대하여 $f(x+2) = f(x)$ 을 만족하므로

$$\int_{-2n}^{2n}f(t)dt = 2n\int_0^2 f(t)dt \text{ 이고 } \int_{2n}^{2n+c}f(t)dt = \int_0^c f(2n+t)dt = \int_0^c f(t)dt$$

이다.

$$\int_0^2 f(x)dx = \int_0^1 f(x)dx + \int_1^2 f(x)dx = \int_2^3 f(x)dx + \int_1^2 f(x)dx = \int_1^3 f(x)dx = 1$$

이므로

$$\frac{1}{x}\int_{-x}^x f(t)dt = \frac{2n}{x} + \frac{1}{x}\int_0^c f(t)dt + \frac{1}{x}\int_{-c}^0 f(t)dt$$

이다. 이때 양수 x 에 대하여 $\dfrac{x-2}{x} \leq \dfrac{2n}{x} \leq 1$ 이고 $\lim_{x\to\infty}\dfrac{x-2}{x} = 1$ 이므로 $\lim_{x\to\infty}\dfrac{2n}{x} = 1$ 이다.

이제, $\lim_{x\to\infty}\dfrac{1}{x}\int_0^c f(t)dt = 0$ 임을 보이자. $c = 0$ 인 경우에는 당연히 성립하므로 $0 < c < 2$ 라 가정하자.

함수 $|f(x)|$ 가 닫힌구간 $[0, 2]$ 에서 연속이므로 제시문 [다]의 최대・최소 정리에 의해 함수 $|f(x)|$ 는 최댓값을 갖는다. 최댓값을 M 이라고 하면, 구간 $[0, c]$ 에 속하는 임의의 x 에 대하여 $-M \leq f(x) \leq M$ 이므로

$$-2M \leq -cM = \int_0^c (-M)dt \leq \int_0^c f(t)dt \leq \int_0^c Mdt = cM \leq 2M$$

이 성립한다.

이때 $-\dfrac{2M}{x} \leq \dfrac{1}{x}\int_0^c f(t)dt \leq \dfrac{2M}{x}$ 이고 $\lim_{x\to\infty}\dfrac{2M}{x} = 0$ 이므로 $\lim_{x\to\infty}\dfrac{1}{x}\int_0^c f(t)dt = 0$ 이다.

마찬가지로 $\lim_{x\to\infty}\dfrac{1}{x}\int_{-c}^0 f(t)dt = 0$ 이 성립한다. 그러므로, $\lim_{x\to\infty}\dfrac{1}{x}\int_{-x}^x f(t)dt = 1$ 이다.

[3] 제시문 [라]로부터 $0 < x < \dfrac{\pi}{2}$ 일 때 $\dfrac{1}{\tan x} < \dfrac{1}{x} < \dfrac{1}{\sin x}$ 이므로

$\dfrac{\cos x}{\sin x} < \dfrac{1}{x}$, 즉 $x\cos x - \sin x < 0$ 이다. 따라서

$$f'(x) = \frac{x\cos x - \sin x}{x^2} < 0$$

이 성립하여 $f(x)$ 는 열린구간 $\left(0, \dfrac{\pi}{2}\right)$ 에서 감소한다.

[4] 제시문 [라]로부터 열린구간 $\left(0, \dfrac{\pi}{2}\right)$ 에서 $f(x) < 1$ 이고, $\lim_{x\to 0+} f(x) = 1$ 이다.

열린구간 $\left(0, \dfrac{\pi}{6}\right)$ 에서 임의의 x 를 택하자. 문항 **[3]**에 의하여 $f(t) = \dfrac{\sin t}{t}$ 가 구간 $\left(0, \dfrac{\pi}{2}\right)$ 에서 감소하므로

$x \leq t \leq 3x$ 인 임의의 t 에 대하여 $\dfrac{\sin 3x}{3x} \leq \dfrac{\sin t}{t} < 1$ 이다. 각 변을 k 제곱하고 $\dfrac{1}{t}$ 를 곱하면

$$0 < \left(\frac{\sin 3x}{3x}\right)^k \frac{1}{t} \leq \frac{\sin^k t}{t^{k+1}} < \frac{1}{t}$$

이다. 따라서 정적분과 곡선 및 x 축 사이의 넓이의 관계를 이용하면

$$\left(\frac{\sin 3x}{3x}\right)^k \int_x^{3x}\frac{1}{t}dt = \int_x^{3x}\left(\frac{\sin 3x}{3x}\right)^k\frac{1}{t}dt \leq \int_x^{3x}\frac{\sin^k t}{t^{k+1}}dt \leq \int_x^{3x}\frac{1}{t}dt$$

이다. $\lim_{x\to 0+}\left(\dfrac{\sin 3x}{3x}\right)^k = 1$ 이고 $\lim_{x\to 0+}\int_x^{3x}\dfrac{1}{t}dt = \ln 3$ 이므로

$$\lim_{x\to 0+}\int_x^{3x}\frac{(f(t))^k}{t}dt = \lim_{x\to 0+}\int_x^{3x}\frac{\sin^k t}{t^{k+1}}dt = \ln 3$$

이다.

[1] (1) 이차식 $q_1(x)$에 대하여, 등식 $q_1(x) = 0$은 두 개의 서로 다른 근 b와 c를 가지므로,

$q_1(x) = C(x-b)(x-c)$ 임을 알 수 있다. 또한 $q_1(a) = f(a)$ 임을 이용하면, $C = \dfrac{f(a)}{(a-b)(a-c)}$ 임을 알 수

있다. 따라서 ① $= -1$, ② $= 1$, ③ $= -1$ 이다.

(2) 이차식 $q_2(x)$에 대하여, 등식 $q_2(x) = 0$은 두 개의 서로 다른 근 a와 c를 가지므로,

$q_2(x) = C'(x-c)(x-a)$ 임을 알 수 있다. 또한 $q_2(b) = f(b)$ 임을 이용하면,

$C' = \dfrac{f(b)}{(b-c)(b-a)} = \dfrac{f(b)}{(a-b)(-b+c)}$ 임을 알 수 있다. 따라서

④ $= -1$, ⑤ $= -1$, ⑥ $= 1$ 이다.

[2] 롤의 정리에 의하여, $h'(c_1) = 0$ 인 c_1 이 열린 구간 (a,b) 사이에 적어도 하나 존재하고, 역시 롤의 정리에

의하여 $h'(c_2) = 0$ 인 c_2 가 열린 구간 (b,c) 사이에 적어도 하나 존재한다.

이 때, $a < c_1 < b < c_2 < c$ 임을 알 수 있다.

다시 롤의 정리에 의하여 $h''(d) = 0$ 인 d 가 열린 구간 $(c_1, c_2) \subset (a,c)$ 사이에 적어도 하나 존재한다.

[3] 문제 **[1]** 의 (1), (2)의 답에서와 마찬가지 방법을 통하여, 이차 이하 다항함수 $y = q_3(x)$ 의 그래프가 세 점

$(a,0)$, $(b,0)$, $(c,f(c))$ 을 지난다고 하면,

$$q_3(x) = \frac{f(c)}{(c-a)(c-b)}(x-a)(x-b)$$

이다. $p(x) = q_1(x) + q_2(x) + q_3(x)$ 로 두면, $p(x)$ 는 이차 이하의 다항식이고, 함수 $y = p(x)$ 의 그래프는

$(a,f(a))$, $(b,f(b))$, $(c,f(c))$ 를 지난다.

$h(x) = f(x) - p(x)$ 로 두면, $h(a) = h(b) = h(c) = 0$ 임을 알 수 있다.

[2] 의 결과로부터, $h''(d) = 0$ 인 d 가 열린 구간 (a,c) 사이에 적어도 하나 존재함을 알 수 있다.

이때, $p(x)$ 의 이차항의 계수 $A = \dfrac{\left(\dfrac{f(c)-f(b)}{c-b}\right) - \left(\dfrac{f(b)-f(a)}{b-a}\right)}{c-a}$ 이다.

한편, $h''(x) = f''(x) - p''(x) = f''(x) - 2A$ 인데, $h''(d) = 0$ 으로부터

$$\frac{\left(\dfrac{f(c)-f(b)}{c-b}\right) - \left(\dfrac{f(b)-f(a)}{b-a}\right)}{c-a} = \frac{f''(d)}{2}$$

이다.

[1] 문제의 상황을 그래프로 그려보면 아래와 같다.

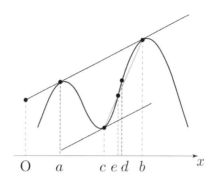

직선 L 의 식을 $y = mx$ 라 하면 함수 $g(x) = f(x) - mx$ 는 $g(a) = g'(a) = 0$ 와 $g(b) = g'(b) = 0$ 을 만족한다.
이 조건과 $g(x)$ 는 최고차항의 계수가 -1 인 사차함수라는 것을 이용하면 $g(x) = -(x-a)^2(x-b)^2$ 이고 따라서
$f(x) = mx - (x-a)^2(x-b)^2$ 이다. 문제의 조건으로부터 $f'(c) = m + g'(c) = m$ 이므로 $g'(c) = 0$ 이 된다.
$g'(x) = -4(x-a)(x-b)\left(x - \dfrac{a+b}{2}\right)$ 이므로 $c = \dfrac{a+b}{2}$ 를 얻는다.

[2] $f(x) = mx - (x-a)^2(x-b)^2$ 을 두 번 미분하면 $f''(x) = -4\left(3x^2 - 3(a+b)x + \dfrac{a^2 + 4ab + b^2}{2}\right)$ 이 된다.

조건으로부터 $f''(d) = 0$ 이므로 $d = \dfrac{3(a+b) \pm \sqrt{3}(b-a)}{6}$ 에서 $c = \dfrac{a+b}{2} < d < b$ 인 것을 고르면

$d = \dfrac{3(a+b) + \sqrt{3}(b-a)}{6} = \dfrac{(3-\sqrt{3})a + (3+\sqrt{3})b}{6}$ 를 얻는다.

[3] 두 점 $(c, f(c))$ 와 $(b, f(b))$ 를 잇는 직선은 $y = \dfrac{f(b) - f(c)}{b - c}(x - b) + f(b)$ 이고 **[1]** 에서 구한 c 를 이용해

정리하면 $y = \left(m + \dfrac{(b-a)^3}{8}\right)(x - b) + mb$ 가 된다. 따라서 b, c, e 는

$\left\{m + \dfrac{(b-a)^3}{8}\right\}(x - b) + mb = mx - (x-a)^2(x-b)^2$ 의 근이 된다. 이 식을 정리하면

$\dfrac{(b-a)^3}{8}(x - b) + (x-a)^2(x-b)^2 = 0$ 이고 $c, e \neq b$ 이므로 c, e 는 $\dfrac{(b-a)^3}{8} + (x-a)^2(x-b) = 0$ 의 근이

된다. 이 식을 정리하면 $x^3 - (2a+b)x^2 + (a^2 + 2ab)x - a^2 b + \dfrac{(b-a)^3}{8} = 0$ 이다. 또한 $c = \dfrac{a+b}{2}$ 가 근이

되므로 다항식의 나눗셈을 이용해 $x - \dfrac{a+b}{2}$ 로 이 식의 좌변을 나누면

$x^3 - (2a+b)x^2 + (a^2 + 2ab)x - a^2 b + \dfrac{(b-a)^3}{8} = \left(x - \dfrac{a+b}{2}\right)\left(x^2 - \dfrac{3a+b}{2}x + \dfrac{a^2 + 4ab - b^2}{4}\right)$ 을 얻는다.

$e \neq c = \dfrac{a+b}{2}$ 이므로 e 는 $x^2 - \dfrac{3a+b}{2}x + \dfrac{a^2 + 4ab - b^2}{4} = 0$ 의 두 근 $\dfrac{(3a+b) \pm \sqrt{5}(b-a)}{4}$ 중 하나가

된다. 주어진 조건 $c < e < b$ 를 사용하면 $e = \dfrac{(3a+b) + \sqrt{5}(b-a)}{4} = \dfrac{(3-\sqrt{5})a + (1+\sqrt{5})b}{4}$ 를 얻는다.

(만약 $e = \dfrac{(3a+b) - \sqrt{5}(b-a)}{4}$ 이면 $e - a = \dfrac{(b-a) - \sqrt{5}(b-a)}{4} = \dfrac{1 - \sqrt{5}}{4}(b-a) < 0$ 가 되어

$a < c < e$ 에 모순이다.)

[4] 위에서 구한 식을 이용하면 $e - d = \dfrac{(-3 - 2\sqrt{3} + 3\sqrt{5})(b-a)}{12}$ 이므로 $\dfrac{e-d}{b-a} = \dfrac{3\sqrt{5} - 2\sqrt{3} - 3}{12}$ 이다.

논제
28

함수 $f(x)$ 의 그래프의 개형은 다음 그림과 같다.

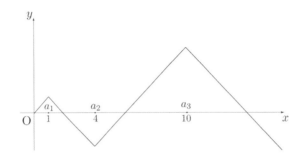

[1] 구간 $(a_n,\, a_{n+1})$ 에서 함수 $f(x)$ 의 x 절편을 x_n 이라고 하면, $\{x_n\}$ 은 $x_1 = 2$ 이고

$n \geq 2$ 일 때 $x_n - x_{n-1} = 2 \times 2^{n-1}$ 을 만족한다.

$a_n = \dfrac{x_{n-1} + x_n}{2}$ 이므로, $x_4 = \dfrac{2(2^4 - 1)}{2 - 1} = 30$, $x_5 = 30 + 32 = 62$ 이고 $a_5 = \dfrac{30 + 62}{2} = 46$ 이다.

[2] x_n 은 등비수열 $\{2^n\}$ 의 첫째항부터 제n 항까지의 합과 같으므로 $x_n = \displaystyle\sum_{k=1}^{n} 2^k = 2^{n+1} - 2$ 이다. 따라서

$x_{10} = 2^{11} - 2 = 2046$ 이다.

[3] $f(a_n) = (-1)^{n+1} 2^{n-1}$ 이므로,

$$\int_{x_{n-1}}^{x_n} f(t)\,dt = \frac{1}{2}(x_n - x_{n-1})f(a_n) = \frac{1}{2} \times 2^n \times (-2)^{n-1} = (-4)^{n-1}$$ 이고,

$$\int_0^{a_n} f(t)\,dt = \int_0^{x_{n-1}} f(t)\,dt + \int_{x_{n-1}}^{a_n} f(t)\,dt$$

$$= (1 - 4 + 4^2 - \cdots + (-4)^{n-2}) + \frac{(-4)^{n-1}}{2}$$

$$= \frac{(-4)^{n-1} - 1}{(-4) - 1} + \frac{(-4)^{n-1}}{2} = \frac{3(-4)^{n-1} + 2}{10}$$

이다.

$4^5 = 1024$, $4^6 = 4096$이므로, $\displaystyle\int_0^{a_n} f(t)\,dt$ 가 1000 이상인 가장 작은 n의 값은

$$3(-4)^{n-1} + 2 > 10000$$

이다. 즉, $(-4)^{n-1} > 3332.6$ 을 만족하는 n 은 $n = 7$ 이다. 따라서 $\displaystyle\int_0^x f(t)\,dt = 1000$ 인 가장 작은 x 의 값은

구간 $(a_6,\, a_7)$ 에 있다. 그러므로 $k = 6$ 이다.

[4] $F(x) = \int_0^x f(t)\,dt$ 라고 하자.

$F(x_n) = \int_0^{x_n} f(t)\,dt = 1 - 4 + 4^2 - \cdots + (-4)^{n-1} = \dfrac{(-4)^n - 1}{(-4) - 1} = \dfrac{-(-4)^n + 1}{5}$ 이고,

$G(x) = \int_0^x mt\,dt = \dfrac{1}{2}mx^2$ 이라고 하면, $x_n = 2(1 + 2 + \cdots 2^{n-1}) = 2 \times 2^n - 2$ 이므로

$G(x_n) = 2m(2^n - 1)^2$ 이다.

이제, $-\dfrac{1}{10} \le m \le \dfrac{1}{10}$ 이라고 하면,

n이 홀수일 때 $G(x_n) = 2m(2^n - 1)^2 = 2m(4^n - 2 \times 2^n + 1) < \dfrac{1}{5}(4^n + 1) = F(x_n)$ 이고

n이 짝수일 때 $G(x_n) = 2m(2^n - 1)^2 = 2m(4^n - 2 \times 2^n + 1) > -\dfrac{1}{5}(4^n - 1) = F(x_n)$ 이므로, 제시문 (나)의 사잇값 정리에 의하여 $F(x) = G(x)$ 인 값이 모든 구간 $(x_n,\ x_{n+1})$ 에 하나씩 존재한다.

따라서 등식 $\int_0^x (f(t) - mt)\,dt = 0$ 을 만족하는 양수 x 의 값은 무수히 많다.

[1] $x^3 - x - t = 0$ 의 근은 $y = x^3 - x$ 와 $y = t$ 의 그래프들의 교점의 x 좌표이다.

함수 $y = x^3 - x$ 가 $x = -\dfrac{1}{\sqrt{3}}$ 에서 극댓값 $\dfrac{2}{3\sqrt{3}}$ 과 $x = \dfrac{1}{\sqrt{3}}$ 에서 극솟값 $-\dfrac{2}{3\sqrt{3}}$ 를 갖는다. 따라서 삼차방정식 $x^3 - x - t = 0$ 이 서로 다른 세 실근을 갖도록 하는 실수 t 의 값의 범위는

$-\dfrac{2}{3\sqrt{3}} < t < \dfrac{2}{3\sqrt{3}}$ 이다.

[2] (a)

[1]에서 함수 $y = x^3 - x$ 가 $x = -\dfrac{1}{\sqrt{3}}$ 에서 극댓값 $\dfrac{2}{3\sqrt{3}}$ 과 $x = \dfrac{1}{\sqrt{3}}$ 에서 극솟값 $-\dfrac{2}{3\sqrt{3}}$ 를 갖는다.

따라서 사잇값 정리에 의해 $\alpha < -\dfrac{1}{\sqrt{3}} < \beta < \dfrac{1}{\sqrt{3}} < \gamma$ 인 세 근을 갖는다.

그런데 $t = -\dfrac{2}{3\sqrt{3}}$ 와 $t = \dfrac{2}{3\sqrt{3}}$ 인 경우, 각각 $x = \dfrac{1}{\sqrt{3}}$, $x = -\dfrac{1}{\sqrt{3}}$ 에서 중근을 가지므로 β 의 값의 범위는 $-\dfrac{1}{\sqrt{3}} \le \beta \le \dfrac{1}{\sqrt{3}}$ 을 만족한다.

(b) 제시문 (나)에서 주어진 근과 계수의 관계를 이용하면 다음을 얻을 수 있다.

$$\alpha + \beta + \gamma = 0 , \ \alpha\beta + \beta\gamma + \gamma\alpha = -1 , \ \alpha\beta\gamma = t , \ \alpha^3 - \alpha = t , \ \beta^3 - \beta = t , \ \gamma^3 - \gamma = t$$

이것을 이용하여 다음 정적분을 β 에 관하여 풀면 다음과 같다.

$$A = \int_\alpha^\gamma |x^3 - x - t| \, dx = \int_\alpha^\beta (x^3 - x - t) dx - \int_\beta^\gamma (x^3 - x - t) dx$$

$$= \frac{\beta^4}{2} - \frac{\alpha^4}{4} - \frac{\gamma^4}{4} - \beta^2 + \frac{\alpha^2}{2} + \frac{\gamma^2}{2} - t(2\beta - \alpha - \gamma)$$

$$= \frac{\beta(\beta + t)}{2} - \frac{\alpha(\alpha + t)}{4} - \frac{\gamma(\gamma + t)}{4} - \beta^2 + \frac{\alpha^2}{2} + \frac{\gamma^2}{2} - t(2\beta - \alpha - \gamma)$$

$$= \frac{\alpha^2}{4} + \frac{\gamma^2}{4} - \frac{\beta^2}{2} - \left(t - \frac{t}{4}\right)(2\beta - \alpha - \gamma)$$

$$= \frac{1}{4}(\beta^2 - 2\alpha\gamma) - \frac{\beta^2}{2} - \frac{3t}{4}(3\beta)$$

$$= \frac{1}{4}(2 - 3\beta^2 - 9t\beta) = \frac{1}{4}(-9\beta^4 + 6\beta^2 + 2) = -\frac{9}{4}\left(\beta^2 - \frac{1}{3}\right) + \frac{3}{4}$$

[2] (a)에서 $-\dfrac{1}{\sqrt{3}} \le \beta \le \dfrac{1}{\sqrt{3}}$ 이므로 $0 \le \beta^2 \le \dfrac{1}{3}$ 이다. 따라서

$\beta^2 = \dfrac{1}{3}$, 즉 $\beta = \pm\dfrac{1}{\sqrt{3}}$ 일 때, 최댓값 $\dfrac{3}{4}$ 이고 $\beta^2 = 0$, 즉 $\beta = 0$ 일 때, 최솟값 $\dfrac{1}{2}$ 이다.

[1] 제시문 〈나〉에 의하여 구간 $(0, \infty)$에서 $f'(x) < 0$이므로 $f(x)$는 감소한다. 따라서 $f(x)$는 일대일 함수이다.

$u = f(x)$로 치환하면

$$a_n = \int_{\frac{1}{n}}^{2021n} f(x)dx = \int_{f\left(\frac{1}{n}\right)}^{f(2021n)} u\,\frac{du}{f'(x)} = -\int_{f\left(\frac{1}{n}\right)}^{f(2021n)} u\frac{du}{f(x)\sqrt{2-f(x)}}$$

$$= -\int_{f\left(\frac{1}{n}\right)}^{f(2021n)} \frac{du}{\sqrt{2-u}} = 2\left[\sqrt{2-u}\right]_{f\left(\frac{1}{n}\right)}^{f(2021n)} = 2\left(\sqrt{2-f(2021n)} - \sqrt{2-f\left(\frac{1}{n}\right)}\right)$$

가정에 의하여

$$\lim_{n\to\infty} \sqrt{2-f\left(\frac{1}{n}\right)} = \sqrt{2-\lim_{t\to 0+} f(t)} = 0$$

이고, 구간 $(0, \infty)$에서 함수 $f(x)$는 $0 < f(x) < 2$이고 감소하므로 함수 $\sqrt{2-f(x)}$는

$0 < \sqrt{2-f(x)} < \sqrt{2}$이고 증가한다. 자연수 n에 대하여 $c_n = \int_1^n \sqrt{2-f(x)}\,dx$라 하면,

$$c_n \geq \int_1^n \sqrt{2-f(1)}\,dx = \sqrt{2-f(1)}\,(n-1)$$

한편

$$c_n = -\int_1^n \frac{f'(x)}{f(x)}dx = -\left[\ln f(x)\right]_1^n = -(\ln f(n) - \ln f(1))$$

즉, $\ln f(n) - \ln f(1) \leq -\sqrt{2-f(1)}\,(n-1)$

따라서

$$\lim_{n\to\infty} \ln f(n) = -\infty \text{ 또는 } \lim_{n\to\infty} f(2021n) = \lim_{n\to\infty} f(n) = 0$$

그러므로 $\displaystyle\lim_{n\to\infty} a_n = 2\lim_{n\to\infty} \sqrt{2-f(2021n)} = 2\sqrt{2}$

[2] 이항정리에 의하여

$$b_n = \int_0^1 e^{-(n+2)x} \sum_{k=0}^n {}_n\mathrm{C}_k e^{(n-k)x}dx = \sum_{k=0}^n {}_n\mathrm{C}_k \int_0^1 e^{-(k+2)x}dx \quad (t = e^{-x} \text{으로 치환})$$

$$= \sum_{k=0}^n {}_n\mathrm{C}_k \int_{e^{-1}}^1 t^{k+1}dt = \int_{e^{-1}}^1 t(t+1)^n dt$$

한편, 부분적분법에 의하여

$$\int_{e^{-1}}^1 t(t+1)^n dt = \left[\frac{t(t+1)^{n+1}}{n+1}\right]_{e^{-1}}^1 - \frac{1}{n+1}\int_{e^{-1}}^1 (t+1)^{n+1}dt$$

$$= \frac{2^{n+1} - e^{-1}(1+e^{-1})^{n+1}}{n+1} - \frac{2^{n+2} - (1+e^{-1})^{n+2}}{(n+1)(n+2)}$$

따라서

$$\frac{n}{2^n} b_n = \frac{2n}{n+1} - \frac{e^{-1}(1+e^{-1})n}{n+1}\left(\frac{1+e^{-1}}{2}\right)^n - \frac{4n}{(n+1)(n+2)} + \frac{(1+e^{-1})^2 n}{(n+1)(n+2)}\left(\frac{1+e^{-1}}{2}\right)^n \cdots (\bigstar\bigstar)$$

제시문 〈다〉에 의하여 $\dfrac{1+e^{-1}}{2} \in (0, 1)$이므로 $\displaystyle\lim_{n\to\infty}\left(\frac{1+e^{-1}}{2}\right)^n = 0$

그러므로 $\displaystyle\lim_{n\to\infty} \frac{n}{2^n} b_n = 2$

함수 $f(x)$ 의 그래프의 개형은 다음과 같다.

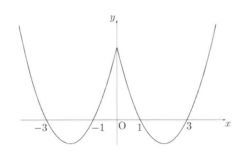

[1] 제시문 (나)에 의하여 $f(x)$ 는 $[2, \infty)$ 에서 증가함수이므로 $a \geq 2$ 이면 명제는 성립하지 않는다.

$a < 2$ 이고 $a \neq -2$ 이면 $x = 2$ 일 때 두 부등식 $x > a$, $f(x) < f(a)$ 가 성립하므로 명제는 참이다.

$a = -2$ 이면 명제는 성립하지 않으므로 구하려는 집합은 $(-\infty, -2) \cup (-2, 2)$ 이다.

[2] (a) $g(x) = f'(x) = \begin{cases} 2(x-2) & (x > 0) \\ 2(x+2) & (x < 0) \end{cases}$ 이므로

$g(0) = \lim\limits_{x \to 0+} f'(x) = -4$ 이므로,

함수 $g(x)$ 의 그래프의 개형은 다음과 같다.

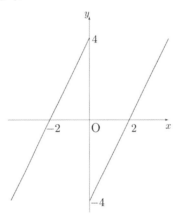

(b) 평균값의 정리에 의하여 명제

$$\frac{f(b) - f(a)}{b - a} = \lim_{x \to c+} f'(x) \text{이고 } a < c < b \text{인 실수 } c \text{가 존재한다.}$$

는 $b > a \geq 0$ 또는 $0 \geq b > a$ 일 때 참이므로 반례는 $a < 0$, $b > 0$ 인 범위에서 찾아야 한다.

예를 들어 $a = -2$, $b = 2$ 라고 하면 $\dfrac{f(b) - f(a)}{b - a} = 0$ 이고 $-2 < c < 2$ 일 때 (a)의

그래프의 개형으로부터 $f'(c) \neq 0$ 이므로 명제는 거짓이다.

[3] 명제가 성립하는 k의 최솟값은 4이다. **[2]**-(b)에서 $b-a=4$이고 명제

$$\frac{f(b)-f(a)}{b-a}=\lim_{x \to c+}f'(x)$$ 이고 $a<c<b$인 실수 c가 존재한다.

가 성립하지 않는 a,b의 예를 구하였으므로 명제가 참이려면 $k \ge 4$이어야 한다.

역으로 $b-a>4$라고 가정하자. $b>a \ge 0$ 또는 $0 \ge b>a$이면 평균값의 정리에 의해

명제가 성립한다. $a<0,\ b>0$이라면 기울기 $\dfrac{f(b)-f(a)}{b-a}$는 두 점 $(0,f(0))$과 $(b,f(b))$를 지나는

직선의 기울기 $\dfrac{f(b)-f(0)}{b-0}$과 두 점 $(a,f(a))$과 $(0,f(0))$를 지나는 직선의

기울기 $\dfrac{f(0)-f(a)}{0-a}$의 사이에 있는 값 (또는 두 기울기가 같은 경우 두 기울기와 같은

값)이어야 한다. 이 각각의 기울기는 평균값의 정리에 의하여 어떤 α,β에 대하여

$g(\alpha),\ g(\beta)\ (a<\alpha<0,\ 0<\beta<b)$와 같다. 그런데, **[2]** (a)에서 구한 함수 $g(x)$의 그래프

의 개형으로부터 $b-a>4$이고, $a<0,\ b>0$이면 $g(b)>g(a)$이므로 $\dfrac{f(b)-f(a)}{b-a}=g(\gamma)$인

실수 $\gamma\ (a<\gamma<b)$가 반드시 존재한다.

(실제로 $b-a>4$일 때, $g(b)>g(a)$이므로 열린구간 (a,b)에서 정의된 함수 $g(x)$의 치역은
$-4 \le a<0,\ 0<b<4$이면 구간 $[-4,4)$, $a<-4,\ 0<b<4$이면 구간 $(g(a),4)$,
$-4 \le a<0,\ b \ge 4$이면 구간 $[-4,g(b))$이고, $a<-4,\ b \ge 4$이면 구간 $(g(a),g(b))$이므로 하나의
구간으로 이루어진다. 따라서 임의의 $\alpha,\beta\ (a<\alpha,\ \beta<b)$에 대하여 $g(\alpha),\ g(\beta)$ 사이에 있는 임의의 값은
다시 함수 $g(x)$의 구간 (a,b)에서의 치역에 속한다.)

[1] 먼저 $p(0) = 1$ 임과 $x > -\dfrac{1}{n}$ 의 범위에서 $p(x)$ 가 양수임은 쉽게 알 수 있다. 이제 $x = 0$ 을 포함하는

$x > -\dfrac{1}{n}$ 의 범위로 $p(x)$ 의 정의역을 제한하면 아무 문제없이 $\ln p(x)$ 를 생각할 수 있고,

$\ln p(x) = \displaystyle\sum_{k=1}^{n} \ln(1 + kx)$ 를 얻는다.

양변을 미분하면

$$\frac{p'(x)}{p(x)} = \sum_{k=1}^{n} \frac{k}{1 + kx}$$

이므로 $p'(0) = \displaystyle\sum_{k=1}^{n} k = \dfrac{n(n+1)}{2}$ 를 얻는다.

다시 한 번 위 식에서 양변을 미분하면

$$\frac{p''(x)}{p(x)} - \frac{\{p'(x)\}^2}{\{p(x)\}^2} = -\sum_{k=1}^{n} \frac{k^2}{(1 + kx)^2}$$

이므로 $p''(0) = \{p'(0)\}^2 - \displaystyle\sum_{k=1}^{n} k^2$ 을 얻는다.

따라서 $p''(0) = \dfrac{n^2(n+1)^2}{4} - \dfrac{n(n+1)(2n+1)}{6} = \dfrac{n(n+1)(n-1)(3n+2)}{12}$ 이다.

[2] $q(x) = e^x + x\ln(x+1) + x^2\cos^{2022}\pi x$ 라 하면, 함수 $q(x)$ 는 닫힌구간 $[0, 1]$ 을 포함하는 열린구간에서 연속인 도함수 $q'(x)$ 를 갖는다.

제시문 〈가〉에 의하여 $q'(x)$ 는 닫힌구간 $[0, 1]$ 에서 최댓값과 최솟값을 갖는다.

이 최댓값을 M, 최솟값을 m 이라고 하면 닫힌구간 $[0, 1]$ 에서

$$m \le q'(x) \le M \cdots \text{㉠}$$

한편 부분적분법을 적용하면

$$\begin{aligned}
c_n &= (n - 2022)\int_0^1 x^n q(x)\,dx \\
&= \frac{n - 2022}{n + 1}\left(\left[x^{n+1}q(x)\right]_0^1 - \int_0^1 x^{n+1}q'(x)\,dx\right) \\
&= \frac{n - 2022}{n + 1}\left(q(1) - \int_0^1 x^{n+1}q'(x)\,dx\right)
\end{aligned}$$

㉠과 제시문 〈나〉에 의하여

$$\frac{m}{n + 2} = m\int_0^1 x^{n+1}\,dx \le \int_0^1 x^{n+1}q'(x)\,dx \le M\int_0^1 x^{n+1}\,dx = \frac{M}{n + 2}$$

따라서

$$\frac{(n - 2022)m}{(n+1)(n+2)} \le \frac{n - 2022}{n + 1}\int_0^1 x^{n+1}q'(x)\,dx \le \frac{(n - 2022)M}{(n+1)(n+2)}$$

이고 제시문 〈다〉에 의하여

$$\lim_{n \to \infty} \frac{n - 2022}{n + 1}\int_0^1 x^{n+1}q'(x)\,dx = 0$$

그러므로 $\displaystyle\lim_{n \to \infty} c_n = q(1) = e + \ln 2 + \cos^{2022}\pi = e + \ln 2 + 1$ 이다.

[3] 원 C의 방정식 $\left(x - \dfrac{k^2}{4}\right)^2 + (y-k)^2 = \left(\dfrac{k^2}{4}+1\right)^2$ 에 $x = \dfrac{y^2}{4}$ 를 대입하여 정리하면

$$y^4 + 2(8-k^2)y^2 - 32ky + 8(k^2-2) = 0$$

$$r(y) = y^4 + 2(8-k^2)y^2 - 32ky + 8(k^2-2)$$

이라고 하자. 함수 $r(y)$ 의 도함수를 구하면

$$r'(y) = 4y^3 + 4(8-k^2)y - 32k = 4(y-k)(y^2+ky+8) \ \cdots\cdots \ \text{ⓛ}$$

k 의 값에 따른 방정식 $r(y) = 0$ 의 서로 다른 근의 개수는 다음과 같다.

(i) $0 \le k < 4\sqrt{2}$

열린구간 $(-\infty, \infty)$ 에서 $y^2 + ky + 8 > 0$ 이다. 따라서 함수 $r(y)$ 의 증가와 감소를 표로 나타내면 다음과 같다.

y	$\cdots$	k	$\cdots$
$r'(y)$	$-$	0	$+$
$r(y)$	$\searrow$	$-(k^2+4)^2 < 0$	$\nearrow$

$r(y) = 0$ 은 서로 다른 두 근을 갖는다.

(ii) $k = 4\sqrt{2}$

$r'(y) = 4(y-4\sqrt{2})(y+2\sqrt{2})^2$ 이므로 함수 $r(y)$ 의 증가와 감소를 표로 나타내면 다음과 같다.

y	$\cdots$	$-2\sqrt{2}\left(=-\dfrac{k}{2}\right)$	$\cdots$	$4\sqrt{2}(=k)$	$\cdots$
$r'(y)$	$-$	0	$-$	0	$+$
$r(y)$	$\searrow$	$r(-2\sqrt{2}) > r(0) = 240$	$\searrow$	$-1296 < 0$	$\nearrow$

$r(y) = 0$ 은 서로 다른 두 근을 갖는다.

(iii) $k > 4\sqrt{2}$

ⓛ으로부터

$$r'(y) = 0 \text{ 이면 } y = k,\ \frac{1}{2}\left(-k \pm \sqrt{k^2-32}\right)$$

$c = \dfrac{1}{2}\left(-k - \sqrt{k^2-32}\right),\ d = \dfrac{1}{2}\left(-k + \sqrt{k^2-32}\right) < 0$ 이라 하고, 함수 $r(y)$ 의 증가와 감소를 표로 나타내면 다음과 같다.

y	$\cdots$	c	$\cdots$	d	$\cdots$	k	$\cdots$
$r'(y)$	$-$	0	$+$	0	$-$	0	$+$
$r(y)$	$\searrow$	$r(c)$	$\nearrow$	$r(d) > r(0)$ $= 8(k^2-2) > 0$	$\searrow$	$-(k^2+4)^2 < 0$	$\nearrow$

또한 ⓛ으로부터

$$c^3 = 8k - (8-k^2)c,\ c^2 + kc + 8 = 0$$

따라서 제시문 〈라〉를 이용하면

$$r(c) = 8kc - (8-k^2)(kc+8) - 32kc + 8(k^2-2)$$

$$= k(k^2-32)c + 16(k^2-5) = -2h\left(\frac{k}{\sqrt{2}}\right)$$

한편, $r(c) > 0$ 이면, 즉, $h\left(\dfrac{k}{\sqrt{2}}\right) < 0$ 이면, 방정식 $r(y) = 0$ 은 서로 다른 두 개의 근을 갖고, $r(c) < 0$ 이면,

즉, $h\left(\dfrac{k}{\sqrt{2}}\right) > 0$ 이면, 방정식 $r(y) = 0$ 은 서로 다른 네 개의 근을 갖는다.

제시문 〈라〉에 의하여 $k < 5\sqrt{2}$ 이면 $r(y) = 0$ 은 서로 다른 두 개의 근을 갖고, $k > 5\sqrt{2}$ 이면 $r(y) = 0$ 은 서로 다른 네 개의 근을 갖는다.

원 C와 포물선 $y^2 = 4x$ 의 서로 다른 교점의 개수는 방정식 $r(y) = 0$ 의 서로 다른 근의 개수와 같으므로, 구하는 양수 k_0 는 $5\sqrt{2}$ 이다.

논제 33

[1] 삼차함수 $f(x)$ 가 $x = \alpha$ 에서 극댓값을 가지고 $x = \beta$ 에서 극솟값 0 을 가진다고 하고 $f(x)$ 의 최고차항의 계수 k 가 양수라고 하자.

$f(x)$ 가 $x = \alpha$ 에서 극댓값을 가지고 $x = \beta$ 에서 극솟값 0 을 가지므로 $f'(x) = 3k(x-\alpha)(x-\beta)$ 이고 $f(\beta) = 0$, $\alpha < \beta$ 이다. 따라서

$$f(x) = \int_{\beta}^{x} f'(t)\,dt + f(\beta) = k(x-\beta)^3 + \frac{3(\beta-\alpha)k}{2}(x-\beta)^2 = k\left(x - \frac{3\alpha-\beta}{2}\right)(x-\beta)^2$$

이다.

$\alpha \le t \le \beta$ 인 t 에 대하여 x 에 관한 방정식 $f(x) = f(t)$ 의 실근 중 가장 작은 근 x 를 $g(t)$ 라고 하고 $h(t) = t - f(t) - g(t)$ 라고 하자.

$\alpha < t < \beta$ 인 t 에 대해서 $f(t) > 0$ 이므로 $t - f(t) < t$ 이고 방정식 $f(x) = f(t)$ 의 실근 x 중 t 보다 작은 근은 $g(t)$ 가 유일하므로 $\alpha < t < \beta$ 일 때 $f(t - f(t)) = f(t)$ 일 필요충분조건은 $t - f(t) = g(t)$, 즉, $h(t) = 0$ 인 것이다. 따라서 열린구간 (α, β) 에서 방정식 $f(x - f(x)) = f(x)$ 의 실근의 개수는 열린구간 (α, β) 에서 방정식 $h(x) = 0$ 의 실근의 개수와 같다.

$$f(x) = k\left\{x^3 - \frac{3}{2}(\alpha+\beta)x^2 + 3\alpha\beta x - \frac{1}{2}\beta^2(3\alpha-\beta)\right\}$$

이고

$$f(x) - f(t) = k(x-t)\left\{x^2 + \frac{1}{2}(2t - 3\alpha - 3\beta)x + 3\alpha\beta + t^2 - \frac{3}{2}(\alpha+\beta)t\right\}$$

이므로 $g(t)$ 는 이차방정식 $x^2 + \dfrac{1}{2}(2t - 3\alpha - 3\beta)x + 3\alpha\beta + t^2 - \dfrac{3}{2}(\alpha+\beta)t = 0$ 의 두 근 중 더 작은 근이다.

그러므로 근의 공식에 의해

$$g(t) = \frac{3(\alpha+\beta) - 2t - \sqrt{3(3\beta - \alpha - 2t)(\beta - 3\alpha + 2t)}}{4}$$

이고, $\alpha \le t \le \beta$ 에서 $g(t)$ 는 연속이다. 따라서 $h(t) = t - g(t) - f(t)$ 도 구간 $[\alpha, \beta]$ 에서 연속이다.

$h(\alpha) = \alpha - \alpha - f(\alpha) < 0$ 이고 $h(\beta) = \beta - g(\beta) - f(\beta) = \beta - g(\beta) = \dfrac{3}{2}(\beta - \alpha) > 0$ 이므로 사잇값 정리에 의해 열린구간 (α, β) 에서 $h(t) = 0$ 인 실수 t 가 적어도 하나 존재한다.

$\alpha \le t_1 < t_2 \le \beta$ 에 대해서 $g(t_1) \le \alpha$, $g(t_2) \le \alpha$ 이고, 닫힌구간 $[\alpha, \beta]$ 에서 $f(x)$ 는 감소하므로 $f(g(t_1)) = f(t_1) > f(t_2) = f(g(t_1))$ 이고 구간 $(-\infty, \alpha]$ 에서 $f(x)$ 는 증가하므로 $g(t_1) > g(t_2)$ 이다. 즉, 닫힌구간 $[\alpha, \beta]$ 에서 $g(t)$ 는 감소한다.

닫힌구간 $[\alpha, \beta]$ 에서 $f(t)$, $g(t)$ 는 감소하므로 $h(t) = t - g(t) - f(t)$ 는 증가하는 연속함수이다. 따라서 열린구간 (α, β) 에서 $h(t) = 0$ 인 실수 t 의 개수는 1 이다.

따라서 $n = 1$ 일 때 명제 p 가 참이다. 즉, 명제 p 가 참이 되도록 하는 n 의 값은 1 이다.

[2] 제시문 (ㄴ)의 함수를 $f(x)$ 라고 하면 위의 논의로부터 $f(x) = k\left(x - \dfrac{3\alpha - \beta}{2}\right)(x - \beta)^2$ 이다. 따라서

극댓값을 $M = f(\alpha)$ 라고 하면 $f(x) - M = k(x - \alpha)^2\left(x - \dfrac{3\beta - \alpha}{2}\right)$ 이다. $\gamma = \dfrac{3\beta - \alpha}{2}$ 라고 하자.

방정식

$$f(x - f(x)) = f(x) \ \text{----------------------} \ (*)$$

의 근 x 를 다음의 경우로 나누어 생각하자.

ⅰ) $x - f(x) = x$ 인 경우

$f(x) = 0$ 을 만족하는 x 는 $x = \dfrac{3\alpha - \beta}{2}$ 또는 $x = \beta$ 이고 이 경우는 위 방정식 (*)의 근이 된다.

ⅱ) $x - f(x) \neq x$ 인 경우

$x - f(x) \neq x$ 이고 $f(x - f(x)) = f(x)$ 라고 하자.

$f(x) \neq 0$ 이고 서로 다른 $x - f(x)$ 와 x 에서의 f 의 함숫값이 같으므로 $0 < f(x) \leq M$ 이다.

따라서 $x - f(x) < x$ 이고 $f(x - f(x)) = f(x)$ 이므로 $\alpha < x \leq \gamma$ 이다. (단, $x \neq \beta$)

방정식 (*)의 ⅰ)에서의 두 근이 $\dfrac{3\alpha - \beta}{2}$, β 이고 $\dfrac{3\alpha - \beta}{2} < \alpha < \beta$ 이므로 방정식 (*)의 근 중 가장 작은 값은

$\dfrac{3\alpha - \beta}{2}$ 이고 나머지 근은 모두 α 보다 크다. 즉, $a = \dfrac{3\alpha - \beta}{2}$ 이고 $\alpha < b$ 이다.

위의 논의로부터 방정식 (*)는 열린구간 (α, β) 에서 유일한 근을 가지므로 b 가 열린구간 (α, β) 에서의
방정식 (*)의 유일한 근임을 알 수 있다. 즉, $b < \beta$ 이다.

그런데 $x = \beta$ 도 방정식 $f(x - f(x)) = f(x)$ 의 근이고 $b < \beta$ 이므로 $c = \beta$ 이다.

따라서 $b < \beta = c < d$ 이고 $f(d) = f(b) > 0$ 임을 알 수 있다.

$f(b - f(b)) = f(b) = f(d) = f(d - f(d))$ 이고 $b - f(b) < b < d$ 이므로 $b - f(b)$, b, $d - f(d)$, d 는 모두
방정식 $f(x) = f(b)$ 의 근이고, $b - f(b)$, b, d 는 서로 다르다.

그런데 $b - f(b) < d - f(d) < f(d)$ 이므로 $d - f(d) = b$ 이다.

그러므로 $d - f(b) = f(d) = f(b)$ 이다.

$d - b = q > 0$ 라고 하면 $q = f(d) = f(b)$ 이고 방정식 $f(x) = f(b)$ 의 서로 다른 세 실근은 $b - q$, b,
$b + q$ 이다.

따라서 $f(x) = k(x - b + q)(x - b)(x - b - q) + f(b) = k\{(x - b)^3 - q^2(x - b)\} + q$ 이다.

$$f'(x) = k\{3(x - b)^2 - q^2\} = 3k\left(x - b - \dfrac{q}{\sqrt{3}}\right)\left(x - b + \dfrac{q}{\sqrt{3}}\right)$$

이므로 $b + \dfrac{q}{\sqrt{3}} = \beta = c$, $b - \dfrac{q}{\sqrt{3}} = \alpha$ 이고 $a = \dfrac{3\alpha - \beta}{2} = b - \dfrac{2}{\sqrt{3}}q$ 이다.

$0 = f(\beta) = f\left(b + \dfrac{q}{\sqrt{3}}\right) = -\dfrac{2}{3\sqrt{3}}kq^3 + q$ 이므로 $k = \dfrac{3\sqrt{3}}{2q^2}$ 이다.

$f(2b - c) = f\left(b - \dfrac{q}{\sqrt{3}}\right) = \dfrac{3\sqrt{3}}{2q^2}\left(\dfrac{2}{3\sqrt{3}}q^3\right) + q = 2q$ 이므로

$m = k(b - a)f(2b - c) = \dfrac{3\sqrt{3}}{2q^2} \times \dfrac{2q}{\sqrt{3}} \times 2q = 6$ 이다.

[1] $u = \pi - x$ 라 하면 제시문 (가)를 이용하여 치환적분법을 적용하고, 삼각함수의 성질을 활용하면

$$\int_0^\pi ((x-\pi)^8 + (x-\pi)^2 + \sin^3 x)dx = -\int_\pi^0 (u^8 + u^2 + \sin^3(\pi - u))du$$

$$= \int_0^\pi (u^8 + u^2 + (1 - \cos^2 u)\sin u)du = \int_0^\pi (u^8 + u^2 + \sin u)du - \int_0^\pi \sin u \cos^2 u \, du$$

를 얻는다. 여기서 변수 $y = \cos u$에 대해서 제시문 (가)의 치환적분법을 적용하면

$$\int_0^\pi \sin u \cos^2 u \, du = \int_{-1}^1 y^2 dy$$ 가 된다. 따라서 주어진 적분값은

$$\left[\frac{u^9}{9} + \frac{u^3}{3} - \cos u \right]_0^\pi - \left[\frac{y^3}{3} \right]_{-1}^1 = \frac{\pi^9}{9} + \frac{\pi^3}{3} + \frac{4}{3}$$

[2] $u = \pi - x$ 라 하면, 제시문 (가)의 치환적분법에 의해

$$\int_0^\pi x f(\sin x)dx = \int_0^\pi (\pi - u)f(\sin(\pi - u))du = \pi \int_0^\pi f(\sin u)du - \int_0^\pi u f(\sin u)du$$

이고 $\int_0^\pi x f(\sin x)dx = \frac{\pi}{2} \int_0^\pi f(\sin x)dx$ 를 얻는다.

[3] 닫힌구간 $[-\pi, \pi]$ 에서 함수의 대칭성을 이용하면,

$$\int_{-\pi}^\pi \frac{(x+1)\sin^3 x}{2 - \cos^2 x}dx = \int_{-\pi}^\pi \frac{x \sin^3 x}{2 - \cos^2 x}dx + \int_{-\pi}^\pi \frac{\sin^3 x}{2 - \cos^2 x}dx = 2\int_0^\pi \frac{x \sin^3 x}{2 - \cos^2 x}dx$$ 이다.

(1-2)에서 증명한 식과 제시문 (가)의 치환적분법을 이용하면,

$$2\int_0^\pi \frac{x \sin^3 x}{2 - \cos^2 x}dx = \pi \int_0^\pi \frac{\sin^3 x}{2 - \cos^2 x}dx = \pi \int_0^\pi \frac{1 - \cos^2 x}{2 - \cos^2 x}\sin x \, dx = \pi \int_{-1}^1 \frac{1 - u^2}{2 - u^2}du$$

$$= \pi \int_{-1}^1 \left(1 - \frac{1}{2 - u^2} \right)du = 2\pi - \pi \int_{-1}^1 \frac{1}{(\sqrt{2} + u)(\sqrt{2} - u)}du = 2\pi - \frac{\pi}{2\sqrt{2}} \int_{-1}^1 \left(\frac{1}{\sqrt{2} + u} + \frac{1}{\sqrt{2} - u} \right)du$$

을 얻는다. 여기서 제시문 (나)에 의해

$$2\pi - \frac{\pi}{2\sqrt{2}} \int_{-1}^1 \left(\frac{1}{\sqrt{2} + u} + \frac{1}{\sqrt{2} - u} \right)du = 2\pi - \frac{\pi}{2\sqrt{2}} \left[\ln|\sqrt{2} + u| - \ln|\sqrt{2} - u| \right]_{-1}^1$$

$$= 2\pi - \frac{\pi}{\sqrt{2}} \ln(3 + 2\sqrt{2})$$

이다.

답 : $\dfrac{1+\sqrt{3}}{3}$

원의 접선 $y = mx$에서 원의 중심 $\left(0,\ \dfrac{\sqrt{13}}{3}\right)$까지의 거리는 원의 반지름과 같으므로 $\dfrac{\left|\dfrac{\sqrt{13}}{3}\right|}{\sqrt{m^2+1}} = 1$ 이고

제1사분면에서 만나므로 $m = \dfrac{2}{3}$ 이다.

접선과 곡선의 교점은 $\dfrac{2}{3}x = \dfrac{1}{6}x^3 + \dfrac{1}{2x}$ 로부터 $x^2 = 1$ 또는 3이다.

교점은 제1사분면에 있으므로 2개이고, 두 교점의 x좌표는 각각 $1,\ \sqrt{3}$ 이다.

곡선 $y = \dfrac{1}{6}x^3 + \dfrac{1}{2x}$ 에서 $y' = \dfrac{1}{2}x^2 - \dfrac{1}{2x^2}$ 이다.

따라서 $x = 1$에서 극값을 갖고, $0 < x < 1$에서 $y' < 0$, $x > 1$에서 $y' > 0$이다.

따라서 제1사분면에서 곡선 $y = \dfrac{1}{6}x^3 + \dfrac{1}{2x}$ 은 $0 < x < 1$에서 감소하고 $x > 1$에서 증가하며

$x = 1$에서 최솟값 $\dfrac{2}{3}$를 갖는다.

원 위의 점의 x좌표의 최댓값은 1이고 $x = 1$일 때 원 위의 점의 좌표는 $\left(1,\ \dfrac{\sqrt{13}}{3}\right)$이다.

따라서 점 $\left(1,\ \dfrac{2}{3}\right)$는 원 밖의 점이다.

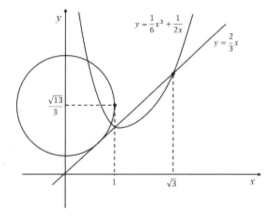

따라서 $1 \leq x \leq \sqrt{3}$ 일 때 곡선이 보인다. 곡선의 길이는

$$\int_1^{\sqrt{3}} \sqrt{1 + \left(\dfrac{1}{2}x^2 - \dfrac{1}{2x^2}\right)^2}\,dx = \int_1^{\sqrt{3}} \left(\dfrac{1}{2}x^2 + \dfrac{1}{2x^2}\right)dx$$

$$= \left[\dfrac{1}{6}x^3 - \dfrac{1}{2x}\right]_1^{\sqrt{3}} = \dfrac{1+\sqrt{3}}{3}$$

[1] 한 점에서 만나는 경우 교점에서 접선의 기울기가 일치해야 하므로

두 방정식 $(t-p)^2+q=\cos t$, $2(t-p)=-\sin t$를 얻는다.

p, q를 각각 t에 대하여 풀면

$$p=t+\frac{\sin t}{2}, \quad q=\cos t-\left(\frac{\sin t}{2}\right)^2$$

[2] $\dfrac{dp}{dt}=1+\dfrac{\cos t}{2}>0$이므로 $p=\dfrac{\pi}{4}+\dfrac{\sqrt{2}}{4}$인 t는 $t=\dfrac{\pi}{4}$가 유일하다.

제시문 (가)를 이용하여 $g'\left(\dfrac{\pi}{4}+\dfrac{\sqrt{2}}{4}\right)$를 구하면

$$g'\left(\frac{\pi}{4}+\frac{\sqrt{2}}{4}\right)=\frac{q'\left(\dfrac{\pi}{4}\right)}{p'\left(\dfrac{\pi}{4}\right)}=-\sin\frac{\pi}{4}=-\frac{\sqrt{2}}{2}$$

[3] 제시문 (나)와 (다)를 이용하여 적분을 계산하면

$$\int_0^{2\pi}g(x)dx=\int_0^{2\pi}\left(\cos t-\left(\frac{\sin t}{2}\right)^2\right)\left(1+\frac{\cos t}{2}\right)dt=\int_0^{2\pi}\left(\cos t+\frac{\cos^2 t}{2}-\frac{\sin^2 t}{4}-\frac{\sin^2 t\cos t}{8}\right)dt$$

$$=\int_0^{2\pi}\left(\frac{1+\cos 2t}{4}-\frac{1-\cos 2t}{8}-\frac{\sin^2 t\cos t}{8}\right)dt$$

$$=\left[\frac{1}{8}t+\frac{3}{16}\sin 2t-\frac{1}{24}\sin^3 t\right]_0^{2\pi}=\frac{\pi}{4}$$

[1] 점 $P_0(-1,\ 0)$에서 그은 기울기가 $\tan\left(\dfrac{t_1\pi}{12}\right)=\tan\left(\dfrac{3\pi}{12}\right)=1$인 직선이 원 $x^2+y^2=1$과 다시 만나는 점은 $(0,\ 1)$이므로, 점 P_1의 좌표는 $(0,\ 1)$임을 알 수 있다. 또한 n이 홀수이면, 점 P_n에서 그은 기울기가 $\tan\left(\dfrac{t_{n+1}\pi}{12}\right)=\tan\left(\dfrac{4\pi}{12}\right)=\sqrt{3}$인 직선이 원 $x^2+y^2=1$과 다시 만나는 점이 P_{n+1}이 된다. 만약 n이 짝수이면, 점 P_n에서 그은 기울기가 $\tan\left(\dfrac{t_{n+1}\pi}{12}\right)=\tan\left(\dfrac{3\pi}{12}\right)=1$인 직선이 원 $x^2+y^2=1$과 다시 만나는 점이 P_{n+1}이 된다. 이로부터 얻어지는 점들 P_0, P_1, $\cdots$, P_9을 그림으로 나타내면 다음 그림과 같다.

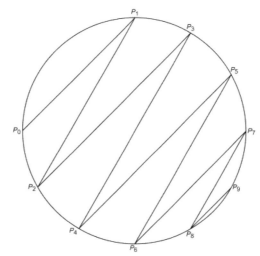

선분 P_0P_1이 x축과 이루는 각이 $\dfrac{\pi}{4}$이고, 선분 P_1P_2가 x축과 이루는 각이 $\dfrac{\pi}{3}$이므로, 호 P_0P_2에 대한 원주각 $\angle P_0P_1P_2=\dfrac{\pi}{12}$임을 알 수 있다. 따라서 호 P_0P_2에 대한 중심각은 $\dfrac{\pi}{6}$가 되므로, 호 P_0P_2의 길이도 $\dfrac{\pi}{6}$가 된다. 동일한 방법으로, $1\le n\le 7$인 자연수 n에 대하여, 호 P_nP_{n+2}에 대한 원주각 $\angle P_nP_{n+1}P_{n+2}=\dfrac{\pi}{12}$가 되므로, 호 P_nP_{n+2}에 대한 중심각은 $\dfrac{\pi}{6}$가 되고, 호 P_nP_{n+2}의 길이 역시 $\dfrac{\pi}{6}$로 항상 일정하게 된다.

[2] 점 P_9에서 그은 기울기가 $\sqrt{3}$인 직선은 원과 접하게 되므로, $P_{10}=P_9$이 된다. 이제 점 P_{10}에서 그은 기울기가 1인 직선은 원과 점 P_8에서 만나게 되므로, $P_{11}=P_8$이 됨을 알 수 있다. 동일한 방법으로 $P_{12}=P_7$, $P_{13}=P_6$, $P_{14}=P_5$, $P_{15}=P_4$, $P_{16}=P_3$, $P_{17}=P_2$, $P_{18}=P_1$, $P_{19}=P_0$이 된다. 이제 점 P_{19}에서 기울기가 $\sqrt{3}$인 직선을 그어서 원과 만나는 점 P_{20}을 얻고, 이 점에서 기울기가 1인 직선을 그어서 원과 만나는 점 P_{21}을 얻는다. 점 P_{21}에서 그은 기울기가 $\sqrt{3}$인 직선은 원과 접하게 되므로, $P_{22}=P_{21}$이 된다. 점 P_{22}에서 그은 기울기가 1인 직선은 원과 점 P_{20}과 만나게 되므로, $P_{23}=P_{20}$이 됨을 알 수 있다. 동일한 방법으로, $P_{24}=P_{19}=P_0$, $P_{25}=P_{18}=P_1$, $P_{26}=P_{17}=P_2$, $P_{27}=P_{16}=P_3$, $P_{28}=P_{15}=P_4$, $P_{29}=P_{14}=P_5$, $P_{30}=P_{13}=P_6$, $P_{31}=P_{12}=P_7$, $P_{32}=P_{11}=P_8$, $P_{33}=P_{10}=P_9$이 된다. 이로부터 $P_{24+n}=P_n$임을 관찰할 수 있다. 점들 P_0, P_1, $\cdots$, P_{23}을 그림으로 나타내면 다음 그림과 같다.

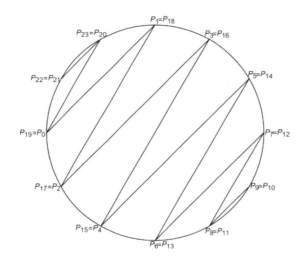

위에서 얻은 규칙과 $2024 = 24 \times 84 + 8$임을 감안하여, 같은 점들이 같은 열에 위치하도록 점 P_n들을 다음 표에 있는 것과 같이 나열해 보자.

		P_0	P_1	P_2	P_3	P_4	P_5	P_6	P_7	P_8	P_9
P_{21}	P_{20}	P_{19}	P_{18}	P_{17}	P_{16}	P_{15}	P_{14}	P_{13}	P_{12}	P_{11}	P_{10}
P_{22}	P_{23}	P_{24}	P_{25}	P_{26}	P_{27}	P_{28}	P_{29}	P_{30}	P_{31}	P_{32}	P_{33}
$\vdots$	$\vdots$	$\vdots$	$\vdots$	$\vdots$	$\vdots$	$\vdots$	$\vdots$	$\vdots$	$\vdots$	$\vdots$	$\vdots$
$\vdots$	$\vdots$	$\vdots$	$\vdots$	$\vdots$	$\vdots$	$\vdots$	$\vdots$	$\vdots$	$\vdots$	$\vdots$	$\vdots$
P_{2013}	P_{2012}	P_{2011}	P_{2010}	P_{2009}	P_{2008}	P_{2007}	P_{2006}	P_{2005}	P_{2004}	P_{2003}	P_{2002}
P_{2014}	P_{2015}	P_{2016}	P_{2017}	P_{2018}	P_{2019}	P_{2020}	P_{2021}	P_{2022}	P_{2023}	P_{2024}	P_{2025}

따라서 $P_{2024} = P_8$이므로 P_{2024}의 좌표는 $\left(\dfrac{1}{2},\ -\dfrac{\sqrt{3}}{2} \right)$임을 알 수 있다.

[3] n이 22보다 큰 경우에는 같은 모양의 도형이 계속 반복되므로, $n \le 22$일 때, $A(n)$의 최댓값을 구하면 충분하다. $n = 8,\ 9,\ 20,\ 21$인 경우에는 $A(n) = 0$이 된다. $n \le 22$이고, $n \ne 8,\ 9,\ 20,\ 21$이면, 선분 $P_n P_{n+1}$, 선분 $P_{n+1} P_{n+2}$, 선분 $P_n P_{n+2}$로 둘러싸인 도형은 원에 내접하는 삼각형이 되므로,

$A(n) = \dfrac{\overline{P_n P_{n+1}} \cdot \overline{P_{n+1} P_{n+2}} \cdot \overline{P_n P_{n+2}}}{4}$ 이 됨을 알 수 있다. **[1]** 로부터 호 $P_n P_{n+2}$의 길이가 일정하므로,

선분 $P_n P_{n+2}$의 길이도 일정하게 된다. 선분 $P_n P_{n+1}$의 길이는 이 선분의 지름이 되는 경우 (즉, 중심각이 π,

원주각이 $\dfrac{\pi}{2}$인 경우) 최대가 되고, 그 다음으로는 중심각이 $\dfrac{5\pi}{6}$, 즉 원주각이 $\dfrac{5\pi}{12}$인 경우임을 알 수 있다.

선분 $P_n P_{n+1}$이 지름이 되는 경우, 선분 $P_{n+1} P_{n+2}$의 원주각이 $\dfrac{5\pi}{12}$임을 관찰할 수 있다. 따라서

선분 $P_n P_{n+1}$ 또는 선분 $P_{n+1} P_{n+2}$가 지름이 되는 경우 (즉, $n = 2,\ 3,\ 14,\ 15$), $A(n)$은 최대가 된다.

이제 삼각형 $P_n P_{n+1} P_{n+2}$를 지름을 밑변으로 하는 삼각형으로 볼 때,

$A(n) = \dfrac{1}{2} \times 2 \times \sin \dfrac{\pi}{6} = \dfrac{1}{2}$이므로, $A(n)$의 최댓값은 $\dfrac{1}{2}$이 된다.

[1] 두 점 A, B를 지나는 직선의 기울기가 $\dfrac{2\sqrt{2}-(\sqrt{6}+\sqrt{2})}{2\sqrt{2}-(\sqrt{6}-\sqrt{2})}=-\dfrac{1}{\sqrt{3}}$ 이므로 구하는 직선의 방정식은

$$y=-\dfrac{1}{\sqrt{3}}(x-2\sqrt{2})+2\sqrt{2}=-\dfrac{1}{\sqrt{3}}x+\dfrac{2\sqrt{6}+6\sqrt{2}}{3},$$

즉 $x+\sqrt{3}\,y-(2\sqrt{2}+2\sqrt{6})=0$ 이다.

[2] 두 선분 OA, OB가 x축과 이루는 각을 각각 α, β라고 하면 $\tan\alpha=\dfrac{2\sqrt{2}}{2\sqrt{2}}=1$ 이고

$\tan\beta=\dfrac{\sqrt{6}+\sqrt{2}}{\sqrt{6}-\sqrt{2}}=2+\sqrt{3}$ 이다. 탄젠트함수의 덧셈정리에 의해

$$\tan(\beta-\alpha)=\dfrac{\tan\beta-\tan\alpha}{1+\tan\beta\cdot\tan\alpha}=\dfrac{(2+\sqrt{3})-1}{1+(2+\sqrt{3})\cdot 1}=\dfrac{1}{\sqrt{3}}$$

이므로 원점 O에 대하여 두 선분 OA, OB가 이루는 각이 $\beta-\alpha=\dfrac{\pi}{6}$ 이다. 원의 반지름이 4이므로 호 AB의

길이는 $4\cdot\dfrac{\pi}{6}=\dfrac{2\pi}{3}$ 이다.

[별해] 선분 AB의 길이의 제곱을 구하면
$$\{2\sqrt{2}-(\sqrt{6}-\sqrt{2})\}^2+\{2\sqrt{2}-(\sqrt{6}+\sqrt{2})\}^2=32-16\sqrt{3}$$ 이다.

두 선분 OA, OB가 주어진 원의 반지름이므로 두 선분의 길이는 모두 4이다. 두 선분 OA, OB가
이루는 각을 γ라 할 때 코사인법칙에 의해

$$\cos\gamma=\dfrac{4^2+4^2-(32-16\sqrt{3})}{2\cdot 4\cdot 4}=\dfrac{\sqrt{3}}{2}$$

이다. 따라서 원점 O에 대하여 두 선분 OA, OB가 이루는 각이 $\gamma=\dfrac{\pi}{6}$ 이다. 원의 반지름이 4이므로 호

AB의 길이는 $4\cdot\dfrac{\pi}{6}=\dfrac{2\pi}{3}$ 이다.

[3] 호 AB와 두 선분 AP, BP로 둘러싸인 도형의 넓이는 모두 호 AB와 선분 AB로 둘러싸인 도형의 넓이와
선분 AB를 밑변으로 하고 집합 C의 한 점 $P(\cos\theta-1,\ \sin\theta)$를 꼭짓점으로 하는 삼각형의 넓이의 합과 같다.
따라서 이 삼각형의 넓이가 최대일 때 구하는 넓이 $S(\theta)$가 최대이고 삼각형의 넓이가 최소일 때 구하는 넓이도
최소이다.
집합 C의 점은 $(x+1)^2+y^2=\cos^2\theta+\sin^2\theta=1$으로 나타나는 원의 점이다. 집합 C가 나타내는 원의
한 점과 문항 (1)에서 구한 직선과의 거리가 최대인 h_1일 때 넓이 $S(\theta)$가 최대가 되고 거리가 최소인 h_2일 때
넓이 $S(\theta)$가 최소가 된다. 따라서 $S(\theta)$의 최댓값 M과 최솟값 m의 차 $M-m$은 선분 AB를 공통인
밑변으로 하고 높이가 h_1인 삼각형의 넓이와 높이가 h_2인 삼각형의 넓이의 차이이므로

$$M-m=\dfrac{1}{2}\overline{AB}\cdot h_1-\dfrac{1}{2}\overline{AB}\cdot h_2=\dfrac{1}{2}\overline{AB}\cdot(h_1-h_2)$$

이다. 직선 $x+\sqrt{3}\,y-(2\sqrt{2}+2\sqrt{6})=0$에서 원 $(x+1)^2+y^2=1$와의 거리가 최대 또는 최소가 되는
원 $(x+1)^2+y^2=1$ 위의 점은 이 원과 기울기가 $-\dfrac{1}{\sqrt{3}}$ 인 접선이 만나는 두 점이다.

이 두 접선이 직선 $x + \sqrt{3}y - (2\sqrt{2} + 2\sqrt{6}) = 0$에 평행하고 원 $(x+1)^2 + y^2 = 1$의 반지름이 1이므로 $h_1 = h_2 + 2 \cdot 1 = h_2 + 2$이다. 따라서 $h_1 - h_2 = 2$이다. 선분 AB의 길이의 제곱이

$$\{2\sqrt{2} - (\sqrt{6} - \sqrt{2})\}^2 + \{2\sqrt{2} - (\sqrt{6} + \sqrt{2})\}^2 = 32 - 16\sqrt{3}$$

이므로 구하는 값은

$$(M - m)^2 = \left\{\frac{1}{2} \cdot \overline{AB} \cdot (h_1 - h_2)\right\}^2 = \left\{\frac{1}{2} \cdot \overline{AB} \cdot 2\right\}^2 = \overline{AB}^2 = 32 - 16\sqrt{3} \text{ 이다.}$$

[1] $f'(x) = (x^2 + 5)\left\{1 - 2\sin\left(\dfrac{\pi x}{x^2 + 5}\right)\right\}$이므로 $f(x)$는 $\dfrac{\pi x}{x^2 + 5} = \dfrac{\pi}{6} + 2n\pi$, $\dfrac{\pi x}{x^2 + 5} = \dfrac{5\pi}{6} + 2n\pi$일 때,

극값을 가질 수 있다. 하지만 $f'(0) \neq 0$이고, $x \neq 0$일 때 $\left|\dfrac{\pi x}{x^2 + 5}\right| = \dfrac{\pi}{|x| + \dfrac{5}{|x|}} \leq \dfrac{\pi}{2\sqrt{5}} < \dfrac{\pi}{4}$이므로,

$\dfrac{\pi x}{5 + x^2} = \dfrac{\pi}{6}$인 경우, 즉 $x = 1$, 5일 때 극댓값을 가진다.

도함수 $f'(x)$의 부호를 조사하기 위해, $g(x) = 1 - 2\sin\left(\dfrac{\pi x}{x^2 + 5}\right)$라 정의하고 이 함수의 도함수

$g'(x) = 2\cos\left(\dfrac{\pi x}{x^2 + 5}\right)\dfrac{\pi(x^2 - 5)}{(x^2 + 5)^2}$를 구한다. 이로부터 $g(x)$가 구간 $(-1, \sqrt{5})$에서 감소하고,

구간 $(\sqrt{5}, 5)$에서는 증가한다는 것을 알 수 있다. 그런데 $g(1) = g(5) = 0$이므로, 구간 $(-1, 1)$에서 $g(x) > 0$이고 $f(x)$는 증가하며, 구간 $(1, 5)$에서는 $g(x) < 0$이고 $f(x)$는 감소한다. 따라서 $x = 1$일 때 $f(x)$는 최댓값을 가진다. 마지막으로 $(x^2 + 5)\sin\left(\dfrac{\pi x}{x^2 + 5}\right)$의 그래프의 형태를 생각해보면 정적분

$\displaystyle\int_{-1}^{1} (x^2 + 5)\sin\left(\dfrac{\pi x}{x^2 + 5}\right)dx = 0$이라는 것을 알 수 있다. 따라서, 최댓값은 $f(1) = \displaystyle\int_{-1}^{1} (t^2 + 5)dt = \dfrac{32}{3}$이다.

[2] x와 y를 t에 대해 미분하면

$$\sqrt{\left(\frac{dx}{dt}\right)^2 + \left(\frac{dy}{dt}\right)^2} = \sqrt{\left(-\frac{\sin t}{\sqrt{3}}\right)^2 + \left(\frac{2\sqrt{3}\sin t\cos t}{8 + \sin^2 t}\right)^2}$$

$$= \frac{\sin t}{\sqrt{3}(8 + \sin^2 t)}\sqrt{(8 + \sin^2 t)^2 + 36\cos^2 t} = \frac{\sin t(10 - \sin^2 t)}{\sqrt{3}(8 + \sin^2 t)}$$

를 구한다. 따라서 $u = \cos t$로 치환하여,

$$\int_0^\pi \sqrt{\left(\frac{dx}{dt}\right)^2 + \left(\frac{dy}{dt}\right)^2}\,dt = \int_0^\pi \frac{\sin t(9 + \cos^2 t)}{\sqrt{3}(9 - \cos^2 t)}\,dt = \int_{-1}^{1} \frac{9 + u^2}{\sqrt{3}(9 - u^2)}\,du = \frac{2}{\sqrt{3}}\int_0^1 \frac{9 + u^2}{9 - u^2}\,du$$

$$= \frac{2}{\sqrt{3}}\int_0^1 \left(-1 + \frac{3}{3 - u} + \frac{3}{3 + u}\right)du = \frac{2}{\sqrt{3}}(-1 + 3\ln 2)$$

$$= -\frac{2}{\sqrt{3}} + 2\sqrt{3}\ln 2$$

를 구한다.

[1] $f'(x) = 2xe^x + x^2e^x$이므로 $f'(x) = 0$이 $x = -2$, $x = 0$을 근으로 갖는다. 구간 $(-\infty, -2)$에서 $f'(x) > 0$이고 $f(x)$가 증가하며, 구간 $(-2, 0)$에서 $f'(x) < 0$이고 $f(x)$가 감소한다. 구간 $(0, \infty)$에서 $f'(x) > 0$이므로 $f(x)$가 증가한다. 따라서 함수 $f(x)$는 $x = -2$에서 극댓값 $f(-2) = 4e^{-2}$과 $x = 0$에서 극솟값이 $f(0) = 0$을 갖는다.

[2] 모든 실수 x에 대하여 함수 $f(x) \geq 0$이고 구간 $(-\infty, -2)$와 구간 $(0, \infty)$에서 $f'(x) > 0$이므로 $f(x)$가 구간 $x < -2$ 또는 $x > 0$에서 증가하고, 구간 $(-2, 0)$에서 $f'(x) < 0$이므로 $f(x)$가 구간 $(-2, 0)$에서 감소한다. $f(x)$의 그래프의 개형을 통해 $y = f(x)$는 직선 $y = 4e^{-2}$과 서로 다른 두 점에서 만나고, 직선 $y = e^{-1}$과는 서로 다른 세 점과 만난다.

(ㄱ) 주어진 부등식 $f(a) = a^2e^a < 4e^{-2} < (a+1)^2e^{a+1} = f(a+1)$을 만족하는 정수 a는 $a \geq 0$이고 이 구간에서 한 개가 존재한다. 이때 무리수 e는 부등식 $2 < e$을 만족하므로 $f(0) = 0 < 4e^{-2} < e = f(1)$이다. 이로부터 구하는 정수 a는 0이다.

(ㄴ) 부등식 $f(b) < e^{-1} < f(b+1)$을 만족하는 정수 b는 구간 $(-\infty, -2)$와 구간 $(0, \infty)$에 구간 별로 한 개씩 존재할 수 있다. 이때 무리수 e는 부등식 $2.7 < e < 3$을 만족하므로 $16 < 2.7^3 < e^3$이 성립한다. 따라서, $f(-4) = 16e^{-4} < e^{-1} < 9e^{-3} = f(-3)$와 $f(0) = 0 < e^{-1} < e = f(1)$가 성립한다. 이로부터 구하는 정수 b는 -4와 0이다.

[3] $k > 0$에 대하여 방정식 $f(x) = k$는 $0 < k < 4e^{-2}$일 때 서로 다른 세 실근을 갖고 $k = 4e^{-2}$일 때 서로 다른 두 실근을 가지며 $k > 4e^{-2}$일 때 한 개의 실근을 갖는다.

(ㄱ) $0 < k < 4e^{-2}$일 때 방정식 $f(x) = k$가 서로 다른 세 정수근을 가지려면 $f(x)$가 감소하는 구간 $-2 < x < 0$에서 $x = -1$이 항상 방정식의 근이 된다. 이때 $f(x) = e^{-1} = f(-1)$의 다른 두 근 중의 하나인 α는 양의 정수이어야 한다. 그런데 문항 (2)에 따라서 $f(0) = 0 < e^{-1} (= f(\alpha)) < e = f(1)$이므로 α는 정수가 아니다. 그러므로 $0 < k < 4e^{-2}$에서 주어진 조건을 만족하는 k는 없다.

(ㄴ) $k = 4e^{-2}$일 때 방정식 $f(x) = 4e^{-2}$가 $x = -2$와 양의 실수 β를 근으로 갖는다. 문항 (2)에 따라서 $f(0) = 0 < 4e^{-2} (= f(\beta)) < e = f(1)$이므로 β는 정수가 아니다. 그러므로 $k = 4e^{-2}$는 주어진 조건을 만족하지 않는다.

(ㄷ) $k > 4e^{-2}$일 때 방정식 $f(x) = k$는 한 개의 양의 실근을 갖는다. $x > 0$일 때 $f(1) = e > 4e^{-2}$이고 $f(x)$가 증가하므로 조건을 만족하는 최솟값 k는 $x = 1$일 때 $f(1) = e$이다.

[1] 구간 $(a,\ b)$와 $(b,\ c)$에서 함수 $f(x)$에 제시문 (가)의 평균값 정리를 적용하면

$\dfrac{f(b)-f(a)}{b-a}=f'(d)$인 $d \in (a,\ b)$와 $\dfrac{f(c)-f(b)}{c-b}=f'(e)$인 $e \in (b,\ c)$가 존재한다. 이때, $d < e$이고

제시문 (다)에 의해 $f'(d) < f'(e)$이므로 주어진 부등식이 성립한다.

[2] 어떤 양의 실수 α에 대하여 $f'(\alpha) > 1$이 성립한다고 가정하자. $f'(x)$는 증가하므로 제시문 (가)의 평균값

정리에 의해 $\beta > \alpha$인 모든 β에 대하여 $\dfrac{f(\beta)-f(\alpha)}{\beta-\alpha}=k \geq f'(\alpha) > 1$이다. **[1]** 에 의해 $x > \beta$인 임의의 x에

대하여 $\dfrac{f(x)-f(\beta)}{x-\beta} > \dfrac{f(\beta)-f(\alpha)}{\beta-\alpha}=k>1$이고 $f(x) > f(\beta)+k(x-\beta)$이다. 따라서 $x > \dfrac{k\beta-f(\beta)}{k-1}$인

x에 대하여 $f(x) > f(\beta)+k(x-\beta) > x$이므로 $f(x) \leq x$에 모순이다. 그러므로 모든 $x > 0$에 대하여

$f'(x) \leq 1$이다.

[3] $x=2$일 때 미분값이 같아야 하는데 $g(x)=px^2$의 도함수는 $g'(x)=2px$이고 $g(x)=x-\ln x+q$의 도함수는

$g'(x)=1-\dfrac{1}{x}$이므로 $g'(2)=4p=1-\dfrac{1}{2}$이어야 한다. 즉, $p=\dfrac{1}{8}$이다. 한편, $x=2$일 때 함숫값이 같아야

하므로 $g(2)=\dfrac{1}{2}=2-\ln 2+q$이어야 한다. 따라서 $q=\ln 2-\dfrac{3}{2}$이다. 그러면 모든 $x > 0$에 대하여

$g(x) \leq x$이고 $g''(x) > 0$이다. 그러므로 $p=\dfrac{1}{8}$, $q=\ln 2-\dfrac{3}{2}$일 때, $g(x)$는 **[2]**의 조건을 만족하는 함수이다.

[1] $\theta=-t$로 치환하면 $dt=\ \ \ d\theta$, $t\in\left[\dfrac{\pi}{2},\ -\dfrac{\pi}{2}\right]$, $\sin\theta=\sin(-t)=-\sin t$가 성립하므로

$$\int_{-\frac{\pi}{2}}^{\frac{\pi}{2}}\ln(a^2+1-2a\sin\theta)d\theta=\int_{\frac{\pi}{2}}^{-\frac{\pi}{2}}\ln(a^2+1+2a\sin t)(-1)dt=\int_{-\frac{\pi}{2}}^{\frac{\pi}{2}}\ln(a^2+1+2a\sin t)dt$$

[2] 수학적 귀납법을 사용하여 증명한다. 먼저 $n=1$일 때 주어진 등식이 성립하는지 확인한다. 문항 (1)에 의하여

$$2\int_{-\frac{\pi}{2}}^{\frac{\pi}{2}}\ln(a^2+1+2a\sin\theta)d\theta=\int_{-\frac{\pi}{2}}^{\frac{\pi}{2}}\ln(a^2+1+2a\sin\theta)d\theta+\int_{-\frac{\pi}{2}}^{\frac{\pi}{2}}\ln(a^2+1-2a\sin\theta)d\theta$$

가 성립한다. 위 등식의 우변을 정리하면 아래의 식을 얻을 수 있다.

$$\int_{-\frac{\pi}{2}}^{\frac{\pi}{2}}\ln(a^2+1+2a\sin\theta)d\theta+\int_{-\frac{\pi}{2}}^{\frac{\pi}{2}}\ln(a^2+1-2a\sin\theta)d\theta$$

$$=\int_{-\frac{\pi}{2}}^{\frac{\pi}{2}}\left\{\ln(a^2+1+2a\sin\theta)+\ln(a^2+1-2a\sin\theta)\right\}d\theta$$

$$=\int_{-\frac{\pi}{2}}^{\frac{\pi}{2}}\ln(a^4+1+2a^2-4a^2\sin^2\theta)d\theta$$

$$=\int_{-\frac{\pi}{2}}^{\frac{\pi}{2}}\ln(a^4+1+2a^2(1-2\sin^2\theta))d\theta\quad(1-2\sin^2\theta=\cos2\theta)$$

$$=\int_{-\frac{\pi}{2}}^{\frac{\pi}{2}}\ln(a^4+1+2a^2\cos2\theta)d\theta\quad\left(t=2\theta\Rightarrow d\theta=\dfrac{1}{2}dt,\ t\in[-\pi,\ \pi]\right)$$

$$=\dfrac{1}{2}\int_{-\pi}^{\pi}\ln(a^4+1+2a^2\cos t)dt$$

여기에서 $\displaystyle\int_{-\pi}^{\pi}\ln(a^4+1+2a^2\cos t)dt$를 아래와 같이 표현할 수 있다.

우선 $\displaystyle\int_{-\pi}^{\pi}\ln(a^4+1+2a^2\cos t)dt=\int_{-\pi}^{0}\ln(a^4+1+2a^2\cos t)dt+\int_{0}^{\pi}\ln(a^4+1+2a^2\cos t)dt$로

분리하여, 우변의 첫 번째 적분에는 $t=x-\dfrac{\pi}{2}$로 치환하여 $dt=dx$, $x\in\left[-\dfrac{\pi}{2},\ \dfrac{\pi}{2}\right]$,

$\cos t=\cos\left(x-\dfrac{\pi}{2}\right)=\sin x$를 활용하고, 두 번째 적분에는 $t=y+\dfrac{\pi}{2}$로 치환하여 $dt=dy$,

$y\in\left[-\dfrac{\pi}{2},\ \dfrac{\pi}{2}\right]$, $\cos t=\cos\left(y+\dfrac{\pi}{2}\right)=-\sin y$를 활용한다. 이 치환적분의 결과와 문항 (1)에 의하여

아래의 등식이 성립한다.

$$\int_{-\pi}^{\pi}\ln(a^4+1+2a^2\cos t)dt=\int_{-\pi}^{0}\ln(a^4+1+2a^2\cos t)dt+\int_{0}^{\pi}\ln(a^4+1+2a^2\cos t)dt$$

$$=\int_{-\frac{\pi}{2}}^{\frac{\pi}{2}}\ln(a^4+1+2a^2\sin x)dx+\int_{-\frac{\pi}{2}}^{\frac{\pi}{2}}\ln(a^4+1-2a^2\sin y)dy$$

$$=2\int_{-\frac{\pi}{2}}^{\frac{\pi}{2}}\ln(a^4+1+2a^2\sin\theta)d\theta$$

위의 두 등식을 정리하면 아래가 성립한다.

$$2\int_{-\frac{\pi}{2}}^{\frac{\pi}{2}}\ln(a^2+1+2a\sin\theta)d\theta = \frac{1}{2}\int_{-\pi}^{\pi}\ln(a^4+1+2a^2\cos t)dt = \int_{-\frac{\pi}{2}}^{\frac{\pi}{2}}\ln(a^4+1+2a^2\sin\theta)d\theta$$

따라서 $n=1$일 때 주어진 등식이 성립한다.

$n=k$일 때, $\displaystyle\int_{-\frac{\pi}{2}}^{\frac{\pi}{2}}\ln(a^2+1+2a\sin\theta)d\theta = \frac{1}{2^k}\int_{-\frac{\pi}{2}}^{\frac{\pi}{2}}\ln\left(a^{2^{k+1}}+1+2a^{2^k}\sin\theta\right)d\theta$이 성립한다고 가정하자.

위의 식에서 $a^{2^k}=\beta$라고 하면 $a^{2^{k+1}}=a^{2^k\cdot 2}=\left(a^{2^k}\right)^2=\beta^2$이고 $\beta^4=(\beta^2)^2=a^{2^{k+2}}$이 성립한다.

이때 $-1<a<1$이므로 $0\le a^{2^k}=\beta<1$이고, $0\le a^{2^{k+1}}=\beta^2<1$이다.

그러므로 $n=1$일 때의 식에서 a에 β를 대입하면,

$$\int_{-\frac{\pi}{2}}^{\frac{\pi}{2}}\ln\left(\beta^2+1+2\beta\sin\theta\right)d\theta = \frac{1}{2}\int_{-\frac{\pi}{2}}^{\frac{\pi}{2}}\ln\left(\beta^4+1+2\beta^2\sin\theta\right)d\theta$$

이 성립하고

$$\int_{-\frac{\pi}{2}}^{\frac{\pi}{2}}\ln(a^2+1+2a\sin\theta)d\theta = \frac{1}{2^k}\int_{-\frac{\pi}{2}}^{\frac{\pi}{2}}\ln\left(a^{2^{k+1}}+1+2a^{2^k}\sin\theta\right)d\theta$$

$$= \frac{1}{2^k}\int_{-\frac{\pi}{2}}^{\frac{\pi}{2}}\ln\left(\beta^2+1+2\beta\sin\theta\right)d\theta$$

$$= \frac{1}{2^k}\cdot\frac{1}{2}\int_{-\frac{\pi}{2}}^{\frac{\pi}{2}}\ln\left(\beta^4+1+2\beta^2\sin\theta\right)d\theta$$

$$= \frac{1}{2^{k+1}}\int_{-\frac{\pi}{2}}^{\frac{\pi}{2}}\ln\left(a^{2^{k+2}}+1+2a^{2^{k+1}}\sin\theta\right)d\theta$$

이 성립하여 $n=k+1$일 때 주어진 등식이 성립한다.

따라서 수학적 귀납법에 의하여 주어진 등식은 모든 자연수 n에 대하여 성립한다.

[3] $-1<a<1$이므로 $0\le a^{2^n}<1$이고 $0\in\left[-\dfrac{\pi}{2},\ \dfrac{\pi}{2}\right]$에 대하여 $-1\le\sin\theta\le 1$이므로

아래의 부등식이 성립한다.

$$\left(1-a^{2^n}\right)^2 = a^{2^{n+1}}+1+2a^{2^n}(-1) \le a^{2^{n+1}}+1+2a^{2^n}\sin\theta \le a^{2^{n+1}}+1+2a^{2^n}\cdot 1 = \left(1+a^{2^n}\right)^2$$

위 부등식에 밑이 1보다 큰 로그함수가 증가함수인 것을 적용하면 아래의 부등식이 성립한다.

$$\int_{-\frac{\pi}{2}}^{\frac{\pi}{2}}\ln\left(1-a^{2^n}\right)^2 d\theta \le \int_{-\frac{\pi}{2}}^{\frac{\pi}{2}}\ln\left(a^{2^{n+1}}+1+2a^{2^n}\sin\theta\right)d\theta \le \int_{-\frac{\pi}{2}}^{\frac{\pi}{2}}\ln\left(1+a^{2^n}\right)^2 d\theta$$

위 부등식의 왼쪽과 오른쪽 적분에서 $\ln\left(1\pm a^{2^n}\right)^2 = 2\ln\left(1\pm a^{2^n}\right)$는 변수 θ에 대하여 상수이므로

$$\int_{-\frac{\pi}{2}}^{\frac{\pi}{2}}\ln\left(1\pm a^{2^n}\right)^2 d\theta = 2\ln\left(1\pm a^{2^n}\right)\int_{-\frac{\pi}{2}}^{\frac{\pi}{2}}1 d\theta = 2\pi\ln\left(1\pm a^{2^n}\right)$$

가 되어 아래의 부등식이 성립한다.

$$2\pi\ln\left(1-a^{2^n}\right)\le \int_{-\frac{\pi}{2}}^{\frac{\pi}{2}}\ln\left(a^{2^{n+1}}+1+2a^{2^n}\sin\theta\right)d\theta \le 2\pi\ln\left(1+a^{2^n}\right)$$

[4] 문항 **[2]**와 문항 **[3]**에 의하여 아래의 부등식이 모든 자연수 n에 대하여 성립한다.

$$\frac{2\pi\ln\left(1-a^{2^n}\right)}{2^n} \le \int_{-\frac{\pi}{2}}^{\frac{\pi}{2}}\ln\left(a^2+1+2a\sin\theta\right)d\theta \le \frac{2\pi\ln\left(1+a^{2^n}\right)}{2^n}$$

위 부등식에서 $-1 < a < 1$이므로 $\displaystyle\lim_{n\to\infty}a^{2^n}=0$이고 $\displaystyle\lim_{n\to\infty}\frac{1}{2^n}=0$이며 로그함수의 연속성에 의하여

$$\lim_{n\to\infty}\ln\left(1+a^{2^n}\right)=\ln 1=0, \quad \lim_{n\to\infty}\ln\left(1-a^{2^n}\right)=\ln 1=0$$

이 성립한다. 그러므로 $\displaystyle\lim_{n\to\infty}\frac{2\pi\ln\left(1+a^{2^n}\right)}{2^n}=0, \quad \lim_{n\to\infty}\frac{2\pi\ln\left(1-a^{2^n}\right)}{2^n}=0$이 성립하여 사잇값 정리에 의하여

$$\int_{-\frac{\pi}{2}}^{\frac{\pi}{2}}\ln\left(a^2+1+2a\sin\theta\right)d\theta=0$$이다.

Show
and
Prove

기대T 수리논술 수업 상세안내

수업명	수업 상세 안내 (지난 수업 영상수강 가능)
정규반 프리시즌 (2월)	- 수리논술만의 특징인 '답안작성 능력'과 '증명 능력'을 향상 시키는 수업 - 수험생은 물론 강사도 가질 수 있는 '증명 오개념'을 타파시키는 수학 전공자의 수업
정규반 시즌1 (3월)	- 수능/내신 공부와 다른 수리논술 공부의 결 & 방향성을 잡아주는 수업 - 삼각함수 & 수열의 콜라보 등 논술형 발전성을 체감해볼 수 있는 실전 내용 수업
정규반 시즌2 (4~5월)	- 수리논술에서 50% 이상의 비중을 차지하는 수리논술용 미적분을 집중 해석하는 수업 - 수리논술에도 존재하는 행동 영역을 통해 고난도 문제의 체감 난이도를 낮춰주는 수업 - 대학의 모범답안을 보고도 '이런 아이디어를 내가 어떻게 생각해내지?'라는 생각이 드는 학생들도 납득 가능하고 감탄할 만한 문제접근법을 제시해주는 수업
정규반 시즌3 (6~7월)	- 상위권 대학의 합격 당락을 가르는 고난도 주제들을 총정리하는 수업 - 아래 학교의 수리논술 합격을 바라는 학생들이라면 강추 (메디컬, 고려, 연세, 한양, 서강, 서울시립, 경희, 이화, 숙명, 세종, 서울과기대, 인하)
선택과목 특강 (선택확통 / 선택기하)	- 수능/내신의 빈출 Point와의 괴리감이 제일 큰 두 과목인 확통/기하의 내용을 철저히 수리논술 빈출 Point에 맞게 피팅하여 다루는 Compact 강의 (영상 수강 전용 강의) - 확통/기하 각각 2~3강씩으로 구성된 실전+심화 수업 (교과서 개념 선제 학습 필요) - 상위권 학교 지원자들은 꼭 알아야 하는 필수내용 / 6월 또는 7월 내로 완강 추천
Semi Final (8월)	- 본인에게 유리한 출제 스타일인 학교를 탐색하여 원서지원부터 이기고 들어갈 수 있도록 태어난 새로운 수업 (모든 대학을 출제유형별로 A그룹~D그룹으로 분류 후 분석) - 최신기출 (작년 기출+올해 모의) 중 주요 문항 선별 통해 주요대학 최근 출제 경향 파악
고난도 문제풀이반 For 메디컬/고/연/서성한시	- 2월~8월 사이 배운 모든 수리논술 실전 개념들을 고난도 문제에 적용 해보는 수업 - 전형적인 고난도 문제부터 출제될 시 경쟁자와 차별될 수 있는 창의적 신유형 문제까지 다양하게 만나볼 수 있는 수업
학교별 Final (수능전 / 수능후)	- 학교별 고유 출제 스타일에 맞는 문제들만 정조준하여 분석하는 Final 수업 - 빈출 주제 특강 + 예상 문제 모의고사 응시 후 해설 & 첨삭 - 고승률 문제접근 Tip을 파악하기 쉽도록 기출 선별 자료집 제공 (학교별 상이)
첨삭	수업 형태 (현장 강의 수강, 온라인 수강) 상관없이 모든 학생들에게 첨삭이 제공됩니다. 1차 서면 첨삭 후 학생이 첨삭 내용을 제대로 이해했는지 확인하기 위해, 답안을 재작성하여 2차 대면 첨삭영상을 추가로 제공받을 수 있습니다. 이를 통해 학생은 6~10번 이내에 합격급으로 논리적인 답안을 쓸 수 있게 되며, 이후에는 문제풀이 Idea 흡수에 매진하면 됩니다.

정규반 안내사항 (아래 QR코드 참고)   대학별 Final 안내사항 (아래 QR코드 참고)

Show
and
Prove

2

수리논술을 위한 수학 2 & 미적분

기대T의 Real 실전모범답안

대치동 현장강의 / 영상수강 비대면강의 수강생들이 수업자료로 받고 있는 Real 모범답안 자료입니다.

문제풀이 방향성의 이해에 중점을 둬서 해설을 작성했다면, 이 답안은 100% 합격할 수 있는 최우수 모범답안입니다.

'해설 또는 대학예시답안'과 'Real 모범답안'의 작성방법이나 논리의 차이를 느껴보는 것만으로도 셀프첨삭효과를 누릴 수 있습니다.

chp. 1 ｜ [논제 2] 2021 인하대 ｜ 실전답안 ☑ 학생첨삭답안 □

[1]

점 (a,b)가 곡선 $y=(x-p)^2+p^2+2$ 위의 점이므로

$b=(a-p)^2+p^2+2$가 성립.

$\Rightarrow 2p^2-2ap+a^2+2-b=0$

이를 만족하는 실수 p가 존재하려면 판별식 $D \geq 0$를 만족해야 한다.

$\therefore \dfrac{D}{4}=a^2-2(a^2+2-b) \geq 0$

$\therefore b \geq \dfrac{a^2+4}{2}$ ···①

[2]

먼저 곡선 위의 임의의 한 점 (a,b)와 $(-2,-1)$ 사이의 거리 d를 구하자.

$d=\sqrt{(a+2)^2+(b+1)^2}$

$\geq \sqrt{(a+2)^2+\left(\frac{1}{2}a^2+3\right)^2}$ $(\because ①)$ ···②

$\underbrace{\qquad\qquad\qquad\qquad}_{\text{put } f(a)}$

이때 $f'(a)=2(a+2)+2\left(\frac{1}{2}a^2+3\right)\cdot a$

$= a^3+8a+24$

$=(a+2)\underbrace{(a^2-2a+12)}_{>0}$ 이고, $f''(-2)>0$ 이므로 $f(a)$는 $a=-2$에서 극소이다.

$\therefore f(a)$는 $a=-2$일때 최솟값 125를 갖는다. $\therefore f(p)$의 최솟값은 $5\sqrt{5}$.

한편, 부등식 ②의 등호는 $b=\dfrac{a^2+4}{2}$일때 성립하므로 $a=-2$를 대입하면 $b=4$이다.

(a,b)는 곡선 위의 점이므로 $y=(x-p)^2+p^2+2$에 $(-2,4)$를 대입하면 $p=-1$.

$\therefore f(p)$의 최솟값은 $5\sqrt{5}$이고 이때 p의 값은 -1이다.

[2-1]

$y=(x-p)^2+p^2+2$이 (a,b)를 지나도록 대입하면

$(a-p)^2+p^2+2=0 \Rightarrow 2p^2-2ap+a^2+2-b=0$

실수 p가 (a,b)가 의문내에 항상 존재하므로 $\boxed{D \geq 0}$이다

→ 이를 만족하는 실수 p가 존재하려면 $D \geq 0$ 이어야 한다.

$D=4a^2-8(a^2+2-b) \geq 0, \quad b \geq \dfrac{a^2+4}{2} \cdots ①$

[2-2]

수직적 해석이 가능한 상황에서는 수식풀이가 점수 받기에 더 안전하니 모범답안 풀이도 참고하셔서 익혀주시면 좋을 것 같습니다.

$(-12,-1)$로부터 원위의 점 (a,b)까지 거리를 d라 하면

$d=\sqrt{(a+12)^2+(b+1)^2} \Rightarrow (a+12)^2+(b+1)^2=d^2$

중심이 $(-12,-1)$이고 반지름의 길이가 d인 원으로 해석할 수 있다.

d가 최소가 되어야 하므로 [C그림]과 같이 포물선 $b=\dfrac{a^2}{2}+2$과 원이 접해야 한다.

그때의 점을 (m,n)이라 하면

ⅰ) 원의 중심에서 (m,n)까지의 기울기 $=\dfrac{n+1}{m+12}$

ⅱ) 포물선에서의 접선 기울기

$\Rightarrow db=ada, \quad \dfrac{db}{da}=a$ 에서 $\boxed{\min\left(\dfrac{db}{da}\right)=m}$

ⅰ), ⅱ)가 직교해야 하므로 $m \cdot \dfrac{n+1}{m+12}=-1 \cdots ②$

한편 (m,n)이 포물선 위의 점들이 라 가정하므로 $\underline{n=\dfrac{1}{2}m^2+2}_{③}$

②, ③을 연립하면 $m=-2, \ n=4$이고, d를 $y=(x-p)^2+\dfrac{a^2+4}{2}$에 대입하면 $p=4, \ \min(f(p))=5\sqrt{5}$ 이다.

→ 제시문에서 언급하지 않은 이상, 기호의 사용은 자제해주시는 게 좋습니다.

[1] $1 + \dfrac{1}{(a_n)^2} \leq \dfrac{1}{(a_{n+1})^2}$

$< \dfrac{1}{(a_{n+1})^2} + 1$

$\Rightarrow \dfrac{1}{(a_n)^2} < \dfrac{1}{(a_{n+1})^2}$

$\Rightarrow a_{n+1} < a_n$

$f(x) = \sqrt{\dfrac{x^2}{(a_{n+1})^2} - 1} - \ln(1+x)$ 이라 두자.

$f(a_{n+1}) = -\ln(1 + a_{n+1})$

$< 0 \ (\because a_{n+1} > 0)$ 이고,

$f(a_n) = \sqrt{\dfrac{(a_n)^2}{(a_{n+1})^2} - 1} - \ln(1 + a_n)$

$> \sqrt{\dfrac{(a_n)^2}{(a_{n+1})^2} - 1} - a_n \ (\because 제시문 1)$

$\geq \sqrt{(a_n)^2} - a_n = 0 \ \left(\because 1 + \dfrac{1}{(a_n)^2} \leq \dfrac{1}{(a_{n+1})^2} \Rightarrow (a_n)^2 \leq \dfrac{(a_n)^2}{(a_{n+1})^2} - 1 \right)$ 이므로

사잇값 정리에 의해 $f(x) = 0$을 만족하는 x가 (a_{n+1}, a_n)에 적어도 하나 존재한다.

한편, 문제에서 두 그래프가 한 점에서 만난다고 하였으므로, $f(x) = 0$을 만족하는 x는 b_n으로 유일하다.

$\therefore$ 수열 $\{a_n\}$이 $1 + \dfrac{1}{(a_n)^2} \leq \dfrac{1}{(a_{n+1})^2}$을 만족시킬 때, 부등식 $a_{n+1} < b_n < a_n$이 성립한다.

[2] 제시문 2에서 $\left(1 + \dfrac{1}{n+1}\right)^{n+1} \geq \left(1 + \dfrac{1}{n}\right)^n$

$\Leftrightarrow (n+1) \cdot \left(1 + \dfrac{1}{n+1}\right)^{n+1} \geq (n+1) \cdot \left(1 + \dfrac{1}{n}\right)^n$

$\geq n \cdot \left(1 + \dfrac{1}{n}\right)^n + 1 \cdots ①$

$a_n = \dfrac{1}{\sqrt{n}}\left(1 + \dfrac{1}{n}\right)^{-\frac{n}{2}}$ 일때, $1 + \dfrac{1}{(a_n)^2} \leq \dfrac{1}{(a_{n+1})^2}$

$\Leftrightarrow 1 + n \cdot \left(1 + \dfrac{1}{n}\right)^n \leq (n+1) \cdot \left(1 + \dfrac{1}{n+1}\right)^{n+1}$ 이 ①에 의해 성립.

$\therefore$ [3-1]에 따라 부등식 $a_{n+1} < b_n < a_n$이 성립함을 알 수 있다.

$\therefore \dfrac{1}{\sqrt{n+1}}\left(1 + \dfrac{1}{n+1}\right)^{-\frac{n+1}{2}} < b_n < \dfrac{1}{\sqrt{n}}\left(1 + \dfrac{1}{n}\right)^{-\frac{n}{2}}$

$\Rightarrow \lim_{n \to \infty} \dfrac{1}{\sqrt{n+1}}\left(1 + \dfrac{1}{n+1}\right)^{-\frac{n+1}{2}} \leq \lim_{n \to \infty} b_n \leq \lim_{n \to \infty} \dfrac{1}{\sqrt{n}}\left(1 + \dfrac{1}{n}\right)^{-\frac{n}{2}}$

$\Rightarrow e^{-\frac{1}{2}} \cdot \lim_{n \to \infty} \dfrac{1}{\sqrt{n+1}} \leq \lim_{n \to \infty} b_n \leq e^{-\frac{1}{2}} \cdot \lim_{n \to \infty} \dfrac{1}{\sqrt{n}} \qquad \therefore \lim_{n \to \infty} b_n = 0. \cdots ⓛ$

한편, $a_{n+1} < b_n < a_n \Rightarrow \sqrt{n} \cdot a_{n+1} < \sqrt{n} \cdot b_n < \sqrt{n} \cdot a_n$

$\Rightarrow \dfrac{\sqrt{n}}{\sqrt{n+1}}\left(1 + \dfrac{1}{n+1}\right)^{-\frac{n+1}{2}} < \sqrt{n} \cdot b_n < \dfrac{\sqrt{n}}{\sqrt{n}}\left(1 + \dfrac{1}{n}\right)^{-\frac{n}{2}}$

$\Rightarrow \underbrace{\lim_{n \to \infty} \dfrac{\sqrt{n}}{\sqrt{n+1}}\left(1 + \dfrac{1}{n+1}\right)^{-\frac{n+1}{2}}}_{= e^{-\frac{1}{2}}} \leq \lim_{n \to \infty} \sqrt{n} \cdot b_n \leq \underbrace{\lim_{n \to \infty} \dfrac{\sqrt{n}}{\sqrt{n}}\left(1 + \dfrac{1}{n}\right)^{-\frac{n}{2}}}_{= e^{-\frac{1}{2}}} \quad \therefore \lim_{n \to \infty} \sqrt{n} \cdot b_n = e^{-\frac{1}{2}} \cdots ⓒ$

$\therefore \lim_{n \to \infty} \sqrt{n} \cdot \ln(1 + b_n) = \lim_{n \to \infty} \sqrt{n} \cdot \dfrac{\ln(1 + b_n)}{b_n} \cdot b_n$

$= \lim_{n \to \infty} \sqrt{n} \cdot b_n \times \lim_{n \to \infty} \dfrac{\ln(1 + b_n)}{b_n}$

$= e^{-\frac{1}{2}} \left(\because ⓛ에 의해 \lim_{n \to \infty} \dfrac{\ln(1 + b_n)}{b_n} = 1, \ ⓒ \right) \qquad \therefore e^{-\frac{1}{2}}$

[3-1] $a_{n+1} < b_n$은 그림에 의해 자명하다.

쌍곡선과 접선은 1사분면 위의 한점에서 만나므로 상한 $\frac{x^2}{(a_{n+1})^2} - y^2 = 1$에서

나타나는 부분 $y = \sqrt{\frac{x^2}{a_{n+1}^2} - 1}$ 만 생각해도 무방하다.

우변의 식에 대해 $f(x) = \sqrt{\frac{x^2}{a_{n+1}^2} - 1} - \ln(1+x)$ 라 두면 $f(x) = 0$이 될 때가

$x = b_n$이 된다.

i) $f(a_{n+1}) = -\ln(1 + a_{n+1}) < 0$

ⅱ) 조건에서 $1 + \frac{1}{(a_n)^2} \le \frac{1}{(a_{n+1})^2}$ ⟺ $a_{n+1}^2 \le \left(\frac{a_n}{a_{n+1}}\right)^2$ ⟺ $a_n^2 \le \left(\frac{a_n}{a_{n+1}}\right)^2 - 1$

⟺ $a_n \le \sqrt{\left(\frac{a_n}{a_{n+1}}\right)^2 - 1}$ …㉠

ⅲ) $\ln(1+x) < x$ 이므로 $-\ln(1+a_n) > -a_n$ …㉡

∴ ~~ii), iii)의 식에서~~ $f(a_n) = \sqrt{\frac{a_n^2}{a_{n+1}^2} - 1} - \ln(1+a_n) > \sqrt{a_n^2 - a_n} = 0$

$f(a_{n+1}) \cdot f(a_n) < 0$ 에서 사잇값의 정리에 의해 $f(c) = 0$이 되는 c가

a_{n+1}과 a_n 사이의 점으로 반드시 존재, 이 c는 b_n으로 유일하므로

$$a_{n+1} < \underset{b_n}{c_n} < a_n$$

ii) $f(a_n) = \sqrt{\frac{(a_n)^2}{(a_{n+1})^2} - 1} - \ln(1+a_n)$

$> \sqrt{\frac{(a_n)^2}{(a_{n+1})^2} - 1} - a_n \;(\because ㉡)$

$\ge \sqrt{(a_n)^2 - a_n} = 0 \;(\because ㉠)$

[3-2]
$a_n = \frac{1}{n}\left(1 + \frac{1}{n}\right)^{-n}$, $a_{n+1}^2 = \frac{1}{n+1}\left(1 + \frac{1}{n+1}\right)^{-(n+1)}$

$\left(\frac{n+1}{n}\right)^{n-1} < \left(\frac{n+2}{n+1}\right)^{n-1} < \left(\frac{n+2}{n+1}\right)^{n+1}$ 임은 자명하므로 $(n+1) \cdot n^n > (n+1)^{2n}$

⟺ $\frac{(n+2)^{n+1}}{(n+1)^n} > \frac{(n+1)^n}{n^{n+1}}$ ⟺ $1 + (n+1)\left(\frac{n+2}{n+1}\right)^{n+1} > 1 + n\left(\frac{n+1}{n}\right)^n$

⟺ $1 + \frac{1}{a_n^2} \le \frac{1}{a_{n+1}^2}$

제시문 2를 사용하여 보여주시는 게 더 좋습니다.

따라서 [3-1]에 의해 $a_{n+1} < b_n < a_n$은 만족시킨다

$a_{n+1} < b_n < a_n$ ⟺ $\frac{\sqrt{n}}{\sqrt{n+1}}\sqrt{n+1}\, a_{n+1} < \sqrt{n}\, b_n < \sqrt{n}\, a_n$ ⟹ $\lim_{n\to\infty}\sqrt{n}\, a_n = e^{-\frac{1}{q}} e_2$

$\lim_{n\to\infty}\sqrt{n}\, b_n = e^{\pm}$, $\lim_{n\to\infty}\sqrt{n}\, b_n \frac{\ln(1+b_n)}{b_n} \ge \lim_{n\to\infty}\sqrt{n}\, b_n \cdot 1 = \boxed{\frac{1}{\sqrt{e}}}$

마무리 부분이 상당히 생략되어 있습니다. 모범답안처럼 조금 더 구체적으로 작성해주세요.

[1] $f\left(\dfrac{1}{2^1}\right) = \dfrac{1\cdot 3}{2^2} \times f\left(\dfrac{1}{2^0}\right)$

$\quad\ f\left(\dfrac{1}{2^2}\right) = \dfrac{2\cdot 4}{3^2} \times f\left(\dfrac{1}{2^1}\right)$

$\quad\ \ \vdots$

$\times \underline{\quad f\left(\dfrac{1}{2^n}\right) = \dfrac{n\cdot(n+2)}{(n+1)^2} \times f\left(\dfrac{1}{2^{n-1}}\right) \quad}$

양변을 모두 곱하면, $f\left(\dfrac{1}{2^n}\right) = \dfrac{1\cdot 2\cdot 3^2\cdot 4^2 \cdots n^2\cdot(n+1)\cdot(n+2)}{2^2\cdot 3^2 \cdots (n+1)^2} \times f(1) = \dfrac{(n+2)\cdot f(1)}{2(n+1)}$

$\therefore \lim\limits_{n\to\infty} f\left(\dfrac{1}{2^n}\right) = \lim\limits_{n\to\infty} \dfrac{(n+2)\cdot f(1)}{2(n+1)}$

$\qquad\qquad\qquad\qquad = \dfrac{k}{2} \qquad\qquad\qquad\qquad\qquad \therefore \dfrac{k}{2}$

[2] (나)에 의해,

$\quad g\left(\dfrac{1}{2^1}\right) \leq \dfrac{1}{2}\cdot\dfrac{1}{2}\cdot g\left(\dfrac{1}{2^0}\right)$

$\quad g\left(\dfrac{1}{2^2}\right) \leq \dfrac{1}{2}\cdot\dfrac{2}{3}\cdot g\left(\dfrac{1}{2^1}\right)$

$\quad\ \ \vdots$

$\times \underline{\quad g\left(\dfrac{1}{2^n}\right) \leq \dfrac{1}{2}\cdot\dfrac{n}{n+1}\cdot g\left(\dfrac{1}{2^{n-1}}\right) \quad}$

양변을 모두 곱하면, $g\left(\dfrac{1}{2^n}\right) \leq \left(\dfrac{1}{2}\right)^n\cdot\dfrac{1}{n+1}\cdot g(1) \qquad \therefore 0 \leq g\left(\dfrac{1}{2^n}\right) \leq \left(\dfrac{1}{2}\right)^n\cdot\dfrac{1}{n+1}\cdot g(1) \cdots ㉠$

$\qquad\qquad\qquad\qquad$ 샌드위치정리에 의해 $\lim\limits_{n\to\infty} g\left(\dfrac{1}{2^n}\right) = 0$.

(가)에 의해 $0 \leq \dfrac{1}{2^n}$ 일때 $g(0) \leq g\left(\dfrac{1}{2^n}\right)$ 이므로, $0 \leq g(0) \leq g\left(\dfrac{1}{2^n}\right)$ 성립

$\qquad\qquad\qquad\qquad \Rightarrow \lim\limits_{n\to\infty} 0 \leq \lim\limits_{n\to\infty} g(0) \leq \lim\limits_{n\to\infty} g\left(\dfrac{1}{2^n}\right)$

$\qquad\qquad$ 샌드위치정리에 의해 $\lim\limits_{n\to\infty} g(0) = g(0) = 0 \qquad\qquad \therefore 0$

[3] ㉠에 의해 $0 \leq g\left(\dfrac{1}{2^n}\right) \leq \left(\dfrac{1}{2}\right)^n\cdot\dfrac{1}{n+1}\cdot g(1)$ 성립.

$\qquad \Rightarrow 0 \leq \underline{2^n\cdot g\left(\dfrac{1}{2^n}\right)} \leq \dfrac{1}{n+1}\cdot g(1) \qquad \lim\limits_{n\to\infty} h(n) = 0 \ (\because 샌드위치 정리) \cdots ㉢$
$\qquad\qquad\qquad\quad h(n)이라두자.$

한편, 어떤 자연수 m에 대하여 부등식 $\underline{2^n \leq m < 2^{n+1}}$이 성립하도록 하는 자연수 n이 항상 존재한다.
$\qquad\qquad\qquad ㉡ \qquad \Rightarrow \dfrac{1}{2^{n+1}} < \dfrac{1}{m} \leq \dfrac{1}{2^n}$

$\qquad\qquad\qquad\qquad \Rightarrow \underline{g\left(\dfrac{1}{2^{n+1}}\right) \leq g\left(\dfrac{1}{m}\right) \leq g\left(\dfrac{1}{2^n}\right)} \ (\because (가))$
$\qquad\qquad\qquad\qquad\qquad\qquad\qquad\qquad ㉣$

두 부등식 ㉡, ㉣을 곱하면

$\qquad 2^n\cdot g\left(\dfrac{1}{2^{n+1}}\right) \leq \dfrac{g\left(\dfrac{1}{m}\right)}{\dfrac{1}{m}} \leq 2\cdot 2^n\cdot g\left(\dfrac{1}{2^n}\right)$

$\Rightarrow \dfrac{1}{2}\cdot 2^{n+1}\cdot g\left(\dfrac{1}{2^{n+1}}\right) \leq \dfrac{g\left(\dfrac{1}{m}\right)}{\dfrac{1}{m}} \leq 2\cdot 2^n\cdot g\left(\dfrac{1}{2^n}\right)$

$\Rightarrow \dfrac{1}{2}\cdot h(n+1) \leq \dfrac{g\left(\dfrac{1}{m}\right) - g(0)}{\dfrac{1}{m}} \leq 2\cdot h(n)$

$\Rightarrow \lim\limits_{n\to\infty} \dfrac{1}{2}\cdot h(n+1) \leq \lim\limits_{m\to\infty} \dfrac{g\left(\dfrac{1}{m}\right) - g(0)}{\dfrac{1}{m}} \leq \lim\limits_{n\to\infty} 2\cdot h(n) \quad (2^n \leq m < 2^{n+1} 이므로 n\to\infty 일때 m\to\infty)$

$\qquad\qquad \therefore ㉢과 샌드위치 정리에 의해 $\lim\limits_{m\to\infty} \dfrac{g\left(\dfrac{1}{m}\right) - g(0)}{\dfrac{1}{m}} = 0$ 이다. \qquad\qquad \therefore 0$

[1]

$$f\left(\frac{1}{2}\right) = \frac{3}{4} \times f\left(\frac{1}{2^0}\right)$$

$$f\left(\frac{1}{2^2}\right) = \frac{8}{9} \times f\left(\frac{1}{2^1}\right)$$

$$\vdots$$

$$f\left(\frac{1}{2^n}\right) = \frac{n(n+2)}{(n+1)^2} \times f\left(\frac{1}{2^{n-1}}\right)$$

양변을 모두 곱하면, $f\left(\frac{1}{2^n}\right) = \frac{1 \times 2 \times 3^2 \times 4^2 \cdots n^2(n+2)}{4 \times 9 \times \cdots (n+1)^2} \times f\left(\frac{1}{2^0}\right) = \frac{(n+2) f(1)}{2(n+1)}$

$\therefore \lim\limits_{n\to\infty} f\left(\frac{1}{2^n}\right) = \lim\limits_{n\to\infty} \frac{(n+2) f(1)}{2(n+1)} = \frac{k}{2}$ $\boxed{\therefore f(0) = \frac{k}{2}}$

첫번째 줄 다음에서 $h(n)$을 먼저 정의한 후, $\lim$를 취해주시는 게 더 좋습니다. 그리고 $\lim$는 웬만하면 $\left(\frac{1}{2}\right)^n$처럼 확실하게 0으로 가는 꼴로 정리해둔후 취하는게 좋습니다. ($\lim\limits_{n\to\infty}\left(1-\frac{1}{n}\right)^n = \frac{1}{e}$과 같이 1보다 작은 양수가 계속곱해지지만 0으로 가지 않는 케이스 존재) 모범답안 풀이도 참고해주세요.

[2] (나)식을 조작하면, $g\left(\frac{1}{2^n}\right) \times (n+1) \leq g\left(\frac{1}{2^{n-1}}\right) \times n \times \frac{1}{2}$

$\therefore \lim\limits_{n\to\infty} g\left(\frac{1}{2^n}\right) \times (n+1) \leq \lim\limits_{n\to\infty} g\left(\frac{1}{2^{n-1}}\right) \times n \times \frac{1}{2}$ 이다. $h(n) = (n+1) g\left(\frac{1}{2^n}\right)$ 이라 두자

$\Rightarrow \lim\limits_{n\to\infty} h(n) \leq \lim\limits_{n\to\infty} h(n-1) \times \frac{1}{2}$ $\therefore \lim\limits_{n\to\infty} h(n) = 0$ ($\because$ (가), $h(n) \geq 0$) $\therefore \lim\limits_{n\to\infty} g\left(\frac{1}{2^n}\right) = 0$

이때, $0 < \frac{1}{2^n}$ 이므로 $0 \leq g(0) \leq g\left(\frac{1}{2^n}\right)$ 이다 ($\because$ (가))

$\therefore \lim\limits_{n\to\infty} 0 \leq \lim\limits_{n\to\infty} g(0) \leq \lim\limits_{n\to\infty} g\left(\frac{1}{2^n}\right) = 0$ 이므로, $g(0) = 0$ 이다 ($\because$ 샌드위치 정리).

첨언: $h(n)$은 $g\left(\frac{1}{2^n}\right) \geq 0$이므로 항상 ≥ 0이다. $g(x)$가 (가)에 의해 증가함수인데, $h(n)$도 단지 (n+1)즉 양수를 곱한거라 반대로 증가함수이다. $\therefore h(n) \geq h(n+1)$ 이므로, $\lim\limits_{n\to\infty} h(n) \leq \frac{1}{2} \lim\limits_{n\to\infty} h(n)$ 이므로 $\lim\limits_{n\to\infty} h(n) = 0$ 이어야만 한다.

이건 논리인데 이런 답안거처럼 서술하면 될까요?

[3] 어떤 자연수 m에 대하여 $2^n \leq m < 2^{n+1}$ 이 성립한다.

$\Rightarrow \frac{1}{2^{n+1}} < \frac{1}{m} \leq \frac{1}{2^n}$ ① $\Rightarrow g\left(\frac{1}{2^{n+1}}\right) \leq g\left(\frac{1}{m}\right) \leq g\left(\frac{1}{2^n}\right)$ ② ($\because$ (가))

①, ② 식을 곱하면, $2^n \times g\left(\frac{1}{2^{n+1}}\right) \leq \frac{g\left(\frac{1}{m}\right)}{m} \leq g\left(\frac{1}{2^n}\right) \times 2^n \times 2 \Rightarrow \frac{1}{2} \cdot 2^{n+1} \cdot g\left(\frac{1}{2^{n+1}}\right) \leq \frac{g\left(\frac{1}{m}\right)}{m} \leq 2 \cdot 2^n g\left(\frac{1}{2^n}\right)$ ③

이때, $P(n) = 2^n \cdot g\left(\frac{1}{2^n}\right)$ 이라 두면, $\lim\limits_{n\to\infty} P(n) = 0$ 이다 ④

∴③식은 $\frac{1}{2} P(n+1) \leq \frac{g\left(\frac{1}{m}\right)}{m} \leq 2 \cdot P(n)$ $\Rightarrow \lim\limits_{m\to\infty} \frac{1}{2} P(n+1) \leq \lim\limits_{m\to\infty} \frac{g\left(\frac{1}{m}\right)}{m} \leq \lim\limits_{m\to\infty} 2 P(n)$ $|2^n \leq m < 2^{n+1}|$ 이므로

$\frac{g\left(\frac{1}{m}\right) - g(0)}{\frac{1}{m}}$ (④ 와 샌드위치 정리에 의해) $\lim\limits_{m\to\infty} \frac{g\left(\frac{1}{m}\right) - g(0)}{\frac{1}{m}} = 0$

2번 문제를 저렇게 풀어서 이걸 성립 못하였는데...ㅠ 어떻게해요?

$\therefore 0$

이와 같은 풀이과정에서는 모범답안의 2-2 풀이를 통해 $\lim\limits_{n\to\infty} 2^n g\left(\frac{1}{2^n}\right) = 0$ 임을 보일수 밖에 없습니다..ㅠ

- 5 -

[1]

$g(x)=f(x)-\frac{1}{2}$ 이라 두자.

$\quad g(0)=f(0)-\frac{1}{2}=-\frac{1}{2}<0$

$\quad g(1)=f(1)-\frac{1}{2}=\frac{1}{2}>0$

∴ 사잇값 정리에 의해 $g(c)=f(c)-\frac{1}{2}=0$ 을 만족하는 c가 $(0,1)$에 적어도 하나 존재한다.

∴ 방정식 $f(x)=\frac{1}{2}$ 은 열린구간 $(0,1)$에서 적어도 하나의 실근을 가진다.

[2]

$f(0)=0,\ f(c)=\frac{1}{2}\ (\because 2\cdot1),\ f(1)=1$

$\quad f(0)=0,\ f(c)=\frac{1}{2}$ 이므로 평균값 정리에 의해 $\dfrac{f(c)-f(0)}{c-0}=\dfrac{1}{2c}=f'(x_1)$을 만족하는 x_1이 $(0,c)$에 존재한다.

마찬가지로, $f(c)=\frac{1}{2},\ f(1)=1$ 이므로 평균값 정리에 의해 $\dfrac{f(1)-f(c)}{1-c}=\dfrac{1}{2(1-c)}=f'(x_2)$를 만족하는 x_2가 $(c,1)$에 존재한다.

∴ $\dfrac{1}{f'(x_1)}+\dfrac{1}{f'(x_2)}=2c+2(1-c)=2$

∴ $\dfrac{1}{f'(x_1)}+\dfrac{1}{f'(x_2)}=2$ 를 만족시키는 서로 다른 x_1,x_2가 열린구간 $(0,1)$에 존재한다.

[3]

$f(x_k)=\dfrac{k}{n}\ (k=0,1,\cdots,n)(x_0=0,x_n=1)$ 이라 두자.

평균값 정리에 의해, $\dfrac{f(x_k)-f(x_{k-1})}{x_k-x_{k-1}}=f'(c_k)$인 c_k가 (x_{k-1},x_k)에 존재한다.

∴ $\dfrac{1}{f'(c_k)}=\dfrac{x_k-x_{k-1}}{f(x_k)-f(x_{k-1})}=n\cdot(x_k-x_{k-1})$

∴ $\displaystyle\sum_{k=1}^{n}\dfrac{1}{f'(c_k)}=\sum_{k=1}^{n}n(x_k-x_{k-1})$

$\qquad\qquad\qquad = n\cdot(x_n-x_0)$

$\qquad\qquad\qquad = n\cdot(1-0)=n$

∴ 임의의 자연수 n에 대하여 $\displaystyle\sum_{k=1}^{n}\dfrac{1}{f'(c_k)}=n$ 이고 $0\le c_1<\cdots<c_n\le1$인 $c_1,\cdots,c_n$이 존재한다.

[2-1]　$g(x) = f(x) - \frac{1}{x}$ 이라면 두면

$g(0) = f(0) - \frac{1}{2} = -\frac{1}{2} < 0$　,　$g(1) = f(1) - \frac{1}{1} = \frac{1}{1} > 0$ 이어서　이므로

사잇값정리에 의해

$g(c) = 0$ 인 c 가 열린구간 $(0,1)$ 에서 적어도 하나의 ~~실근을 가진다.~~ 존재한다.

∴ 방정식 $f(x) = \frac{1}{x}$ 은 열린구간 $(0,1)$ 에서 적어도 하나의 실근을 가진다.

[2-2]

[2-1]에서 $f(x) = \frac{1}{x}$ 이 되는 구간이 적어도 하나 존재한다는

사실을 증명했으므로, 그 값을 c 라고 하면 $f(c) = \frac{1}{c}$ 이다.

평균값정리에 의해 $\dfrac{f(c) - f(0)}{c - 0} = \dfrac{1}{2c} = f'(x_1)$ 이 되는 값이 $(0, c)$

사이에 적어도 하나 존재한다.

또, 평균값정리에 의해 $\dfrac{f(1) - f(c)}{1 - c} = \dfrac{1}{2(1-c)} = f'(x_2)$ 이 되는

값이 $(c, 1)$ 사이에 적어도 하나 존재한다.

따라서, $\dfrac{1}{f'(x_1)} + \dfrac{1}{f'(x_2)} = 2c + 2(1-c) = 2$

[2-3]

$(x_0 = 0, x_n = 1)$

$f(c_k) = \dfrac{k}{n}$ $(k = 0, 1, 2 \cdots n)$ 이라 하자.

평균값정리에 의해 $\dfrac{f(x_k) - f(x_{k-1})}{x_k - x_{k-1}} = f'(c_k)$ 인 c_k 가 (x_{k-1}, x_k) 에 존재한다.

$\Rightarrow \dfrac{1}{f'(c_k)} = \dfrac{x_k - x_{k-1}}{\frac{1}{n}} = n(x_k - x_{k-1})$

$\displaystyle\sum_{k=1}^{n} \dfrac{1}{f'(c_k)} = \dfrac{n}{k} \, n(x_n - x_0) = n(1-0) = n$ 이 된다.

[1]

$f'(x) = \frac{1}{2}(x+1)^{-\frac{1}{2}}$

$f''(x) = -\frac{1}{4}(x+1)^{-\frac{3}{2}} < 0$ 이므로 $f'(x)$는 감소함수이다.

제시문 (가)의 평균값 정리에 의해, $\dfrac{f(0)-f(x)}{0-x} = \dfrac{1-\sqrt{1+x}}{-x} = f'(c)$인 c가 구간 $(x, 0)$에 존재한다.

$f'(x)$가 감소하므로 $f'(c) > f'(0)$ $(\because x < c < 0)$

$\Rightarrow \dfrac{1-\sqrt{1+x}}{-x} > \dfrac{1}{2}$

$\Rightarrow 1-\sqrt{1+x} > \dfrac{x}{2}$

$\Rightarrow \sqrt{1+x} < 1 + \dfrac{x}{2}$

$\therefore$ 부등식이 성립한다.

[2]

$h(x) = (x-a)(x-b)f(x)$ 라 두자.

$h(a) = h(b) = 0$ 이므로 롤의 정리에 의해 $\dfrac{h(b)-h(a)}{b-a} = 0 = h'(c)$인 c가 구간 (a, b)에
적어도 하나 존재한다.

즉, $0 = (c-b)f(c) + (c-a)f(c) + (c-a)(c-b)f'(c)$

$\Leftrightarrow 0 = \dfrac{1}{c-a} + \dfrac{1}{c-b} + \dfrac{f'(c)}{f(c)}$

$\Leftrightarrow \dfrac{1}{a-c} + \dfrac{1}{b-c} = \dfrac{f'(c)}{f(c)}$ 인 c가 구간 (a, b)에 적어도 하나 존재한다.

2-1 $f'(x) = \frac{1}{2}(x+1)^{-\frac{1}{2}}$, $f''(x) = -\frac{1}{4}(x+1)^{-\frac{3}{2}} < 0$ 이므로 $f'(x)$는 감소함수이다

따라서 평균값 정리에 의해, $\dfrac{f(x)-f(0)}{x-0} = \dfrac{\sqrt{1+x}-1}{x} = f'(c)$ 인 c가 $(x, 0)$에 존재한다.

$f'(x)$는 감소함수이므로, $f'(c) > f'(0)$ $(\because c < 0)$

$\therefore \dfrac{\sqrt{1+x}-1}{x} > \dfrac{1}{2}$ → $\sqrt{1+x} < 1 + \dfrac{x}{2}$ $(\because x < 0)$ 이 성립한다

2-2 $h(x) = (x-a)(x-b)f(x)$라 하자

$h(a) = h(b) = 0$이므로 롤의 정리에 의해 $\dfrac{h(b)-h(a)}{b-a} = 0 = h'(c)$가 (a, b)에

적어도 하나 존재한다

$\therefore 0 = (c-b)f(c) + (c-a)f(c) + (c-a)(c-b)f'(c)$

$\Rightarrow 0 = \dfrac{1}{c-a} + \dfrac{1}{c-b} + \dfrac{f'(c)}{f(c)}$ 이므로 $\dfrac{1}{a-c} + \dfrac{1}{b-c} = \dfrac{f'(c)}{f(c)}$ 인 c가 (a, b)에

적어도 하나
존재한다

이 문제 발상이 어렵네요.. T

↳ 맞아요 많이 어렵죠 ㅠ 실전에서 이런 풀이를
어떻게 떠올리나 싶겠지만, 지금부터 하나씩 알아두고
익혀가면 문제풀이에 대한 감각이 많이 늘 수 있을테니
꾸준히 채워가봅시다=) 배우려고 수업 듣는거니깐요!

[1]

(1) ① $=-1$, ② $=1$, ③ $=-1$

(2) ④ $=-1$, ⑤ $=-1$, ⑥ $=1$

[2]

먼저 함수 $h(x)$에서 롤의 정리에 의해 $\dfrac{h(b)-h(a)}{b-a}=0=h'(e_1)$인 e_1이 구간 (a,b)에,

$\dfrac{h(c)-h(b)}{c-b}=0=h'(e_2)$인 e_2가 구간 (b,c)에 각각 존재한다.

$\therefore h'(e_1)=h'(e_2)=0 \ (a<e_1<b<e_2<c)$

마찬가지로 함수 $h'(x)$에서 롤의 정리에 의해 $\dfrac{h'(e_2)-h'(e_1)}{e_2-e_1}=0=h''(d)$인 d가 구간 (e_1,e_2)에

적어도 하나 존재한다.

$\therefore a<e_1<b<e_2<c$ 이므로 $h''(d)=0$을 만족하는 d가 구간 (a,c)에 적어도 하나 존재한다.

[3]

$g_3(x)=\dfrac{f(c)(x-a)(x-b)}{(c-a)(c-b)}$, $g(x)=f(x)-\{g_1(x)+g_2(x)+g_3(x)\}$라 하자.

$g(a)=f(a)-\{f(a)+0+0\}=0$

$g(b)=f(b)-\{0+f(b)+0\}=0$

$g(c)=f(c)-\{0+0+f(c)\}=0$

$g(a)=g(b)=g(c)$ 이므로 3-2에 의해 $g''(d)=0$을 만족하는 d가 구간 (a,c)에 적어도 하나

존재한다.

$\therefore g''(d)=f''(d)-\{g_1''(d)+g_2''(d)+g_3''(d)\}=0$

$\Rightarrow f''(d)=2\left\{\dfrac{f(a)}{(a-b)(a-c)}+\dfrac{f(b)}{(b-a)(b-c)}+\dfrac{f(c)}{(c-a)(c-b)}\right\}$

$\Rightarrow \dfrac{f''(d)}{2}=\dfrac{\dfrac{f(a)}{b-a}+f(b)\left\{\dfrac{1}{b-c}-\dfrac{1}{b-a}\right\}+\dfrac{f(c)}{c-b}}{c-a}$

$\Rightarrow \dfrac{f''(d)}{2}=\dfrac{\left\{\dfrac{f(c)-f(b)}{c-b}\right\}-\left\{\dfrac{f(b)-f(a)}{b-a}\right\}}{c-a}$

$\therefore$ 주어진 등식을 만족시키는 실수 d가 구간 (a,c)에 적어도 하나 존재한다.